普通高等教育"十一五"国家级规划教材

21世纪工商管理系列教材

Business Administration Classics
21世纪工商管理系列教材

Operations Research

运筹学基础教程

（第三版）

魏权龄　胡显佑　编著

中国人民大学出版社
· 北京 ·

图书在版编目（CIP）数据

运筹学基础教程/魏权龄，胡显佑编著. —3版. —北京：中国人民大学出版社，2012.3
21世纪工商管理系列教材
ISBN 978-7-300-15311-7

Ⅰ.①运… Ⅱ.①魏…②胡… Ⅲ.①运筹学-高等学校-教材 Ⅳ.①O22

中国版本图书馆CIP数据核字（2012）第030114号

普通高等教育“十一五”国家级规划教材
21世纪工商管理系列教材
运筹学基础教程（第三版）
魏权龄　胡显佑　编著
Yunchouxue Jichu Jiaocheng

出版发行	中国人民大学出版社		
社　　址	北京中关村大街31号	邮政编码	100080
电　　话	010－62511242（总编室）		010－62511770（质管部）
	010－82501766（邮购部）		010－62514148（门市部）
	010－62515195（发行公司）		010－62515275（盗版举报）
网　　址	http://www.crup.com.cn		
经　　销	新华书店		
印　　刷	北京宏伟双华印刷有限公司	版　　次	1987年6月第1版
规　　格	185 mm×260 mm　16开本		2012年3月第3版
印　　张	13.25 插页1	印　　次	2020年8月第6次印刷
字　　数	270 000	定　　价	28.00元

前 言

进入 21 世纪，我国高等院校对运筹学课程教学的需求不断扩大，计算机、信息、经济、工商管理、公共管理、金融工程，还有 MBA、MPA，等等，都对运筹学教学有不同的需求。本书的编著者都是数学出身，后来在中国人民大学的人文社会科学氛围中，逐渐吸纳了经济管理方面的知识。我们深深感到运筹学与经济管理学科领域关系之密切。例如，运筹学中的对策论、线性规划、非线性规划、动态规划、多目标规划、数据包络分析（DEA）等，在经济管理中都有着直接的应用。

这次是对该书进行的第二次修订，整体上基本保留了原书的结构。同时，考虑到当代大学生应当加强数学以及提高在经济管理学科中使用数学的能力，我们在某些章节增加了与经济管理有关的内容和背景知识。例如：第 2 章“线性规划”部分，增加了线性规划的对偶理论和对偶规划的经济意义。第 4 章“非线性规划”部分，增加了“凸集、凸函数与凸规划”一节，以及“库恩-塔克定理”（Kuhn-Tucker 定理）等内容。同时，对经济管理学科中出现最多的“最优化”问题所必需的预备知识，以附录形式给出。对第 5 章“多目标规划”重新进行了编写，特别是增加了在多目标规划课程中不可不讲的“像集”的内容；将福利经济学中的 Pareto 最优，从多目标规划的角度作了进一步的论述。对第 9 章“对策（博弈）论”的内容作了适当的扩充，例如“二人有限非零和对策”。第 10 章“评价相对有效性的 DEA 模型”是新增加并重新做了修改的一章，因为 DEA 是运筹学的一个新领域，有着广泛的应用。

我们希望本书是一本有别于侧重数学专业和理工科专业的运筹学教材。书中所涉及的数学不是很深，只限于微分学、简单的线性代数和一些初等概率论知识。在第二次修订时，减去了很多数学证明；删去了运筹学教学中某些非主流的内容。修订后的教材，可供工科院校及财经院校的本科生、MBA、MPA、研究生使用；经过对书中某些章节的筛选，也可作为大专班、职工大学、培训大学、电视大学、函授大学等的运筹学教材使用。

讲述本书全部内容的学时安排如下（共计 70 学时）：

第 1 章	绪论	2 学时
第 2 章	线性规划	12 学时
第 3 章	整数线性规划*	6 学时
第 4 章	非线性规划*	6 学时

第 5 章　多目标规划*　　6 学时
第 6 章　动态规划　　8 学时
第 7 章　存储论　　6 学时
第 8 章　决策论　　6 学时
第 9 章　对策（博弈）论　　6 学时
第 10 章　评价相对有效性的 DEA 模型*　　12 学时

如果希望讲授学时再少些，我们建议删去带“*”的章节，这样总学时数为 40 学时。

鉴于我们水平有限，书中不足乃至错误之处在所难免，恳切希望读者不吝指正。最后，感谢多年来阅读和使用本教材的老师、同学和朋友，感谢他们对本书修改提出的宝贵意见和建议。

魏权龄　胡显佑

于中国人民大学

目 录

第 1 章 绪 论

Chapter 1

1.1 运筹学的历史

“运筹学”一词，最早出现于 1938 年的英国，英国人称之为 Operational Research. 1942 年美国开始从事这项工作时，称之为 Operations Research. 我国运筹学的先驱者从《史记》“运筹于帷幄之中，决胜于千里之外，子房功也”一句中摘取“运筹”二字作为这门科学的名称，既显示其军事的起源，也表明其萌芽早已出现在我国.

运筹学作为一门近代新兴的科学，起源于第二次世界大战期间. 20 世纪 30 年代后期，英国军事管理部门邀请一批科学家（绝大部分为自然科学家），研究与防御有关的战略和战术问题，以便最有效地利用有限的军事资源，最成功地使用现有的武器装备. 早期的工作包括研究新式雷达的有效使用，野外火炮控制设备的效能（尤其是火炮在实战中的应用）等. 这个小组的建立及其工作标志着第一次正式的运筹学活动. 英国运筹小组卓有成效的工作促使美国军事管理部门也开始进行类似的活动. 美国运筹小组的工作包括反潜艇策略、深水炸弹的起爆深度研究等. 这些早期的运筹学工作，使用的方法一般说来都极为浅显，但成效卓著. 人们开始认识到武器系统的有效使用和评价是必不可少的工作；用定量分析方法研究实际问题、建立数学模型等方法也是行之有效的.

第二次世界大战以后，各兵种的运筹小组转而研究在现代和未来战争中，各种作战条件下武器系统的有效、准确、客观的分析和评价. 而那些企业管理家也注意到了运筹小组的成就，想利用运筹学方法来解决产业部门内部新型的管理问题，以提高生产率和增加利润. 甚至在政府部门制定计划、进行决策时，也试图采用运筹学方法. 所有这些都使得运筹学的研究队伍和应用领域不断扩大. 20 世纪 50 年代，计算机科学与计算技术的成就，对运筹学的发展也起着很大的推动作用. 与此同时，运筹学本身也有了坚实的数学基础，诸如线性规划、动态规划、非线性规划、对策论、图论网络等运筹学分支日趋成熟. 在以后的 20 多年中，运筹学已被人们公认为一门学术性和应用性很强的学科.

世界上有许多国家把运筹学列为大学高年级及研究生学习课程的一部分，有关运筹学的书籍和杂志雨后春笋般涌现，建立了许多新的运筹学会等学术组织. 如果说70年代是运筹学的巩固时期，那么到了80年代，在当今世界的许多亟待解决的问题（例如：人口问题，能源问题，粮食问题，裁军问题，第三世界经济发展问题等）面前，运筹学所面临的挑战是：如何为当今世界做出贡献.

1.2 运筹学的分支

运筹学有很多的应用领域和研究领域，时至今日仍在不断发展和扩充. 这里只能简单叙述一下其最主要的几个分支.

（一）线性规划（Linear Programming）

线性规划是运筹学最主要的分支之一. 1939年，苏联数学家康特罗维奇（Л. В. КанТорович）就提出了生产组织与计划中的线性规划模型，40年代末，丹西格（G. B. Dantzig）、查恩斯（A. Charnes）等人关于线性规划的工作，都是线性规划最卓著的开创性工作. 线性规划是研究在线性不等式或等式的限制条件下，使得某一个线性目标取得最大（或最小）的问题. 由于线性规划模型比较简单，理论与计算方法比较成熟，因而线性规划在交通、工业、农业、军事、经济、管理等方面有很多成功应用的实例.

（二）整数规划（Integer Programming）

由于在实际问题中某些变量的取值只能为整数（例如：机器的台数，完成工作的人数等），因此，在线性规划的模型中有一部分或全部变量要求是整数，这就构成了（线性）整数规划问题. 在整数规划的解法当中，最具代表性的是割平面法和分支定界法. 这两类方法的共同特点是把一个整数规划问题的求解，转化为多次线性规划的求解.

（三）非线性规划（Nonlinear Programming）

非线性规划也是运筹学的最主要分支之一. 在很多实际问题当中，变量与变量之间的关系大多是非线性关系. 如果在数学规划模型当中，至少有一个非线性函数出现（不论是目标函数，还是约束函数），我们就称其为非线性规划问题. 非线性规划的发展是与库恩-塔克（H. W. Kuhn，A. W. Tucker）在1951年发表的非线性规划基本定理分不开的，此后非线性规划的工作日益增多，出现了很多算法. 随着运筹学应用领域的不断扩大和深入，近20年来这一分支的研究发展很快.

（四）多目标规划（Multiobjective Programming）

由于客观情况比较复杂，有时判断一个方案的优劣难以用一个目标来权衡，即需用一个以上的目标来衡量，而这些目标之间又往往不是那么协调（甚至是彼此完全对立的）. 多目标规划是研究具有多个目标的规划问题的理论与方法的一个新分支. 多目标规划应用广泛，近20年这一分支的研究十分活跃.

（五）动态规划（Dynamic Programming）

动态规划也是运筹学一个最主要的分支. 它是贝尔曼（R. Bellman）等人在1951年，根据一类多阶段决策问题的特性，提出了解决这类问题的著名的“最优化原理”，随后又应用这一原理解决了很多实际问题，从而创建了解决多阶段决策问题的一种新方法——动态规划. 动态规划在工程技术、经济、管理、军事等部门有着广泛的应用.

（六）对策（博弈）论（Theory of Games）

对策论也是运筹学的一个重要分支. 1928年，冯·诺伊曼（J. von Neumann）等人受经济问题的启发，研究了一类具有某种特性的博弈问题，这是对策论最早期的工作. 在我国古代的战国时期，“齐王与田忌赛马”就是一个非常典型的对策论的例子. 对策论所研究的主要对象是带有斗争性质（或至少含有斗争成分）的现象. 由于对策论研究的对象与政治、军事、工业、农业、交通运输等领域有密切关系，处理问题的方法又有着明显的特色，所以越来越受到人们的注意. 近年来，对策论在经济管理方面的应用十分广泛.

（七）决策分析（Decision Analysis）

决策分析的最终目的是从若干个行动方案中，合理地分析和决定满足一定要求的方案. 这一分支的历史不是很长，尽管就它本身的内容和方法来说还不够完善，但它毕竟是一个很实用又很有前途的运筹学新分支.

（八）存储论（Inventory Control）

在人类的实践活动中，都会遇到存储问题，存储量过大或过小往往都会带来损失（例如：水库的蓄水量，商品的库存量，机器零件的备用量，血库的储血量等）. 存储论是研究在各种不同情况下的库存问题，形成数学模型，选择合理的存储决策，以使相应问题中考虑的各项费用的总和最小. 随着社会经济的不断发展，需要存储的对象越来越多，因而研究存储问题对我们来说是十分有意义的.

（九）排队论（Queuing Theory）

排队论有时也称为随机服务系统，它同样是运筹学的一个重要分支. 排队论是研究系统拥挤现象和排队现象的一门学科，其目的是研究排队系统的运行效率，估计服务质量，确定系统参数的最佳值，以决定系统结构是否合理、研究设计改进措施等. 排队论的开创性工作是1915年丹麦数学家埃尔朗

（A. K. Erlang）在研究自动电话系统中通话线路与电话用户呼叫的数量关系问题时，建立了呼叫生灭模型，推导出了后来被人们命名的埃尔朗公式，它极为成功地解决了这一问题. 排队论在城市管理、计算机研制、卫星通信、水库调度、生产管理等方面都得到了广泛应用.

（十）图论（Graph Theory）

图论作为数学的一个分支，迄今已有 200 多年的历史. 随着科学技术的发展及电子计算机的出现与广泛应用，20 世纪 50 年代，图论的理论得到进一步发展. 图论在物理、化学、电学、计算机科学等方面得到应用. 特别是许多运筹学问题可以化为纯图论问题，使用图论的理论和方法来求解便显得十分方便. 因此，图论中的某些理论和方法也可看作运筹学的一个重要分支.

（十一）数据包络分析（Data Envelopment Analysis）

数据包络分析（简称 DEA）是运筹学的一个新领域，具有很强的经济学背景. 它是 1978 年由美国著名的数学家、经济学家和管理学家查恩斯（A. Charnes）和库珀（W. W. Cooper）等人开创的. 最早，DEA 是用来研究多输入、多输出系统中具有可比性的“单位”或“部门”间的相对有效性的. 就评价相对效率而言，使用 DEA 方法和模型不仅可以评价出决策单元的“技术有效性”，还可以评测出“规模收益”状况和是否呈现“拥挤”现象. 此外，直接利用统计数据，可以估计具有多输入、多输出系统的“生产前沿面”，以及建立非参数的最优化模型等. 因此，也可将 DEA 看做一种非参数的统计估计方法. 30 年来，DEA 在理论、模型、方法等方面都得到了很大发展，在诸多领域得到了应用.

（十二）其他

运筹学的研究领域和应用领域在不断地扩大，而且运筹学与其他相关学科（例如：系统工程，系统分析，管理学等）有着相关之处，因此，运筹学应包括哪些分支并不是很严格. 现将国内外一些文献中出现的与运筹学有关的内容罗列如下：

1. 模拟；
2. 可靠性；
3. 质量控制；
4. 模型论；
5. 可行性研究；
6. 统筹方法；
7. 投入产出分析.

有兴趣的读者可查看有关文献，本书不作详细介绍.

第2章 线性规划

Chapter 2

线性规划是运筹学中研究较早、理论和算法比较成熟的一个重要分支. 它主要研究在一定的线性约束条件下，使得某个线性指标最优的问题. 我们在工农业生产、交通运输、军事等各领域都会遇到这类问题，因此，线性规划也是运筹学中应用最广的分支之一.

2.1 线性规划问题的一般形式

为了说明线性规划问题的特点，可先看一个例子.

例1 某工厂利用甲、乙、丙三种原料，生产 A_1，A_2，A_3，A_4 四种产品. 每月可供应该厂原料甲 500 吨、乙 300 吨、丙 200 吨. 生产 1 吨不同产品可获得的利润以及生产 1 吨不同产品所消耗的原料数量见表 2—1.

表 2—1

消耗 产品 / 原料	A_1	A_2	A_3	A_4	每月原料供应量（吨）
甲	1	1	2	2	500
乙	0	1	1	3	300
丙	1	2	1	0	200
利润（元/吨）	200	250	300	150	

问工厂每月应如何安排生产计划，使总利润最大？

为了用数学形式来表达这一问题，设该厂每月应生产 x_1 吨产品 A_1，x_2 吨产品 A_2，x_3 吨产品 A_3，x_4 吨产品 A_4.

生产这四种产品所消耗原料甲的总数量就是 $x_1+x_2+2x_3+2x_4$（吨），但原料甲每月只能供应 500 吨，因此应有

$$x_1+x_2+2x_3+2x_4\leqslant 500$$

类似地，我们还可以得到

$$x_2+x_3+3x_4\leqslant 300$$

$x_1+2x_2+x_3\leqslant 200$

各种产品的数量不应是负数，因此还应有

$x_1\geqslant 0$，$x_2\geqslant 0$，$x_3\geqslant 0$，$x_4\geqslant 0$

生产 x_1 吨产品 A_1，x_2 吨产品 A_2，x_3 吨产品 A_3，x_4 吨产品 A_4 所获得的总利润是

$f=200x_1+250x_2+300x_3+150x_4$

我们要求 f 的最大值.

综合起来，可以把这个问题的数学形式写成

$$\text{求}\quad \max f=200x_1+250x_2+300x_3+150x_4 \tag{2.1}$$

$$\text{满足}\quad \begin{cases} x_1+x_2+2x_3+2x_4\leqslant 500 & (2.2)\\ x_2+x_3+3x_4\leqslant 300 & (2.3)\\ x_1+2x_2+x_3\leqslant 200 & (2.4)\\ x_1\geqslant 0,\ x_2\geqslant 0,\ x_3\geqslant 0,\ x_4\geqslant 0 & (2.5)\end{cases}$$

式中，记号"max f"表示函数 f 的最大值. $f=200x_1+250x_2+300x_3+150x_4$ 称为目标函数；式（2.2）、（2.3）、（2.4）、（2.5）称为约束条件. 满足约束条件（2.2）、（2.3）、（2.4）、（2.5）的一组 x_1，x_2，x_3，x_4 的值称为此问题的可行解，使目标函数 f 达到最大值的可行解称为最优解. 从制定生产计划的角度来看，可行解就是一个生产安排的方案，最优解就是一个最好的生产安排方案. 式（2.1）、（2.2）、（2.3）、（2.4）、（2.5）就是一个线性规划问题.

一般地讲，如果我们要求出一组变量的值，使之满足一组约束条件，这组约束条件只含有线性不等式或线性方程，同时这组变量的值使某个线性的目标函数取得最优值（最大值或最小值），这样的数学问题就是线性规划问题.

工农业生产、交通运输等各领域中的许多问题都可以归结为求一个线性规划的解的问题.

具有 n 个变量的线性规划问题可以写成下述形式：

$$\text{求}\quad \min f=c_1x_1+c_2x_2+\cdots+c_nx_n\ (\text{或} \max f=c_1x_1+c_2x_2+\cdots+c_nx_n)$$

$$\text{满足}\quad \begin{cases} a_{11}x_1+a_{12}x_2+\cdots+a_{1n}x_n * b_1\\ a_{21}x_1+a_{22}x_2+\cdots+a_{2n}x_n * b_2\\ \cdots\cdots\\ a_{m1}x_1+a_{m2}x_2+\cdots+a_{mn}x_n * b_m\\ x_1\geqslant 0,\ x_2\geqslant 0,\ \cdots,\ x_n\geqslant 0\end{cases}$$

式中，"max"表示最大值；"min"表示最小值；"$*$"表示可取"="、"$\geqslant$"、"$\leqslant$"中的某一个.

利用求和记号"$\sum$"，我们也可以把一般的线性规划问题记为：

$$\text{求}\quad \min f=\sum_{j=1}^{n}c_jx_j\quad \left(\text{或} \max f=\sum_{j=1}^{n}c_jx_j\right) \tag{2.6}$$

$$\text{满足}\quad \begin{cases} \sum_{j=1}^{n}a_{ij}x_j * b_i,\quad i=1,2,\cdots,m & (2.7)\\ x_j\geqslant 0,\quad j=1,2,\cdots,n & (2.8)\end{cases}$$

满足约束条件（2.7）、（2.8）的一组 x_1，x_2，…，x_n 的值称为此线性规划问题的可行解. 使目标函数 f 达到最优值的可行解称为线性规划问题的最优解.

线性规划问题是描述实际问题的抽象的数学形式，它反映了实际问题中数量之间的关系. 但是要把一个实际问题用数学形式（或模型）表示出来是比较复杂的，因为首先要了解该实际问题的经济背景，掌握较准确的数据，确定影响该问题的主要因素及我们想达到的目标，然后设出若干变量，并列出约束条件和目标函数. 如果所得到的数学模型具有式（2.6）、（2.7）、（2.8）所示的形式，这才是线性规划问题.

2.2　两个变量的线性规划问题的图解法

例 2　用图解法求解线性规划问题：

$$\begin{cases} \max\ f=3x_1+4x_2 \\ x_1+2x_2\leqslant 6 \\ 3x_1+2x_2\leqslant 12 \\ x_2\leqslant 2 \\ x_1\geqslant 0,\ x_2\geqslant 0 \end{cases}$$

解：我们把 x_1，x_2 看做平面直角坐标系中某个点的坐标，则满足一个约束不等式的所有的点（x_1，x_2）就形成一个半平面. 例如，为了确定 $x_1+2x_2\leqslant 6$ 所表示的半平面，可以先在坐标平面上画出直线 $x_1+2x_2=6$，再任取不在该直线上的一点，如取原点（0，0），将 $x_1=0$，$x_2=0$ 代入不等式 $x_1+2x_2\leqslant 6$ 的左边，显然可以使这个不等式成立. 那么 $x_1+2x_2\leqslant 6$ 就表示以 $x_1+2x_2=6$ 为边界，原点（0，0）所在的那半个平面.

在此例中共有五个约束不等式，所以五个半平面的公共部分中的点的坐标（x_1，x_2）就是此线性规划问题的可行解. 利用上面所介绍的方法，我们可以求出这一公共部分（见图 2—1），并将它称为线性规划问题的可行解区域（图中的阴影部分）.

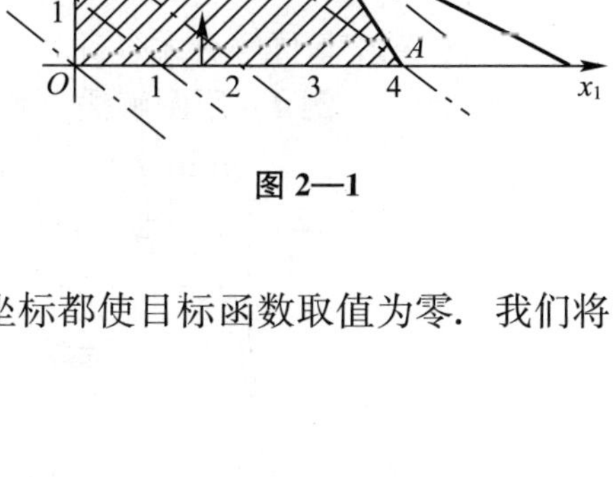

图 2—1

为了求出此线性规划问题的最优解，我们将 f 看做参数，则 $f=3x_1+4x_2$ 表示坐标平面上的一族平行直线. 例如，令 $f=0$，则 $3x_1+4x_2=0$，表示过原点 O 的一条直线，在这条直线上的任意一点的坐标都使目标函数取值为零. 我们将这样的直线称为等值线（或等高线）.

再令 f 分别取值 3，6，12 等，就可以作出一组等值线，由图 2—1 可以看出，在这个例子中，当 f 取值越大时，对应的等值线离原点越远.

我们要求此线性规划问题的最优解，只要在等值线中找到既与可行解区域有公共点，又尽可能与原点距离远的那一条就可以了. 从图 2—1 显然可以看出经过 B 点的那条等值线符合要求. 为求出 B 点坐标，只需求解方程组

$$\begin{cases} x_1+2x_2=6 \\ 3x_1+2x_2=12 \end{cases}$$

可得最优解 $x_1=3$，$x_2=\frac{3}{2}$，对应的目标函数最大值为 $f=3\times3+4\times\frac{3}{2}=15$. 由图 2—1 还可以看出，这个线性规划问题的最优解是唯一的.

由例 2 可知，利用图解法求解两个变量的线性规划问题可按以下步骤进行：

（1）求出可行解区域：在平面直角坐标系中，可行解区域是各约束条件所表示的半平面的公共部分.

（2）求最优解：将目标函数中的 f 看做参数，作出等值线. 选取一条等值线，使它与可行解区域有公共点，并取得最大值或最小值.

例 3 用图解法求解线性规划问题：

$$\begin{cases} \max f=x_1+2x_2 \\ x_1+2x_2\leqslant 6 \\ 3x_1+2x_2\leqslant 12 \\ x_2\leqslant 2 \\ x_1\geqslant 0,\ x_2\geqslant 0 \end{cases}$$

解：（1）求可行解区域：因为约束条件与例 2 完全相同，所以可行解区域仍和例 2 相同.

（2）求最优解：将目标函数 $f=x_1+2x_2$ 中的 f 看做参数，令 $f=0$，2，4，…，得一族等值线（图 2—2）. 由图可直接看出线段 BC 上所有点对应的坐标都是这个线性规划的最优解 . B 点坐标为 $x_1=3$，$x_2=\frac{3}{2}$，C 点坐标为 $x_1=2$，$x_2=2$. 它们对应的目标函数最大值 $f=3+2\times\frac{3}{2}=6$. 在这个例题中最优解有无穷多个.

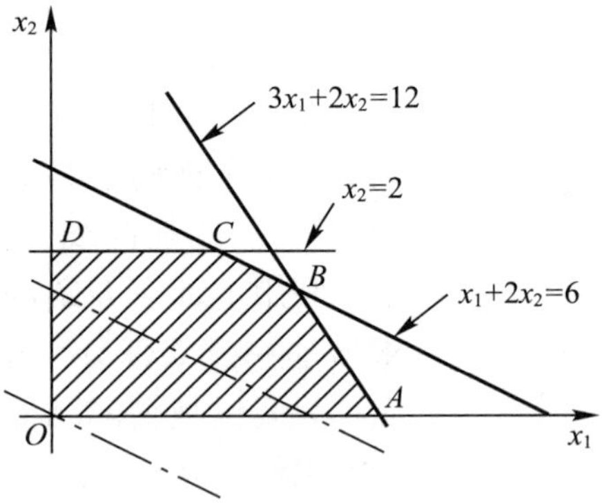

图 2—2

例 4 用图解法求解线性规划问题：

$$\begin{cases} \min f=x_1+x_2 \\ x_1+2x_2\geqslant 2 \\ x_1-x_2\geqslant -1 \\ x_1\geqslant 0,\ x_2\geqslant 0 \end{cases}$$

解：（1）求可行解区域：可行解区域 $ABCD$ 是四个半平面所限定的公共部分（图 2—3）. 显然，可行解区域是一个无界的凸区域.

（2）求最优解：将 f 看做参数，令 $f=0, 1, 2, \cdots$，作出等值线. 由图直接可以看出最小值在 B 点达到. 而 B 点的坐标为 $(0, 1)$. 所以最小值 $f=0+1=1$.

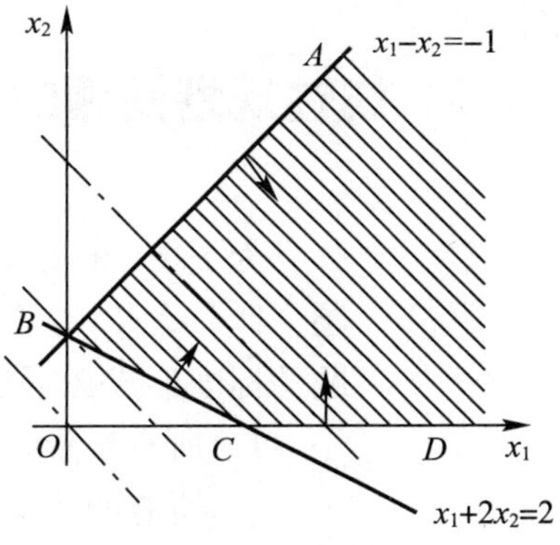

图 2—3

例 5　用图解法求解线性规划问题：

$$\begin{cases}\max f=x_1+x_2\\ x_1+2x_2\geqslant 2\\ x_1-x_2\geqslant -1\\ x_1\geqslant 0,\ x_2\geqslant 0\end{cases}$$

解：（1）求可行解区域：由于约束条件与例 4 完全相同，因此可行解区域仍是图 2—3 中的 $ABCD$.

（2）求最优解：目标函数 $f=x_1+x_2$ 仍与例 4 相同，我们要求它的最大值. 但容易看出，无论设 f 是多么大的正数 M，等值线 $x_1+x_2=M$ 总与可行解区域有公共点. 因此，这一线性规划问题的最优值无上界. 这时，我们说此线性规划问题有可行解，但无最优解.

例 6　用图解法求解线性规划问题：

$$\begin{cases}\min f=3x_1-2x_2\\ x_1+x_2\leqslant 1\\ 2x_1+3x_2\geqslant 6\\ x_1\geqslant 0,\ x_2\geqslant 0\end{cases}$$

解：求可行解区域：从图 2—4 可以看出，四个约束不等式所表示的半平面没有公共部分. 因此，这一线性规划问题没有可行解，更没有最优解.

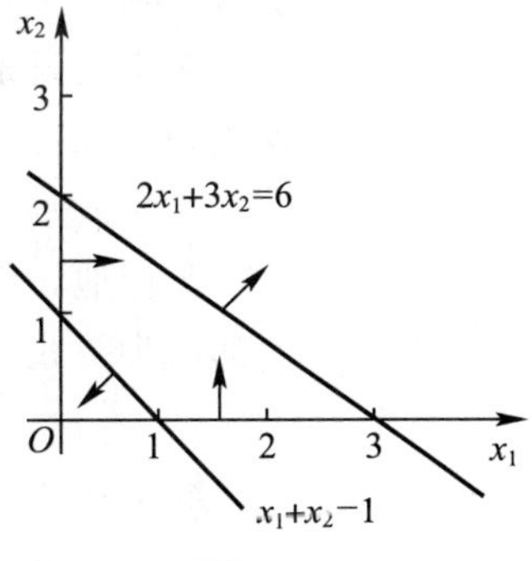

图 2—4

由例 2～例 6，我们可以得到几个重要的一般性结论：

1. 线性规划问题可能没有可行解（如例 6）. 当线性规划问题有可行解时，它可能没有最优解（最优值无界），如例 5；也可能只有唯一的最优解，如例 2；还可能有无穷多个最优解，如例 3.

2. 线性规划问题的可行解区域都是“凸”区域.

3. 线性规划问题如果有最优解，则最优解可以在可行解区域的顶点上达到，如例 2 中的 B 点，例 3 中的 B 点、C 点，例 4 中的 B 点等.

上述结论对于含有 $n(n>2)$ 个变量的线性规划问题也是正确的.

2.3 线性规划问题的标准形式

为了便于讨论线性规划问题的求解方法，我们有必要将一般的线性规划问题（2.6）、(2.7)、(2.8) 化为标准形式. 在本教程中，我们规定线性规划问题的标准形式必须具有以下特点：

1. 所有变量必须是非负的；
2. 所有的约束条件（变量的非负约束除外）必须是等式；
3. 求目标函数的最小值.

一般地，我们将标准形式的线性规划问题记为：

$$
(\mathrm{L})\begin{cases}\min f=\sum\limits_{j=1}^{n} c_j x_j \\ \sum\limits_{j=1}^{n} a_{ij} x_j = b_i, \quad i=1,2,\cdots,m \\ x_j \geqslant 0, \quad j=1,2,\cdots,n\end{cases}
$$

如果某些线性规划问题不是标准形式，必须先把它变为标准形式.

例 7 将线性规划问题

$$
\begin{cases}\max f=4x_1+3x_2 \\ x_1+x_2\leqslant 10 \\ 2x_1-x_2\geqslant 2 \\ x_1\geqslant 0,\ x_2\geqslant 0\end{cases}
$$

化为标准形式.

解：令 $f'=-f=-4x_1-3x_2$，则求目标函数 f 最大值的问题就可转化为求目标函数 f' 的最小值的问题.

对于约束条件 $x_1+x_2\leqslant 10$，可以在不等式左端加上一个非负变量 x_3，使其成为等式：

$$x_1+x_2+x_3=10$$

类似地，约束条件 $2x_1-x_2\geqslant 2$，可以在不等式左端减去另一非负变量 x_4，使其成为等式：

$$2x_1-x_2-x_4=2$$

综上所述，原线性规划问题就可化为标准形式：

$$
\begin{cases}\min f'=-f=-4x_1-3x_2 \\ x_1+x_2+x_3\qquad =10 \\ 2x_1-x_2\qquad -x_4=2 \\ x_1\geqslant 0,\ x_2\geqslant 0,\ x_3\geqslant 0,\ x_4\geqslant 0\end{cases}
$$

新添加的变量 $x_3\geqslant 0$，$x_4\geqslant 0$，称为松弛变量.

例 8 将线性规划问题

$$\begin{cases} \max f = -x_1 + 2x_2 \\ 3x_1 - 8x_2 \leqslant 5 \\ \quad x_1 - 3x_2 \geqslant 4 \\ x_1 \geqslant 0，x_2 \text{ 无非负限制} \end{cases}$$

化为标准形式.

解：由于 x_2 无非负限制，我们可引入非负变量 $x_3\geqslant 0$，$x_4\geqslant 0$，并且令 $x_2=x_3-x_4$，将其代入目标函数和约束条件. 最后，类似于例 7，引入松弛变量$x_5\geqslant 0$，$x_6\geqslant 0$，将原线性规划问题化为标准形式：

$$\begin{cases} \min f' = -f = x_1 - 2x_3 + 2x_4 \\ 3x_1 - 8x_3 + 8x_4 + x_5 \qquad = 5 \\ \quad x_1 - 3x_3 + 3x_4 \qquad - x_6 = 4 \\ x_1 \geqslant 0，x_3 \geqslant 0，x_4 \geqslant 0，x_5 \geqslant 0，x_6 \geqslant 0 \end{cases}$$

2.4 单纯形方法

单纯形方法是求解标准形式的线性规划问题的最有效方法之一. 我们通过例子来说明计算方法.

例 9 用单纯形方法求解线性规划问题：

$$\begin{cases} \max f = 3x_1 + 4x_2 \\ \quad x_1 + 2x_2 \leqslant 6 \\ 3x_1 + 2x_2 \leqslant 12 \\ \qquad\quad x_2 \leqslant 2 \\ x_1 \geqslant 0，x_2 \geqslant 0 \end{cases}$$

解：首先将此线性规划问题化为标准形式：

$$(\mathrm{L}) \begin{cases} \min f' = -f = -3x_1 - 4x_2 & (2.9) \\ \quad x_1 + 2x_2 + x_3 \qquad\qquad = 6 & (2.10) \\ 3x_1 + 2x_2 \qquad + x_4 \qquad = 12 & (2.11) \\ \qquad\quad x_2 \qquad\qquad + x_5 = 2 & (2.12) \\ x_1 \geqslant 0，x_2 \geqslant 0，x_3 \geqslant 0，x_4 \geqslant 0，x_5 \geqslant 0 & (2.13) \end{cases}$$

可以看出，变量 x_3，x_4，x_5 分别只出现在其中一个方程中，并且系数为 1. 我们将这些变量称为基变量，而变量 x_1，x_2 称为非基变量. 具有上述特点的线性规划问题称为典则形式. 将这一典则形式写成表格形式，如表 2—2 所示.

表中 c_j 行依次写入目标函数 f'的各变量系数，x_j 行依次写入各个变量. $\boldsymbol{x_B}$ 列写入了三个基变量 x_3，x_4 和 x_5. $\boldsymbol{C_B}$ 列写入了基变量在目标函数 f'中的对应系数. x_3 行将约束方程（2.10）中各变量的系数依次填入，类似地，我们也将约束方程（2.11）、（2.12）中各变量系数填入 x_4 行和 x_5 行. 常数列中的

表 2—2

C_B	x_B \ c_j / x_j	-3 x_1	-4 x_2	0 x_3	0 x_4	0 x_5	常数
0	x_3	1	2	1	0	0	6
0	x_4	3	2	0	1	0	12
0	x_5	0	[1]	0	0	1	2
检验数		3	4	0	0	0	0

6，12，2 就是约束方程（2.10）、（2.11）、（2.12）右端的常数．检验数行中各数的求法如下：x_1 对应的检验数记为 b_{01}，它等于 $\boldsymbol{C_B}$ 列中各数与 x_1 列中各数乘积的和减去 x_1 在目标函数 f'中系数（-3）的差，即

$$b_{01}=0\times1+0\times3+0\times0-(-3)=3$$

类似地，可以求得 x_2，…，x_5 对应的检验数 $b_{02}=4$，$b_{03}=b_{04}=b_{05}=0$．最后，表中右下角（常数列）中的数字是 $\boldsymbol{C_B}$ 列中各数与常数列中各对应数字乘积的和，将它记为 b_0．即

$$b_0=0\times6+0\times12+0\times2=0$$

将上述形式的表格称为对应于基变量 x_3，x_4，x_5 的单纯形表，它非常直观地表示了典则形式（2.9）、（2.10）、（2.11）、（2.12）、（2.13）．

在式（2.10）、（2.11）、（2.12）中，令非基变量 $x_1=x_2=0$，就得到：$x_3=6$，$x_4=12$，$x_5=2$．这显然是线性规划问题（L）的一个可行解．反映到单纯形表（表 2—2）中，由 $\boldsymbol{x_B}$ 列和常数列恰好可以看出基变量 x_3，x_4，x_5 的取值．这样的可行解，称为问题（L）的基本可行解．这一基本可行解对应的目标函数值为 $f'=-3\times0-4\times0=0$（因非基变量 $x_1=x_2=0$）．它恰好是表 2—2 中最右下角的数值 $b_0=0$．

但是由于 $f'=-3x_1-4x_2$，显然当 x_1 或 x_2 取正数时，可以使目标函数值进一步减少．例如，我们使系数最小的（-4）对应的变量 x_2 取尽可能大的正数，由约束方程（2.10）、（2.11）、（2.12）可得

$$\begin{cases}x_3=6\quad -x_1-2x_2\\ x_4=12-3x_1-2x_2\\ x_5=2\qquad\quad -x_2\end{cases}$$

如果仍令 $x_1=0$，并令 $x_2=\theta>0$，θ 的最大值可以是多少？由式（2.13），x_3，x_4，x_5 应取非负值，所以就有

$$\begin{cases}x_3=6-2\theta\geqslant0\\ x_4=12-2\theta\geqslant0\\ x_5=2-\theta\geqslant0\end{cases}$$

或写为

$$\begin{cases}\theta\leqslant3\\ \theta\leqslant6\\ \theta\leqslant2\end{cases}$$

由此不等式组可知，θ 最大只能取 2，即 $\theta=\min\left(\frac{6}{2},\ \frac{12}{2},\ \frac{2}{1}\right)=2$，也就是可取 $x_2=2$. 这时

$$\begin{cases} x_3=6-2\times 2=2 \\ x_4=12-2\times 2=8 \\ x_5=2-2=0 \end{cases}$$

于是求得另一可行解：$x_1=0$，$x_2=2$，$x_3=2$，$x_4=8$，$x_5=0$. 对应的目标函数值就是 $f'=-3\times 0-4\times 2=-8$.

这一结果我们也可以这样得到，即在式（2.12）中求得

$$x_2=2-x_5$$

并把上式代入式（2.9）、（2.10）和（2.11），就得到问题（L）的另一等价形式：

$$\begin{cases} \min f'=-f=-8-3x_1+4x_5 & (2.14) \\ x_1 \quad +x_3 \quad -2x_5=2 & (2.15) \\ 3x_1 \quad +x_4-2x_5=8 & (2.16) \\ x_2 \quad +x_5=2 & (2.17) \\ x_j\geqslant 0 \quad (j=1,2,\cdots,5) & (2.18) \end{cases}$$

不难看出，这实际上是以 x_3，x_4，x_2 为基变量的典则形式. 令非基变量 $x_1=x_5=0$，恰好得到 $x_3=2$，$x_4=8$，$x_2=2$. 对应的目标函数值 $f'=-8$.

为了更简便，我们可以在单纯形表（表 2—2）上直接进行上述计算：

（1）在检验数一行找到最大的正检验数 $b_{02}=4$，它说明应把其对应的非基变量 x_2 调入基变量，而把某一基变量调出变为非基变量. 为了确定哪一个基变量调出，在 x_2 列中找到所有正元素，并分别去除常数列中的对应元素，求出最小比值. 即求

$$\theta=\min\left(\frac{6}{2},\frac{12}{2},\frac{2}{1}\right)=\frac{2}{1}=2$$

最小比值在 x_5 行上取得，则应把 x_5 变为非基变量. 在单纯形表（表 2—2）中，把 x_2 列、x_5 行交叉处的元素 1 用方框圈起来，并称这个数为旋转元.

（2）将 x_5 一行所有元素除以旋转元，使其变为 1. 在本例中，旋转元就是 1，因此这一行的各数不变.

再将 x_5 行中的各数乘以（−2）分别加到 x_3 行和 x_4 行上，x_5 行中各数乘以（−4）加到检验行上，使得 x_2 列中除了旋转元变为 1，其余数字都变为零，就得到表 2—3.

表 2—3

C_B \ x_B \ x_j / c_j		−3	−4	0	0	0	常数
		x_1	x_2	x_3	x_4	x_5	
0	x_3	$\boxed{1}$	0	1	0	−2	2
0	x_4	3	0	0	1	−2	8
−4	x_2	0	1	0	0	1	2
检验数		3	0	0	0	−4	−8

不难看出，表 2—3 恰好是典则形式（2.14）、（2.15）、（2.16）、（2.17）、（2.18）所对应的单纯形表. 其中 $\boldsymbol{x_B}$ 列已将 x_2 代替了 x_5，表示 x_2 调入基变量，x_5 已调出基变量. $\boldsymbol{C_B}$ 列也做了相应的改变. 在步骤（2）中所进行的计算称之为初等行变换. 而由表 2—2 变换为表 2—3 的整个过程，称之为迭代.

在表 2—3 中，如果令基变量等于右边常数列对应的常数，非基变量取零，恰好得到

$$x_1=0,\quad x_2=2,\quad x_3=2,\quad x_4=8,\quad x_5=0$$

这也是一个基本可行解. 它对应的目标函数值恰好是表中右下角的常数 -8. 因此，以下的计算我们只需在单纯形表上直接进行迭代就可以了.

由于表 2—3 中 x_1 对应的检验数仍为正数（即在式（2.14）中 x_1 的系数为（-3）），我们设法将 x_1 调入基变量. 在 x_1 列中，将此列中的正数 1，3 分别去除常数列中对应常数，求最小比值.

$$\theta=\min\left(\frac{2}{1},\frac{8}{3}\right)=\frac{2}{1}$$

所以，旋转元为 1，将此旋转元在表 2—3 中用方框圈起来. 将 x_3 行中各元素乘以（-3）分别加到 x_4 行和检验数行上. 使 x_1 列中除了旋转元变为 1，其他元素都化为零. 经过迭代，又得到表 2—4.

表 2—4

C_B	x_B \ c_j / x_j	-3	-4	0	0	0	常数
		x_1	x_2	x_3	x_4	x_5	
-3	x_1	1	0	1	0	-2	2
0	x_4	0	0	-3	1	$\boxed{4}$	2
-4	x_2	0	1	0	0	1	2
检验数		0	0	-3	0	2	-14

由表 2—4，我们得到基本可行解 $x_1=2$，$x_2=2$，$x_3=0$，$x_4=2$，$x_5=0$，对应的目标函数值为 -14.

类似于前面的分析，表 2—4 是典则形式

$$\begin{cases}\min f'=-f=-14+3x_3-2x_5\\ x_1\quad +x_3\quad -2x_5=2\\ \quad -3x_3+x_4+4x_5=2\\ x_2\quad\quad +x_5=2\\ x_j\geqslant 0,\quad j=1,2,\cdots,5\end{cases}$$

所对应的单纯形表.

由于表 2—4 中 x_5 对应的检验数为正数 2，反映到对应的典则形式中，就是目标函数 f' 中 x_5 的系数为 -2，所以将 x_5 调入基变量. 迭代后得表 2—5.

表 2—5

C_B \ x_B \ c_j, x_j		-3 x_1	-4 x_2	0 x_3	0 x_4	0 x_5	常数
-3	x_1	1	0	$-1/2$	$1/2$	0	3
0	x_5	0	0	$-3/4$	$1/4$	1	$1/2$
-4	x_2	0	1	$3/4$	$-1/4$	0	$3/2$
检验数		0	0	$-3/2$	$-1/2$	0	-15

由表 2—5，我们得到基本可行解：$x_1=3$，$x_2=\frac{3}{2}$，$x_3=x_4=0$，$x_5=\frac{1}{2}$，对应的目标函数值为 $f'=-15$. 与前面类似，表 2—5 是典则形式

$$\begin{cases}\min f'=-f=-15+\frac{3}{2}x_3+\frac{1}{2}x_4 \\ x_1 \quad -\frac{1}{2}x_3+\frac{1}{2}x_4 \quad =3 \\ \quad -\frac{3}{4}x_3+\frac{1}{4}x_4+x_5=\frac{1}{2} \\ x_2+\frac{3}{4}x_3-\frac{1}{4}x_4 \quad =\frac{3}{2} \\ x_j\geqslant 0, \quad j=1,2,\cdots,5\end{cases}$$

所对应的单纯形表. 在此典则形式中，目标函数 $f'=-15+\frac{3}{2}x_3+\frac{1}{2}x_4$，非基变量 x_3，x_4 的系数均为正数. 因此，x_3，x_4 取非零正数只能使目标函数值增大. 所以对应的基本可行解已是最优解. 反映到单纯形表中，就是所有检验数都小于或等于零时，可以获得最优解. 这样，对于原线性规划问题来说，我们已求得其最优解为 $x_1=3$，$x_2=\frac{3}{2}$；对应目标函数最大值为 $f=15$.

上述结果与图解法（例 2）所得到的结果是完全一致的.

一般地，还可以证明：

1. 如果在单纯形表中，所有检验数都非正，则对应的基本可行解就是最优解.

2. 如果单纯形表中，某一检验数大于零，而且对应变量所在列中没有正数，则线性规划问题无最优解（最优值无下界).

3. 利用例 9 的迭代方法，我们一定可以求出线性规划问题的最优解或可以判断线性规划问题无最优解.

例 10 用单纯形方法求解线性规划问题：

$$\begin{cases}\min f=x_1-3x_2-2x_3 \\ x_1+2x_2-2x_3\leqslant 2 \\ 3x_1-x_2-x_3\leqslant 3 \\ x_1+x_2-x_3\leqslant 1 \\ x_1\geqslant 0, x_2\geqslant 0, x_3\geqslant 0\end{cases}$$

解：首先将原线性规划问题化为标准形式：

$$\begin{cases}\min f=x_1-3x_2-2x_3\\ x_1+2x_2-2x_3+x_4=2\\ 3x_1-x_2-x_3+x_5=3\\ x_1+x_2-x_3+x_6=1\\ x_j\geqslant 0,\quad j=1,2,\cdots,6\end{cases}$$

这显然是以 x_4，x_5，x_6 为基变量的典则形式，对应的单纯形表为表 2—6.

表 2—6

C_B	x_B \ c_j / x_j	1 x_1	−3 x_2	−2 x_3	0 x_4	0 x_5	0 x_6	常数
0	x_4	1	[2]	−2	1	0	0	2
0	x_5	3	−1	−1	0	1	0	3
0	x_6	1	1	−1	0	0	1	1
检验数		−1	3	2	0	0	0	0

由于检验数中有正数，我们选择 x_2 调入基变量. 计算 $\theta=\min\left\{\frac{2}{2},\ \frac{1}{1}\right\}=\frac{2}{2}=1$，所以旋转元为表中方框中的元素，即基变量 x_4 应调出.

迭代后，得表 2—7. 在表中，x_3 对应的检验数为 5，但这列中的所有元素都小于等于零，所以线性规划问题无最优解.

表 2—7

C_B	x_B \ c_j / x_j	1 x_1	−3 x_2	−2 x_3	0 x_4	0 x_5	0 x_6	常数
1	x_1	1/2	1	−1	1/2	0	0	1
0	x_5	7/2	0	−2	1/2	1	0	4
0	x_6	1/2	0	0	−1/2	0	1	0
检验数		−5/2	0	5	−3/2	0	0	−3

例 11 用单纯形方法求解线性规划问题：

$$\begin{cases}\min f=x_1-x_2+x_3\\ x_1+2x_2+3x_3=6\\ 4x_1+5x_2-6x_3=6\\ x_1\geqslant 0,\ x_2\geqslant 0,\ x_3\geqslant 0\end{cases}$$

解：此线性规划问题已是标准形式，但不是典则形式，我们无法直接写出单纯形表. 在这种情况下，我们首先加入人工变量 $y_1\geqslant 0$，$y_2\geqslant 0$，并引入下面的辅助问题：

$$\begin{cases}\min z=y_1+y_2\\ x_1+2x_2+3x_3+y_1=6\\ 4x_1+5x_2-6x_3+y_2=6\\ x_j\geqslant 0,\ j=1,2,3;\ y_i\geqslant 0,\ i=1,2\end{cases}$$

应注意辅助问题的写法：每个约束方程添加一个人工变量；目标函数 z 是

所有人工变量的和．在加入人工变量前，应使原约束方程右端常数是非负的（如果有负数，该约束方程两边乘以（−1）就可以了）．

显然，辅助问题是以 y_1，y_2 为基变量的典则形式．我们就先用单纯形方法求解此辅助问题．可以证明：如果辅助问题最优值 $z=0$，就求得了原线性规划问题的一个单纯形表和对应的基本可行解．如果辅助问题的最优值 $z>0$，则原线性规划问题无可行解．在前一种情况下，我们可以继续用单纯形方法求解原线性规划问题．这种方法称为两阶段方法．

我们先进行第一阶段，求解辅助问题．辅助问题对应的单纯形表为表 2—8．表 2—8 的填写方法与例 10 中表 2—6 的填写方法完全一样．由此单纯形表出发逐次进行迭代，可以求得辅助问题的最优解．迭代过程如表 2—8、表 2—9、表 2—10 所示．

表 2—8

	c_j	0	0	0	1	1	常数
C_B	x_B \ x_j	x_1	x_2	x_3	y_1	y_2	
1	y_1	1	2	3	1	0	6
1	y_2	4	[5]	−6	0	1	6
检验数		5	7	−3	0	0	12

表 2—9

	c_j	0	0	0	1	1	常数
C_B	x_B \ x_j	x_1	x_2	x_3	y_1	y_2	
1	y_1	−3/5	0	[27/5]	1	−2/5	18/5
0	x_2	4/5	1	−6/5	0	1/5	6/5
检验数		−3/5	0	27/5	0	−7/5	18/5

表 2—10

	c_j	0	0	0	1	1	常数
C_B	x_B \ x_j	x_1	x_2	x_3	y_1	y_2	
0	x_3	−1/9	0	1	5/27	−2/27	2/3
0	x_2	2/3	1	0	2/9	1/9	2
检验数		0	0	0	−1	−1	0

由表 2—10 可知，辅助问题最优值为零．这时基变量为 x_3，x_2，人工变量已全部从基变量中调出．我们就转入第二阶段：求解原线性规划问题．

在第二阶段，将表 2—10 中的 c_j 行、检验数行以及 y_1 列、y_2 列全部划去，重新补入原问题的 c_j 行，并重新计算检验数，得到表 2—11．

表 2—11

	c_j	1	−1	1	常数
C_B	x_B \ x_j	x_1	x_2	x_3	
1	x_3	−1/9	0	1	2/3
−1	x_2	2/3	1	0	2
检验数		−16/9	0	0	−4/3

在表 2—11 中，检验数已全部非正，我们已求得原问题的最优解：$x_1=0$，$x_2=2$，$x_3=\frac{2}{3}$. 对应的目标函数最小值为$-\frac{4}{3}$. 但应注意，在一般情况下，进入第二阶段后，可能仍需若干次迭代，才能求得原问题的最优解或判定无最优解.

例 12 用单纯形方法求解线性规划问题：

$$\begin{cases}\min f=x_1+2x_2+3x_3\\ x_1-2x_2+4x_3=3\\ 3x_1-7x_2+12x_3=11\\ x_1\geqslant 0,\ x_2\geqslant 0,\ x_3\geqslant 0\end{cases}$$

解：原线性规划问题不是典则形式，我们先进行第一阶段：引入辅助问题.

$$\begin{cases}\min z=y_1+y_2\\ x_1-2x_2+4x_3+y_1=3\\ 3x_1-7x_2+12x_3+y_2=11\\ x_j\geqslant 0, j=1,2,3;\ y_i\geqslant 0, i=1,2\end{cases}$$

我们得到以人工变量 y_1，y_2 为基变量的单纯形表（表 2—12）. 迭代后得到表 2—13.

表 2—12

C_B \ c_j	x_B \ x_j	0	0	0	1	1	常数
		x_1	x_2	x_3	y_1	y_2	
1	y_1	1	−2	[4]	1	0	3
1	y_2	3	−7	12	0	1	11
检验数		4	−9	16	0	0	14

表 2—13

C_B \ c_j	x_B \ x_j	0	0	0	1	1	常数
		x_1	x_2	x_3	y_1	y_2	
0	x_3	1/4	−1/2	1	1/4	0	3/4
1	y_2	0	−1	0	−3	1	2
检验数		0	−1	0	−4	0	2

在表 2—13 中，我们已求得了辅助问题的最优解. 但因最优值为 $z=2>0$，所以原问题没有可行解.

例 13 某工厂利用 A_1，A_2 两种原料，生产 B_1，B_2，B_3 三种产品，工厂现有原料数量、生产每吨产品需要的原料数量以及每吨产品可获得的利润如表 2—14 所示.

问：(1) 在现有条件下，应如何组织生产，才能使该厂获得最大利润？

(2) 如果必须生产 3 吨产品 B_3，又应如何组织生产，才能使该厂获得最大利润？

表 2—14

每吨产品所需原料（吨） 原料 \ 产品	B_1	B_2	B_3	现有原料（吨）
A_1	2	1	0	30
A_2	0	2	4	50
每吨产品可得利润（百万元）	3	2	$\frac{1}{2}$	

解：(1) 设该工厂应生产 x_1 吨产品 B_1，生产 x_2 吨产品 B_2，生产 x_3 吨产品 B_3，由题意，可得此问题的数学形式：

$$
(\mathrm{I})\quad\begin{cases}\max f=3x_1+2x_2+\frac{1}{2}x_3\\ 2x_1+x_2\leqslant 30\\ 2x_2+4x_3\leqslant 50\\ x_1\geqslant 0,\ x_2\geqslant 0,\ x_3\geqslant 0\end{cases}
$$

将其化为标准形式：

$$
(\mathrm{II})\quad\begin{cases}\min f'=-f=-3x_1-2x_2-\frac{1}{2}x_3\\ 2x_1+x_2\qquad\quad +x_4\qquad =30\\ \qquad 2x_2+4x_3\qquad +x_5=50\\ x_j\geqslant 0,\ j=1,\ 2,\ \cdots,\ 5\end{cases}
$$

这显然是以 x_4，x_5 为基变量的典则形式，对应的单纯形表为表 2—15.

表 2—15

C_B	x_B \ c_j	-3	-2	$-\frac{1}{2}$	0	0	常数
	x_j	x_1	x_2	x_3	x_4	x_5	
0	x_4	[2]	1	0	1	0	30
0	x_5	0	2	4	0	1	50
检验数		3	2	$\frac{1}{2}$	0	0	0

由此单纯形表（表 2—15）出发，逐次进行迭代，可得问题（Ⅱ）的最优解. 迭代过程如表 2—15、表 2—16、表 2—17 所示.

表 2—16

C_B	x_B \ c_j	-3	-2	$-\frac{1}{2}$	0	0	常数
	x_j	x_1	x_2	x_3	x_4	x_5	
-3	x_1	1	$\frac{1}{2}$	0	$\frac{1}{2}$	0	15
0	x_5	0	[2]	4	0	1	50
检验数		0	$\frac{1}{2}$	$\frac{1}{2}$	$-\frac{3}{2}$	0	-45

表 2—17

C_B	x_B	c_j / x_j	-3 x_1	-2 x_2	$-\frac{1}{2}$ x_3	0 x_4	0 x_5	常数
-3	x_1		1	0	-1	$\frac{1}{2}$	$-\frac{1}{4}$	2.5
-2	x_2		0	1	2	0	$\frac{1}{2}$	25
检验数			0	0	$-\frac{1}{2}$	$-\frac{3}{2}$	$-\frac{1}{4}$	-57.5

由表 2—17 可知，问题（Ⅱ）的最优解为 $x_1=2.5$，$x_2=25$，$x_3=x_4=x_5=0$；最优值 $f'=-57.5$. 所以，原问题（Ⅰ）的最优解为 $x_1=2.5$，$x_2=25$，$x_3=0$，最大值 $f=57.5$. 即在现有条件下，生产 2.5 吨产品 B_1，25 吨产品 B_2，不生产 B_3，工厂可获最大利润 57.5（百万元）.

(2) 上面的最优方案中只生产 B_1，B_2，不生产 B_3，如果必须生产 3 吨 B_3，可以在原约束条件中增加一个约束条件 $x_3=3$，从头做起. 另外，也可以根据对应于最优解的单纯形表 2—17 写出相应的典则形式

$$\begin{cases}\min f'=-f=-57.5+\frac{1}{2}x_3+\frac{3}{2}x_4+\frac{1}{4}x_5\\ x_1\qquad -x_3+\frac{1}{2}x_4-\frac{1}{4}x_5=2.5\\ \qquad x_2+2x_3\qquad +\frac{1}{2}x_5=25\\ x_j\geqslant 0,\ j=1,\ 2,\ \cdots,\ 5\end{cases}$$

然后令 $x_3=3$，$x_4=x_5=0$，就可得到 $x_1=2.5+3=5.5$，$x_2=25-2\times 3=19$. 对应的目标函数最优值 $f'=-57.5+\frac{1}{2}\times 3=-56$. 即 $f=-f'=56$.

不难看出，每生产 1 吨产品 B_3，就会使利润减少 0.5（百万元）. 所以，若必须生产 3 吨产品 B_3 时，最优生产安排是生产 5.5 吨产品 B_1，19 吨产品 B_2，3 吨产品 B_3，可获最大利润 56（百万元）.

由本节例题可以看出，求解线性规划问题一般可以分为两个阶段. 如果线性规划问题已具有典则形式，并且约束方程右端常数非负，则可以直接写出对应的单纯形表，进入第二阶段. 否则，在第一阶段应引入辅助问题，求出辅助问题的最优解，再得到原问题的基本可行解对应的单纯形表或判定原问题无可行解. 在两个阶段的计算过程中，都可利用单纯形方法.

如果利用线性规划方法解决实际问题（如例 13），则应先建立相应的数学模型，并化为标准形式，再利用单纯形方法求得问题的最优解或判定问题无解. 在有最优解时，还需分析实际情况的变化对最优解的影响. 这称为灵敏度分析. 目前，基于单纯形方法求解大规模线性规划问题的计算机软件也较为成熟，只要输入目标函数和约束条件的相应数据，就可获得最优解及相关的分析结果.

2.5 矩阵形式

对于标准形式的线性规划问题

$$
(\mathrm{L})\begin{cases}\min f=c_1x_1+c_2x_2+\cdots+c_nx_n\\ a_{11}x_1+a_{12}x_2+\cdots+a_{1n}x_n=b_1\\ a_{21}x_1+a_{22}x_2+\cdots+a_{2n}x_n=b_2\\ \qquad\cdots\cdots\\ a_{m1}x_1+a_{m2}x_2+\cdots+a_{mn}x_n=b_m\\ x_j\geqslant 0,\quad j=1,2,\cdots,n\end{cases}
$$

如果记

$$
\boldsymbol{A}=\begin{pmatrix}a_{11}&a_{12}&\cdots&a_{1n}\\ a_{21}&a_{22}&\cdots&a_{2n}\\ \vdots&\vdots&&\vdots\\ a_{m1}&a_{m2}&\cdots&a_{mn}\end{pmatrix},\quad \boldsymbol{b}=\begin{pmatrix}b_1\\ b_2\\ \vdots\\ b_m\end{pmatrix},\quad \boldsymbol{x}=\begin{pmatrix}x_1\\ x_2\\ \vdots\\ x_n\end{pmatrix}
$$

$$
\boldsymbol{C}=(c_1,\ c_2,\ \cdots,\ c_n)
$$

则线性规划问题（L）可以用矩阵形式写为：

$$
(\mathrm{L})\begin{cases}\min f=\boldsymbol{Cx} & (2.19)\\ \boldsymbol{Ax}=\boldsymbol{b} & (2.20)\\ \boldsymbol{x}\geqslant\boldsymbol{0} & (2.21)\end{cases}
$$

对于问题（L），称集合 $R=\{\boldsymbol{x}\mid \boldsymbol{Ax}=\boldsymbol{b},\ \boldsymbol{x}\geqslant\boldsymbol{0}\}$ 为可行解集合，若 $\boldsymbol{x}\in R$，则称 $\boldsymbol{x}$ 为问题（L）的可行解，若可行解 $\boldsymbol{x}^*\in R$ 使目标函数取得最小值，则 $\boldsymbol{x}^*$ 称为问题（L）的最优解.

不妨设矩阵 $\boldsymbol{A}$ 的秩为 m，即 $\boldsymbol{A}$ 的秩等于约束方程的个数，并且 $m<n$，则将 $\boldsymbol{A}$ 的一个 $m\times m$ 非奇异子矩阵 $\boldsymbol{B}$，称为线性规划问题（L）的基.

如果令 $\boldsymbol{A}=(\boldsymbol{P}_1,\ \boldsymbol{P}_2,\ \cdots,\ \boldsymbol{P}_n)$，其中

$$
\boldsymbol{P}_j=\begin{pmatrix}a_{1j}\\ a_{2j}\\ \vdots\\ a_{mj}\end{pmatrix},\quad j=1,2,\cdots,n
$$

我们就称 $\boldsymbol{B}$ 中列向量对应的变量为基变量，其他变量为非基变量. 不妨设基 $\boldsymbol{B}=(\boldsymbol{P}_1,\ \boldsymbol{P}_2,\ \cdots,\ \boldsymbol{P}_m)$，$\boldsymbol{N}=(\boldsymbol{P}_{m+1},\ \cdots,\ \boldsymbol{P}_n)$，则可把 $\boldsymbol{A}$ 分块写成 $\boldsymbol{A}=(\boldsymbol{B},\ \boldsymbol{N})$ 的形式. 这时基变量部分记为 $\boldsymbol{x}_{\boldsymbol{B}}=(x_1,\ x_2,\ \cdots,\ x_m)^{\mathrm{T}}$，非基变量部分记为 $\boldsymbol{x}_{\boldsymbol{N}}=(x_{m+1},\ \cdots,\ x_n)^{\mathrm{T}}$. 于是约束方程（2.20）就可以写成

$$
(\boldsymbol{B},\boldsymbol{N})\begin{pmatrix}\boldsymbol{x}_{\boldsymbol{B}}\\ \boldsymbol{x}_{\boldsymbol{N}}\end{pmatrix}=\boldsymbol{b}
$$

即

$$\boldsymbol{B}\boldsymbol{x}_B+\boldsymbol{N}\boldsymbol{x}_N=\boldsymbol{b}$$

两边左乘 $\boldsymbol{B}^{-1}$，就得到

$$\boldsymbol{x}_B+\boldsymbol{B}^{-1}\boldsymbol{N}\boldsymbol{x}_N=\boldsymbol{B}^{-1}\boldsymbol{b} \tag{2.22}$$

即

$$\boldsymbol{x}_B=\boldsymbol{B}^{-1}\boldsymbol{b}-\boldsymbol{B}^{-1}\boldsymbol{N}\boldsymbol{x}_N \tag{2.23}$$

上式就是用非基变量 x_{m+1}，…，x_n 表示基变量 x_1，x_2，…，x_m 的表达式.

如果再设 $\boldsymbol{C}=(\boldsymbol{C}_B,\ \boldsymbol{C}_N)$，其中

$$\boldsymbol{C}_B=(c_1,c_2,\cdots,c_m),\quad \boldsymbol{C}_N=(c_{m+1},\cdots,c_n)$$

则目标函数（2.19）可以写成

$$f=(\boldsymbol{C}_B,\boldsymbol{C}_N)\begin{pmatrix}\boldsymbol{x}_B\\ \boldsymbol{x}_N\end{pmatrix}=\boldsymbol{C}_B\boldsymbol{x}_B+\boldsymbol{C}_N\boldsymbol{x}_N$$

将式（2.23）代入上式，得到目标函数 f 用非基变量表达的公式为：

$$f=\boldsymbol{C}_B\boldsymbol{B}^{-1}\boldsymbol{b}-\boldsymbol{C}_B\boldsymbol{B}^{-1}\boldsymbol{N}\boldsymbol{x}_N+\boldsymbol{C}_N\boldsymbol{x}_N$$

即

$$f=\boldsymbol{C}_B\boldsymbol{B}^{-1}\boldsymbol{b}-(\boldsymbol{C}_B\boldsymbol{B}^{-1}\boldsymbol{N}-\boldsymbol{C}_N)\boldsymbol{x}_N \tag{2.24}$$

如果令非基变量全取零（即 $\boldsymbol{x}_N=\boldsymbol{0}$ 时），由式（2.23）就得到 $\boldsymbol{x}_B=\boldsymbol{B}^{-1}\boldsymbol{b}$. 因此，$\boldsymbol{x}_B=\boldsymbol{B}^{-1}\boldsymbol{b}$，$\boldsymbol{x}_N=\boldsymbol{0}$ 就是约束方程（2.20）的解，我们把这个解称为对应于基 $\boldsymbol{B}$ 的基本解. 它对应的目标函数值为 $f=\boldsymbol{C}_B\boldsymbol{B}^{-1}\boldsymbol{b}$.

如果 $\boldsymbol{B}^{-1}\boldsymbol{b}\geqslant\boldsymbol{0}$，即基本解中基变量全部取非负值时，我们将 $\boldsymbol{x}_B=\boldsymbol{B}^{-1}\boldsymbol{b}$，$\boldsymbol{x}_N=\boldsymbol{0}$ 称为对应于基 $\boldsymbol{B}$ 的基本可行解，基 $\boldsymbol{B}$ 称为可行基.

对于可行基 $\boldsymbol{B}$，如果 $\boldsymbol{C}_B\boldsymbol{B}^{-1}\boldsymbol{N}-\boldsymbol{C}_N\leqslant\boldsymbol{0}$，则由式（2.24）得

$$f=\boldsymbol{C}\boldsymbol{x}=\boldsymbol{C}_B\boldsymbol{B}^{-1}\boldsymbol{b}-(\boldsymbol{C}_B\boldsymbol{B}^{-1}\boldsymbol{N}-\boldsymbol{C}_N)\boldsymbol{x}_N\geqslant\boldsymbol{C}_B\boldsymbol{B}^{-1}\boldsymbol{b}$$

所以，当 $\boldsymbol{x}_B=\boldsymbol{B}^{-1}\boldsymbol{b}\geqslant\boldsymbol{0}$，$\boldsymbol{x}_N=\boldsymbol{0}$ 时，就得到线性规划问题的最优解，对应的目标函数的最小值为 $f=\boldsymbol{C}_B\boldsymbol{B}^{-1}\boldsymbol{b}$. 这时称基 $\boldsymbol{B}$ 为最优基. $\boldsymbol{x}_B=\boldsymbol{B}^{-1}\boldsymbol{b}$，$\boldsymbol{x}_N=\boldsymbol{0}$ 被称为基本最优解.

需要注意的是，

$$\begin{aligned}\boldsymbol{C}_B\boldsymbol{B}^{-1}\boldsymbol{A}-\boldsymbol{C}&=\boldsymbol{C}_B\boldsymbol{B}^{-1}(\boldsymbol{B},\boldsymbol{N})-(\boldsymbol{C}_B,\boldsymbol{C}_N)\\&=(\boldsymbol{C}_B\boldsymbol{B}^{-1}\boldsymbol{B},\boldsymbol{C}_B\boldsymbol{B}^{-1}\boldsymbol{N})-(\boldsymbol{C}_B,\boldsymbol{C}_N)\\&=(\boldsymbol{C}_B,\boldsymbol{C}_B\boldsymbol{B}^{-1}\boldsymbol{N})-(\boldsymbol{C}_B,\boldsymbol{C}_N)\\&=(\boldsymbol{0},\boldsymbol{C}_B\boldsymbol{B}^{-1}\boldsymbol{N}-\boldsymbol{C}_N)\end{aligned}$$

所以，$\boldsymbol{C}_B\boldsymbol{B}^{-1}\boldsymbol{N}-\boldsymbol{C}_N\leqslant\boldsymbol{0}$ 等价于 $\boldsymbol{C}_B\boldsymbol{B}^{-1}\boldsymbol{A}-\boldsymbol{C}\leqslant\boldsymbol{0}$. 由此可得最优解的判别准则：

对于基 $\boldsymbol{B}$，如果 $\boldsymbol{B}^{-1}\boldsymbol{b}\geqslant\boldsymbol{0}$，$\boldsymbol{C}_B\boldsymbol{B}^{-1}\boldsymbol{A}-\boldsymbol{C}\leqslant\boldsymbol{0}$，则对应于基 $\boldsymbol{B}$ 的基本可行解 $\boldsymbol{x}_B=\boldsymbol{B}^{-1}\boldsymbol{b}$，$\boldsymbol{x}_N=\boldsymbol{0}$ 就是基本最优解.

如果记 $\boldsymbol{C}_B\boldsymbol{B}^{-1}\boldsymbol{b}=b_0$

$$\boldsymbol{B}^{-1}\boldsymbol{b}=(b_{1,n+1},b_{2,n+1},\cdots,b_{m,n+1})^{\mathrm{T}}$$

$$B^{-1}N=\begin{pmatrix} b_{1,m+1} & \cdots & b_{1,n} \\ b_{2,m+1} & \cdots & b_{2,n} \\ \vdots & & \vdots \\ b_{m,m+1} & \cdots & b_{m,n} \end{pmatrix}$$

$$\begin{aligned} \boldsymbol{C_B B^{-1} A - C} &= (\boldsymbol{0}, \boldsymbol{C_B B^{-1} N - C_N}) \\ &= (0,0,\cdots,0,b_{0m+1},\cdots,b_{0n}) \end{aligned}$$

同时注意到：由式（2.22）和（2.24），原线性规划问题（L）可写成等价的形式：

$$\begin{cases} \min f = \boldsymbol{C_B B^{-1} b} - (\boldsymbol{C_B B^{-1} N - C_N})\boldsymbol{x_N} = \boldsymbol{C_B B^{-1} b} - (\boldsymbol{C_B B^{-1} A - C})\boldsymbol{x} \\ \boldsymbol{x_B} + \boldsymbol{B^{-1} N x_N} = \boldsymbol{B^{-1} b} \\ \boldsymbol{x_B} \geqslant \boldsymbol{0},\ \boldsymbol{x_N} \geqslant \boldsymbol{0} \end{cases}$$

利用上述记号，线性规划问题（L）则可以写成

$$\begin{cases} \min f = b_0 - b_{0,m+1}x_{m+1} - \cdots - b_{0n}x_n \\ x_1 \quad + b_{1,m+1}x_{m+1} + \cdots + b_{1n}x_n = b_{1,n+1} \\ \quad x_2 \quad + b_{2,m+1}x_{m+1} + \cdots + b_{2n}x_n = b_{2,n+1} \\ \qquad \cdots\cdots \\ \qquad x_m + b_{m,m+1}x_{m+1} + \cdots + b_{mn}x_n = b_{m,n+1} \\ x_j \geqslant 0, \quad j=1,2,\cdots,n \end{cases}$$

这显然就是以 x_1，x_2，…，x_m 为基变量的典则形式. 它对应的单纯形表为表 2—18.

表 2—18

C_B	x_B \ c_j / x_j	c_1 / x_1	c_2 / x_2	⋯ / ⋯	c_m / x_m	c_{m+1} / x_{m+1}	⋯ / ⋯	c_n / x_n	常数
c_1	x_1	1	0	⋯	0	$b_{1,m+1}$	⋯	b_{1n}	$b_{1,n+1}$
c_2	x_2	0	1	⋯	0	$b_{2,m+1}$	⋯	b_{2n}	$b_{2,n+1}$
⋮	⋮	⋮	⋮		⋮	⋮		⋮	⋮
c_m	x_m	0	0	⋯	1	$b_{m,m+1}$	⋯	b_{mn}	$b_{m,n+1}$
检验数		0	0	⋯	0	$b_{0,m+1}$	⋯	b_{0n}	b_0

用矩阵形式，对应于基 $\boldsymbol{B}$（基变量 $\boldsymbol{x_B}$）的单纯形表就是

$$\begin{pmatrix} \boldsymbol{I} & \boldsymbol{B^{-1}N} & \cdots & \boldsymbol{B^{-1}b} \\ \vdots & \vdots & & \vdots \\ \boldsymbol{0} & \boldsymbol{C_B B^{-1} N - C_N} & \cdots & \boldsymbol{C_B B^{-1} b} \end{pmatrix}$$

其中 $\boldsymbol{I}$ 是 m 阶的单位矩阵.

对于单纯形表 2—18，最优解的判别准则可以是：如果常数列中 $b_{i,n+1}\geqslant 0$（$i=1$，…，m），检验数 $b_{0j}\leqslant 0$（$j=1$，2，…，n），则对应的基本可行解 $x_1=b_{1,n+1}$，$x_2=b_{2,n+1}$，…，$x_m=b_{m,n+1}$，$x_{m+1}=\cdots=x_n=0$ 是线性规划问题（L）的基本最优解，对应的目标函数最优值 $f=b_0$，$\boldsymbol{B}$ 是最优基.

不难看出 2.4 节中的各个例子正是利用了这一判定准则.

对于可行基 **B** 对应的单纯形表 2—18，利用单纯形方法就可经有限步迭代求得线性规划问题的最优解或判定问题无解.

对于标准形式的线性规划问题（L），我们可以证明以下重要性质：

1. 如果问题（L）有可行解，则它一定有基本可行解.
2. 如果问题（L）有最优解，则最优值可以在基本可行解上达到.

实际上，问题（L）的基本可行解就是可行解集合的“顶点”，具有 2.2 节中可行解区域的“顶点”的特性.

2.6 对偶线性规划*

在线性规划理论中，对于给定的一个线性规划问题，需研究与之相联系的另一线性规划问题——对偶线性规划问题. 把两个线性规划问题放在一起讨论，在理论上可以得到许多重要结论，而且具有重要的经济意义. 限于本教材的目的，我们仅介绍对偶线性规划的概念和经济意义.

对于给定的线性规划问题

$$(\text{I})\begin{cases}\min f=c_1x_1+c_2x_2+\cdots+c_nx_n\\ a_{11}x_1+a_{12}x_2+\cdots+a_{1n}x_n\geqslant b_1\\ a_{21}x_1+a_{22}x_2+\cdots+a_{2n}x_n\geqslant b_2\\ \qquad\cdots\cdots\\ a_{m1}x_1+a_{m2}x_2+\cdots+a_{mn}x_n\geqslant b_m\\ x_j\geqslant 0,\quad j=1,2,\cdots,n\end{cases}$$

我们称线性规划问题

$$(\text{II})\begin{cases}\max g=b_1y_1+b_2y_2+\cdots+b_my_m\\ a_{11}y_1+a_{21}y_2+\cdots+a_{m1}y_m\leqslant c_1\\ a_{12}y_1+a_{22}y_2+\cdots+a_{m2}y_m\leqslant c_2\\ \qquad\cdots\cdots\\ a_{1n}y_1+a_{2n}y_2+\cdots+a_{mn}y_m\leqslant c_n\\ y_i\geqslant 0,\quad i=1,2,\cdots,m\end{cases}$$

为问题（Ⅰ）的对偶问题. 问题（Ⅰ）称为原始问题. 问题（Ⅰ）、问题（Ⅱ）合在一起称为对偶线性规划问题的对称形式.

如果记

$$\boldsymbol{A}=\begin{pmatrix}a_{11}&a_{12}&\cdots&a_{1n}\\a_{21}&a_{22}&\cdots&a_{2n}\\\vdots&\vdots&&\vdots\\a_{m1}&a_{m2}&\cdots&a_{mn}\end{pmatrix},\quad \boldsymbol{b}=\begin{pmatrix}b_1\\b_2\\\vdots\\b_m\end{pmatrix},\quad \boldsymbol{x}=\begin{pmatrix}x_1\\x_2\\\vdots\\x_n\end{pmatrix}$$

$$\boldsymbol{C}=(c_1,c_2,\cdots,c_n);\ \boldsymbol{y}=(y_1,y_2,\cdots,y_m)$$

则对称的对偶线性规划问题可以用矩阵形式记为：

$$
(\text{I})\begin{cases}\min\ f=\boldsymbol{Cx}\\ \boldsymbol{Ax}\geqslant\boldsymbol{b}\\ \boldsymbol{x}\geqslant\boldsymbol{0}\end{cases}
$$

$$
(\text{II})\begin{cases}\max\ g=\boldsymbol{yb}\\ \boldsymbol{yA}\leqslant\boldsymbol{C}\\ \boldsymbol{y}\geqslant\boldsymbol{0}\end{cases}
$$

在给定原问题（Ⅰ）之后，为了便于写出其对偶问题，我们可以用对偶表（表 2—19）来表示这两个问题：

表 2—19 **对偶表**

	$x_1\geqslant0$	$x_2\geqslant0$	$\cdots$	$x_n\geqslant0$		
	c_1	c_2	$\cdots$	c_n		min \ max
	$\geqslant$	$\geqslant$		$\geqslant$		
$y_1\geqslant0$	a_{11}	a_{12}	$\cdots$	a_{1n}	$\geqslant$	b_1
$y_2\geqslant0$	a_{21}	a_{22}	$\cdots$	a_{2n}	$\geqslant$	b_2
$\vdots$	$\vdots$	$\vdots$		$\vdots$		$\vdots$
$y_m\geqslant0$	a_{m1}	a_{m2}	$\cdots$	a_{mn}	$\geqslant$	b_m

由表 2—19，按行可写出原问题（Ⅰ），按列就恰好写出其对偶问题（Ⅱ）.

不难证明对偶线性规划问题具有下述性质：

性质 1 对偶问题（Ⅱ）的对偶问题就是问题（Ⅰ）.

证 把问题（Ⅱ）作为原始问题，可将问题（Ⅱ）等价地写成问题（Ⅱ′）：

$$
(\text{II}')\begin{cases}\min\ g'=-g=-b_1y_1-b_2y_2-\cdots-b_my_m\\ -a_{11}y_1-a_{21}y_2-\cdots-a_{m1}y_m\geqslant-c_1\\ -a_{12}y_1-a_{22}y_2-\cdots-a_{m2}y_m\geqslant-c_2\\ \cdots\cdots\\ -a_{1n}y_1-a_{2n}y_2-\cdots-a_{mn}y_m\geqslant c_n\\ y_i\geqslant0,\quad i=1,2,\cdots,m\end{cases}
$$

根据定义，问题（Ⅱ′）的对偶问题就是问题（Ⅰ′）：

$$
(\text{I}')\begin{cases}\max\ f'=-c_1x_1-c_2x_2-\cdots-c_nx_n\\ -a_{11}x_1-a_{12}x_2-\cdots-a_{1n}x_n\leqslant-b_1\\ -a_{21}x_1-a_{22}x_2-\cdots-a_{2n}x_n\leqslant-b_2\\ \cdots\cdots\\ -a_{m1}x_1-a_{m2}x_2-\cdots-a_{mn}x_n\leqslant-b_m\\ x_j\geqslant0,\quad j=1,2,\cdots,n\end{cases}
$$

显然，问题（Ⅰ′）等价于问题（Ⅰ）.

因此问题（Ⅱ）的对偶问题恰是问题（Ⅰ）.

由此定理可知，问题（Ⅰ）和问题（Ⅱ）互为对偶问题，即把其中一个问题当作原问题，则另一问题就是相应的对偶问题.

性质 2 如果线性规划问题（Ⅰ）中第 k 个约束条件是等式，那么它的对偶规划（Ⅱ）中的第 k 个变量 y_k 无非负限制；反之亦然.

证 如果问题（Ⅰ）的第 k 个约束条件取等式

$$a_{k1}x_1+a_{k2}x_2+\cdots+a_{kn}x_n=b_k$$

我们可以将它写成等价的形式：

$$\begin{cases} a_{k1}x_1+a_{k2}x_2+\cdots+a_{kn}x_n\geqslant b_k \\ -a_{k1}x_1-a_{k2}x_2-\cdots-a_{kn}x_n\geqslant -b_k \end{cases}$$

这样，问题（Ⅰ）等价于

$$\begin{cases} \min\ f=c_1x_1+c_2x_2+\cdots+c_nx_n \\ a_{11}x_1+a_{12}x_2+\cdots+a_{1n}x_n\geqslant b_1 \\ \cdots\cdots \\ a_{k1}x_1+a_{k2}x_2+\cdots+a_{kn}x_n\geqslant b_k \\ -a_{k1}x_1-a_{k2}x_2-\cdots-a_{kn}x_n\geqslant -b_k \\ \cdots\cdots \\ a_{m1}x_1+a_{m2}x_2+\cdots+a_{mn}x_n\geqslant b_m \\ x_j\geqslant 0,\quad j=1,2,\cdots,n \end{cases}$$

根据对偶规划的定义，上述问题的对偶规划问题为：

$$(\text{Ⅱ})\begin{cases} \max\ g=b_1y_1+b_2y_2+\cdots+b_k(y'_k-y''_k)+\cdots+b_my_m \\ a_{11}y_1+a_{21}y_2+\cdots+a_{k1}(y'_k-y''_k)+\cdots+a_{m1}y_m\leqslant c_1 \\ a_{12}y_1+a_{22}y_2+\cdots+a_{k2}(y'_k-y''_k)+\cdots+a_{m2}y_m\leqslant c_2 \\ \cdots\cdots \\ a_{1n}y_1+a_{2n}y_2+\cdots+a_{kn}(y'_k-y''_k)+\cdots+a_{mn}y_m\leqslant c_n \\ y_1\geqslant 0,\ y_2\geqslant 0,\ \cdots,\ y'_k\geqslant 0,\ y''_k\geqslant 0,\ \cdots,\ y_m\geqslant 0 \end{cases}$$

再令 $y_k=y'_k-y''_k$，这时 y_k 就不一定取非负值了. 因此问题（Ⅱ）就可写为：

$$(\text{Ⅱ})\begin{cases} \max\ g=b_1y_1+b_2y_2+\cdots+b_ky_k+\cdots+b_my_m \\ a_{11}y_1+a_{21}y_2+\cdots+a_{k1}y_k+\cdots+a_{m1}y_m\leqslant c_1 \\ a_{12}y_1+a_{22}y_2+\cdots+a_{k2}y_k+\cdots+a_{m2}y_m\leqslant c_2 \\ \cdots\cdots \\ a_{1n}y_1+a_{2n}y_2+\cdots+a_{kn}y_k+\cdots+a_{mn}y_m\leqslant c_n \\ y_1\geqslant 0,\ \cdots,\ y_{k-1}\geqslant 0,\ y_k\ \text{无非负限制},\ y_{k+1}\geqslant 0,\ \cdots,\ y_m\geqslant 0 \end{cases}$$

反之，若问题（Ⅱ）中的第 k 个变量 y_k 无非负限制，则问题（Ⅰ）中第 k 个约束条件必是等式（请读者自行证明）.

由于问题（Ⅰ）与问题（Ⅱ）互为对偶问题（性质 1），我们将性质 2 中的问题（Ⅰ）与问题（Ⅱ）互换一下，结论仍将成立. 即：如果线性规划问题（Ⅱ）中第 k 个约束条件是等式，那么它的对偶问题（Ⅰ）中的第 k 个变量 x_k 无非负限制，反之亦然.

由性质 2 可知：如果原始问题取标准形式，即原始问题为：

$$
(\mathrm{L})\begin{cases}\min\ f=c_1x_1+c_2x_2+\cdots+c_nx_n\\ a_{11}x_1+a_{12}x_2+\cdots+a_{1n}x_n=b_1\\ a_{21}x_1+a_{22}x_2+\cdots+a_{2n}x_n=b_2\\ \cdots\cdots\\ a_{m1}x_1+a_{m2}x_2+\cdots+a_{mn}x_n=b_m\\ x_j\geqslant 0,\quad j=1,2,\cdots,n\end{cases}
$$

由于所有约束条件均是等式，由性质 2 可知，问题（L）的对偶问题中，所有变量 $y_i(i=1, 2, \cdots, m)$ 都没有非负限制. 因此，问题（L）的对偶问题为问题

$$
(\mathrm{D})\begin{cases}\max\ g=b_1y_1+b_2y_2+\cdots+b_my_m\\ a_{11}y_1+a_{21}y_2+\cdots+a_{m1}y_m\leqslant c_1\\ a_{12}y_1+a_{22}y_2+\cdots+a_{m2}y_m\leqslant c_2\\ \cdots\cdots\\ a_{1n}y_1+a_{2n}y_2+\cdots+a_{mn}y_m\leqslant c_n\\ y_i\ \text{无非负限制},\quad i=1,2,\cdots,m\end{cases}
$$

由性质 2 容易看出，问题（D）的对偶问题也就是问题（L）. 即问题（L）和问题（D）是互为对偶的线性规划问题. 一般地讲，问题（L）和问题（D）合在一起称为非对称的对偶线性规划问题.

利用前面的矩阵记法，这一对互为对偶的线性规划问题可记为：

$$
(\mathrm{L})\begin{cases}\min\ f=\boldsymbol{Cx}\\ \boldsymbol{Ax}=\boldsymbol{b}\\ \boldsymbol{x}\geqslant\boldsymbol{0}\end{cases}
$$

$$
(\mathrm{D})\begin{cases}\max\ g=\boldsymbol{yb}\\ \boldsymbol{yA}\leqslant\boldsymbol{C}\end{cases}
$$

由实际问题所得出的线性规划问题可能有各种不同的形式. 但由性质 1 和性质 2 可知，对于任何一个线性规划问题都存在一个对偶线性规划问题. 为了便于写出所给定的线性规划问题的对偶问题，我们可以将两个互为对偶的线性规划问题之间的关系总结在表 2—20 中.

表 2—20

原问题（求极小值）	对偶问题（求极大值）
有 n 个变量	有 n 个约束条件
有 m 个约束条件	有 m 个变量
第 k 个约束条件取“$\geqslant$”	第 k 个变量$\geqslant 0$
第 k 个约束条件取“$=$”	第 k 个变量无非负限制
第 i 个变量无非负限制	第 i 个约束条件取“$=$”
第 i 个变量$\geqslant 0$	第 i 个约束条件取“$\leqslant$”

由于对偶关系是相互的，因此，将表 2—20 中的“原问题”与“对偶问

题”互换一下，结论仍将成立. 利用表 2—20 中列出的几个关系和对偶表，我们就可以写出任何一个线性规划问题的对偶问题了.

例 14 求以下线性规划问题的对偶问题：

(1)

$$
(\text{I})\begin{cases}\min f=2x_1+8x_2+5x_3\\ x_1+x_2-x_3\geqslant 3\\ -2x_1+x_3\geqslant 2\\ x_1\geqslant 0,\ x_2\geqslant 0,\ x_3\geqslant 0\end{cases}
$$

(2)

$$
(\text{I})\begin{cases}\min f=3x_1-x_2-x_3\\ x_1+2x_2-5x_3=2\\ 3x_1-x_2+x_3\geqslant -5\\ 2x_1-2x_2+3x_3\leqslant 8\\ x_1\geqslant 0,\ x_2\geqslant 0,\ x_3\text{ 无非负限制}\end{cases}
$$

(3)

$$
(\text{I})\begin{cases}\max f=2x_1-3x_2+5x_3\\ x_1-x_2+3x_3=2\\ x_1+x_2\geqslant 6\\ x_2\geqslant 0,\ x_3\geqslant 0,\ x_1\text{ 无非负限制}\end{cases}
$$

解：(1) 利用对偶线性规划的定义，可直接得到原始问题（Ⅰ）的对偶问题（Ⅱ）：

$$
(\text{II})\begin{cases}\max g=3y_1+2y_2\\ y_1-2y_2\leqslant 2\\ y_1\leqslant 8\\ -y_1+y_2\leqslant 5\\ y_1\geqslant 0,\ y_2\geqslant 0\end{cases}
$$

(2) 先将原始问题写成以下等价形式：

$$
(\text{I})\begin{cases}\min f=3x_1-x_2-x_3\\ x_1+2x_2-5x_3=2\\ 3x_1-x_2+x_3\geqslant -5\\ -2x_1+2x_2-3x_3\geqslant -8\\ x_1\geqslant 0,\ x_2\geqslant 0,\ x_3\text{ 无非负限制}\end{cases}
$$

因为原始问题 $x_1\geqslant 0$，$x_2\geqslant 0$，则对偶问题中的第一个和第二个约束条件必取“$\leqslant$”，而 x_3 无限制，所以对偶问题中第三个约束条件必取“$=$”.

又原始问题中第一个约束条件取“$=$”，所以对偶问题中的变量 y_1 无非负限制. 原问题的第二、三个约束条件取“$\geqslant$”，所以对偶问题中 $y_1\geqslant 0$，$y_2\geqslant 0$. 这样，利用表 2—20 可得对偶问题为：

$$(\text{Ⅱ})\begin{cases}\max g=2y_1-5y_2-8y_3\\ \quad y_1+3y_2-2y_3\leqslant 3\\ \quad 2y_1-\ y_2+2y_3\leqslant -1\\ -5y_1+\ y_2-3y_3=-1\\ y_2\geqslant 0,\ y_3\geqslant 0,\ y_1\text{ 无非负限制}\end{cases}$$

(3) 先将原问题写成下述等价形式：

$$(\text{Ⅰ})\begin{cases}\max f=2x_1-3x_2+5x_3\\ \quad x_1-x_2+3x_3=2\\ -x_1-x_2\qquad\leqslant -6\\ x_2\geqslant 0,\ x_3\geqslant 0,\ x_1\text{ 无非负限制}\end{cases}$$

由于原始问题求目标函数极大，所以对偶问题必求目标函数极小. 原始问题第一个约束条件取“＝”，则对偶问题的变量 y_1 无非负限制. 原始问题的第二个约束条件取“⩽”，则对偶变量 y_2 非负.

又原始问题中的 $x_2\geqslant 0$，$x_3\geqslant 0$，所以对偶问题中的第二、三个约束条件取“⩾”. 而 x_1 无非负限制，所以，对偶问题中的第一个约束取等式. 这样，利用表 2—20，将求极大值的对偶问题看做原始问题，可写出对偶问题为：

$$(\text{Ⅱ})\begin{cases}\min g=2y_1-6y_2\\ \quad y_1-y_2=2\\ -y_1-y_2\geqslant -3\\ \ 3y_1\qquad\geqslant 5\\ y_2\geqslant 0,\ y_1\text{ 无非负限制}\end{cases}$$

我们之所以将互为对偶的两个线性规划问题放在一起讨论，是因为它们的可行解、最优解和最优值之间有着密切的关系.

对于互为对偶的线性规划问题

$$(\text{Ⅰ})\begin{cases}\min f=\boldsymbol{Cx}\\ \boldsymbol{Ax}\geqslant\boldsymbol{b}\\ \boldsymbol{x}\geqslant\boldsymbol{0}\end{cases}\qquad(\text{Ⅱ})\begin{cases}\max g=\boldsymbol{yb}\\ \boldsymbol{yA}\leqslant\boldsymbol{C}\\ \boldsymbol{y}\geqslant\boldsymbol{0}\end{cases}$$

可以证明下面的性质.

性质 3　若 $\bar{\boldsymbol{x}}$，$\bar{\boldsymbol{y}}$ 分别为问题（Ⅰ）和问题（Ⅱ）的可行解，那么它们对应的目标函数值有 $\boldsymbol{C}\bar{\boldsymbol{x}}\geqslant\bar{\boldsymbol{y}}\boldsymbol{b}$.

证　因为 $\bar{\boldsymbol{x}}$，$\bar{\boldsymbol{y}}$ 分别为问题（Ⅰ）和（Ⅱ）的可行解，所以

$$\boldsymbol{A}\bar{\boldsymbol{x}}\geqslant\boldsymbol{b},\ \bar{\boldsymbol{x}}\geqslant\boldsymbol{0}\qquad(2.25)$$

$$\bar{\boldsymbol{y}}\boldsymbol{A}\leqslant\boldsymbol{C},\ \bar{\boldsymbol{y}}\geqslant\boldsymbol{0}\qquad(2.26)$$

在 $\boldsymbol{A}\bar{\boldsymbol{x}}\geqslant\boldsymbol{b}$ 两边左乘 $\bar{\boldsymbol{y}}\geqslant\boldsymbol{0}$，得 $\bar{\boldsymbol{y}}\boldsymbol{A}\bar{\boldsymbol{x}}\geqslant\bar{\boldsymbol{y}}\boldsymbol{b}$. 在 $\bar{\boldsymbol{y}}\boldsymbol{A}\leqslant\boldsymbol{C}$ 两边右乘 $\bar{\boldsymbol{x}}\geqslant\boldsymbol{0}$，得 $\bar{\boldsymbol{y}}\boldsymbol{A}\bar{\boldsymbol{x}}\leqslant\boldsymbol{C}\bar{\boldsymbol{x}}$. 于是

$$\boldsymbol{C}\bar{\boldsymbol{x}}\geqslant\bar{\boldsymbol{y}}\boldsymbol{A}\bar{\boldsymbol{x}}\geqslant\bar{\boldsymbol{y}}\boldsymbol{b}$$

由此性质可知，问题（Ⅰ）的最小目标函数值也不小于问题（Ⅱ）的最大目标函数值.

性质 4 如果问题（Ⅰ）有可行解，但没有最优解（最优值无下界），则问题（Ⅱ）无可行解.

证 用反证法，假设问题（Ⅱ）有可行解$\bar{\boldsymbol{y}}$，则由性质 3 可知，对于问题（Ⅰ）的任一可行解 $\boldsymbol{x}$，有

$$\boldsymbol{C}\boldsymbol{x} \geqslant \bar{\boldsymbol{y}}\boldsymbol{b}$$

即问题（Ⅰ）的目标函数值有下界，与已知条件中问题（Ⅰ）无最优解（最优值无下界）相矛盾.

性质 5 如果$\bar{\boldsymbol{x}}$，$\bar{\boldsymbol{y}}$分别为问题（Ⅰ）和问题（Ⅱ）的可行解，并且 $\boldsymbol{C}\bar{\boldsymbol{x}}=\bar{\boldsymbol{y}}\boldsymbol{b}$，则$\bar{\boldsymbol{x}}$，$\bar{\boldsymbol{y}}$分别为问题（Ⅰ）和问题（Ⅱ）的最优解.

证 设 $\boldsymbol{x}$ 为问题（L）的任一可行解，由性质 3 可知：

$$\boldsymbol{C}\boldsymbol{x} \geqslant \bar{\boldsymbol{y}}\boldsymbol{b}=\boldsymbol{C}\bar{\boldsymbol{x}}$$

所以$\bar{\boldsymbol{x}}$是问题（Ⅰ）的最优解. 类似可以证明$\bar{\boldsymbol{y}}$是问题（Ⅱ）的最优解.

性质 6 如果问题（Ⅰ）和问题（Ⅱ）都有可行解，则它们都有最优解，并且最优值相等（证明略）.

但应注意，当原问题（Ⅰ）无可行解时，其对偶问题可能有可行解，但无最优解（最优值无上界）；也可能没有可行解. 为了便于记忆，问题（L）和问题（Ⅱ）的可行解、最优解之间的关系可以总结为表 2—21.

表 2—21

原问题（Ⅰ）	对偶问题（Ⅱ）
有可行解，但无最优解	无可行解
有可行解，有最优解	有可行解，有最优解
无可行解	有可行解，但无最优解
无可行解	无可行解

2.7 对偶线性规划问题的经济意义*

我们同时考虑互为对偶的两个线性规划问题（Ⅰ）和（Ⅱ）（或问题（L）和问题（D）），不仅可以得到它们的可行解、最优解和最优值的许多重要结论，而且在经济上也有着重要意义.

对于一般形式的线性规划问题（n 个变量，m 个约束条件，所有变量非负），其对偶问题的最优解 $y_i(i=1, 2, \cdots, m)$，称为原问题中第 i 个约束条件的影子价格. 影子价格在企业管理、资源分配、技术经济分析及价格理论中都有一定的应用. 我们将在例题中对影子价格的经济意义作出更为详尽的解释.

例 15 为了保证人们的身体健康，营养学家认为每人每天对 m 种营养成分 B_1，B_2，…，B_m（如蛋白质、脂肪、维生素等）的需求量至少是 b_1，b_2，…，b_m（单位：克）. 假设在市场上可以买到几种不同的食品 A_1，A_2，…，A_n，并

且第 j 种食品 A_j 的单价为 c_j($j=1$, 2, …, n)(单位：元/公斤)，而第 j 种食品含有第 i 种营养成分的数量为 a_{ij}($i=1$, 2, …, m; $j=1$, 2, …, n)(单位：克/公斤)(如表2—22所示)．那么每天应购买各种食品各多少，才能既满足一个人对各种营养成分的需要，又使购买食品的总费用最低？

表2—22

营养成分＼成分量＼食品	A_1	A_2	…	A_n	需求量
B_1	a_{11}	a_{12}	…	a_{1n}	b_1
B_2	a_{21}	a_{22}	…	a_{2n}	b_2
⋮	⋮	⋮		⋮	⋮
B_m	a_{m1}	a_{m2}	…	a_{mn}	b_m
单价	c_1	c_2	…	c_n	

如果设每天购买第 j 种食品 A_j 的数量为 x_j ($j=1$, 2, …, n)(单位：公斤)，则由问题的条件不难得到其数学模型为：

$$
(\text{I})\begin{cases}\min\ f=c_1x_1+c_2x_2+\cdots+c_nx_n\\ a_{11}x_1+a_{12}x_2+\cdots+a_{1n}x_n\geqslant b_1\\ a_{21}x_1+a_{22}x_2+\cdots+a_{2n}x_n\geqslant b_2\\ \qquad\cdots\cdots\\ a_{m1}x_1+a_{m2}x_2+\cdots+a_{mn}x_n\geqslant b_m\\ x_j\geqslant 0,\quad j=1,2,\cdots,n\end{cases}
$$

根据对偶线性规划的定义，这个问题的对偶问题应为：

$$
(\text{II})\begin{cases}\max\ g=b_1y_1+b_2y_2+\cdots+b_my_m\\ a_{11}y_1+a_{21}y_2+\cdots+a_{m1}y_m\leqslant c_1\\ a_{12}y_1+a_{22}y_2+\cdots+a_{m2}y_m\leqslant c_2\\ \qquad\cdots\cdots\\ a_{1n}y_1+a_{2n}y_2+\cdots+a_{mn}y_m\leqslant c_n\\ y_i\geqslant 0,\quad i=1,2,\cdots,m\end{cases}
$$

对偶问题(Ⅱ)的经济意义是什么呢？我们可以这样考虑：假设有一个生产营养药剂的工厂，要生产含有纯营养成分 B_1，B_2，…，B_m 的 m 种营养药品．这 m 种营养药品的单价是多少，消费者才乐于购买这些营养药品，同时工厂能获得最大收益呢？

设含纯营养成分 B_i 的药品的单价为 y_i ($i=1$, 2, …, m)(单位：元/克)．如果我们把这 m 种营养药品分别取出 a_{1j}，a_{2j}，…，a_{mj} (单位：克)，合在一起就相当于1公斤的第 j 种食品 A_j 的营养价值了．为了使消费者乐于购买营养药品 A_j，就应有

$$a_{1j}y_1+a_{2j}y_2+\cdots+a_{mj}y_m\leqslant c_j,\quad j=1,2,\cdots,n$$

即消费者购买 m 种营养药品的数量分别为 a_{1j}，a_{2j}，…，a_{mj} 时的费用不应超过第 j 种食品 A_j 的单价 c_j．

又因每个消费者每天对 m 种营养成分的需求至少是 b_1，b_2，…，b_m（单位：克），所以营养药剂厂从该消费者所获得的收益就是 $b_1y_1+b_2y_2+\cdots+b_my_m$，同时希望此收益越大越好.

总结一下，我们恰好有

$$\begin{cases}\max\ g=b_1y_1+b_2y_2+\cdots+b_my_m\\ a_{11}y_1+a_{21}y_2+\cdots+a_{m1}y_m\leqslant c_1\\ a_{12}y_1+a_{22}y_2+\cdots+a_{m2}y_m\leqslant c_2\\ \qquad\cdots\cdots\\ a_{1n}y_1+a_{2n}y_2+\cdots+a_{mn}y_m\leqslant c_n\\ y_i\geqslant 0,\quad i=1,2,\cdots,m\end{cases}$$

这正是对偶问题（Ⅱ）.

对偶问题（Ⅱ）的最优解 $\bar{y}_i$（$i=1$，2，…，m）就是原问题（Ⅰ）中第 i 个约束条件的影子价格，即第 i 种营养药品的价格. 这一价格是由求解线性规划而得到的，故亦称为“计算价格”，它不一定是各营养药品的市场价格，但它可以作为该营养药剂厂制定产品市场价格时的参考.

例 16 某工厂利用三种原料 B_1，B_2，B_3 生产两种产品 A_1 和 A_2. 三种原料的现有存量分别为 150，240，300 个单位. 生产单位产品 A_1，A_2 所需各种原料的数量及单位产品的收益（单位：万元）如表 2—23 所示. 那么工厂应如何安排生产计划，才能使总收益最大？

表 2—23

单位产品消耗原料（产品 / 原料）	A_1	A_2	现有原料
B_1	1	1	150
B_2	2	3	240
B_3	3	2	300
单位产品收益（万元）	2.4	1.8	

设生产产品 A_1 的数量为 x_1 单位，生产产品 A_2 的数量为 x_2 单位. 由问题的条件可得其数学模型为：

$$(\text{Ⅰ})\begin{cases}\max\ f=2.4x_1+1.8x_2\\ x_1+\ x_2\leqslant 150\\ 2x_1+3x_2\leqslant 240\\ 3x_1+2x_2\leqslant 300\\ x_1\geqslant 0,\ x_2\geqslant 0\end{cases}$$

我们把上面的线性规划问题当作原问题（Ⅰ）. 根据对偶线性规划的性质，问题（Ⅰ）的对偶问题就是

$$(\text{Ⅱ})\begin{cases}\min g=150y_1+240y_2+300y_3\\ y_1+2y_2+3y_3\geqslant 2.4\\ y_1+3y_2+2y_3\geqslant 1.8\\ y_1\geqslant 0,\ y_2\geqslant 0,\ y_3\geqslant 0\end{cases}$$

将这一线性规划问题记为问题（Ⅱ），那么问题（Ⅱ）的经济意义是什么呢？我们从另一方面来考虑这个问题：

如果另有一个企业想从该工厂收购其现存所有的原料 B_1，B_2，B_3，那么卖出这批原料的单价应是多少，这个工厂才愿意停止生产产品 A_1，A_2，而将原料全部卖出呢？

假设原料 B_1，B_2，B_3 的单价应为 y_1，y_2，y_3（单位：万元）. 由 y_1，y_2，y_3 的实际意义，它们应满足非负条件. 又由原问题的条件：生产单位产品 A_1 要使用 1 个单位原料 B_1、2 个单位原料 B_2、3 个单位原料 B_3，而收益是 2.4 万元. 显然，若将生产 1 个单位产品 A_1 的这些原料卖掉所得到的收益应是 $y_1+2y_2+3y_3$，它必须不少于生产单位产品 A_1 的收益 2.4 万元，工厂才是合算的. 因此，就应有不等式：

$$y_1+2y_2+3y_3\geqslant 2.4$$

对于产品 A_2 进行类似的分析，可得到

$$y_1+3y_2+2y_3\geqslant 1.8$$

最后，工厂将全部存有的原料卖出所得的总收益为 $150y_1+240y_2+300y_3$. 但是，买方一定要尽可能压低原料 B_1，B_2，B_3 的单价 y_1，y_2，y_3，使 $150y_1+240y_2+300y_3$ 的值尽可能小. 总结一下，我们恰好得到对偶问题（Ⅱ）：

$$(\text{Ⅱ})\begin{cases}\min g=150y_1+240y_2+300y_3\\ y_1+2y_2+3y_3\geqslant 2.4\\ y_1+3y_2+2y_3\geqslant 1.8\\ y_1\geqslant 0,\ y_2\geqslant 0,\ y_3\geqslant 0\end{cases}$$

同时，对于工厂来说，卖出这批原料所得的总收益至少应不少于利用这批原料生产产品 A_1，A_2 所得到的总收益，也就是要使下式成立：

$$\min g=150y_1+240y_2+300y_3\geqslant \max f=2.4x_1+1.8x_2$$

由对偶问题可行解、最优解的性质 3 可知，上述不等式确实成立.

问题（Ⅱ）的最优解 $\bar{y}_1$，$\bar{y}_2$，$\bar{y}_3$ 称为原料 B_1，B_2，B_3 的影子价格. 但应注意：$\bar{y}_1$，$\bar{y}_2$，$\bar{y}_3$ 并不是原料 B_1，B_2，B_3 的实际价格，而是由工厂生产单位产品 A_1，A_2 的收益计算出来的“最合理”的价格. 因此，各种原料的影子价格也可以作为决策者制定原料 B_1，B_2，B_3 实际价格时的参考.

为了进一步讨论影子价格的意义，我们先利用单纯形方法求出问题（Ⅰ）的最优解. 将问题（Ⅰ）化为标准形式：

$$(\text{L})\begin{cases}\min f'=-2.4x_1-1.8x_2\\ x_1+x_2+x_3=150\\ 2x_1+3x_2+x_4=240\\ 3x_1+2x_2+x_5=300\\ x_j\geqslant 0,\quad j=1,2,\cdots,5\end{cases}$$

显然，问题（L）已是典则形式，对应的单纯形表为表 2—24.

表 2—24

C_B	x_B \ c_j / x_j	-2.4 x_1	-1.8 x_2	0 x_3	0 x_4	0 x_5	常数
0	x_3	1	1	1	0	0	150
0	x_4	2	3	0	1	0	240
0	x_5	[3]	2	0	0	1	300
检验数		2.4	1.8	0	0	0	0

这是以 x_3，x_4，x_5 为基变量的典则形式所对应的单纯形表. 由此单纯形表开始迭代，计算过程如表 2—25 和表 2—26 所示.

表 2—25

C_B	x_B \ c_j / x_j	-2.4 x_1	-1.8 x_2	0 x_3	0 x_4	0 x_5	常数
0	x_3	0	$\frac{1}{3}$	1	0	$-\frac{1}{3}$	50
0	x_4	0	$\frac{5}{3}$	0	1	$-\frac{2}{3}$	40
-2.4	x_1	1	$\frac{2}{3}$	0	0	$\frac{1}{3}$	100
检验数		0	0.2	0	0	-0.8	-240

表 2—26

C_B	x_B \ c_j / x_j	-2.4 x_1	-1.8 x_2	0 x_3	0 x_4	0 x_5	常数
0	x_3	0	0	1	$-\frac{1}{5}$	$-\frac{1}{5}$	42
-1.8	x_2	0	1	0	$\frac{3}{5}$	$-\frac{2}{5}$	24
-2.4	x_1	1	0	0	$-\frac{2}{5}$	$\frac{3}{5}$	84
检验数		0	0	0	-0.12	-0.72	-244.8

由表 2—26 可知，问题（L）的最优解为：

$$\bar{x}_1=84,\quad \bar{x}_2=24,\quad \bar{x}_3=42,\quad \bar{x}_4=\bar{x}_5=0$$

对应的目标函数最小值 $f'_{\min}=-244.8$，即原问题（Ⅰ）中目标函数最大值 $f_{\max}=244.8$（万元）. 因此，工厂应生产 A_1 产品 84 单位，A_2 产品 24 单位. 松弛变量 $\bar{x}_3=42$，实际上原料 B_1 还有 42 个单位未被利用.

特别有意义的是，在计算过程中我们不但求得了原问题（Ⅰ）的最优解，而且同时求得了其对偶问题（Ⅱ）的最优解. 实际上，在表 2—26 中松弛变量

x_3，x_4，x_5 对应的检验数的相反数 0，0.12，0.72 就是对偶问题的最优解，即对偶问题（Ⅱ）的最优解为：

$$\bar{y}_1=0,\quad \bar{y}_2=0.12,\quad \bar{y}_3=0.72$$

对应的目标函数的最优值为：

$$\begin{aligned}\max g &= 150\,\bar{y}_1+240\,\bar{y}_2+300\,\bar{y}_3\\ &=150\times 0+240\times 0.12+300\times 0.72\\ &=244.8(\text{万元})\end{aligned}$$

我们看到，问题（Ⅰ）与问题（Ⅱ）的目标函数值是相等的. 这正说明了，只有当工厂卖出这批原料得到的总收益与利用这批原料生产产品 A_1，A_2 所得到的总收益相等时，出让这批原料才是值得的.

另一方面，如果在原问题（Ⅰ）中的某一约束条件的右端增加一个单位的原料，例如第二个约束条件中原料 B_2 的数量由 240 单位增加到 241 单位时，我们来考虑目标函数值的变化.

注意到原料 B_2 由 240 单位再增加 1 单位，相当于在约束条件

$$2x_1+3x_2+x_4=240$$

中使松弛变量 x_4 换成（x_4-1），上式就变为：

$$2x_1+3x_2+x_4=241$$

这对于问题（L）来说，就相当于它的最优解中的 $\bar{x}_4=0$ 变成了 $\bar{x}_4=-1$. 对照表 2—26 的检验行，我们又可得到

$$f'-0.12x_4-0.72x_5=-244.8$$

或

$$f'=-244.8+0.12x_4+0.72x_5 \tag{2.27}$$

注意到 $f'=-f$，故式（2.27）也可以写成

$$f=244.8-0.12x_4-0.72x_5 \tag{2.28}$$

所以，当工厂获得最大收益时（这时，$\bar{x}_3=42$，$\bar{x}_4=\bar{x}_5=0$），有

$$\frac{\partial f}{\partial x_3}=0,\ \frac{\partial f}{\partial x_4}=-0.12,\ \frac{\partial f}{\partial x_5}=-0.72 \tag{2.29}$$

这说明：当 x_3 再增加 1 单位时，边际收益为零，这是由于问题（L）中 $\bar{x}_3=42$，表明现存原料 B_1 中还有 42 单位没有利用，再增加 1 单位原料 B_1，也不会使工厂的总收益有所增加. 对应的 $\bar{y}_1=0$ 就表示原料 B_1 在 150 单位时的影子价格为零.

由式（2.28）可以看出，当原料 B_2 增加 1 单位时（即相当于 $\bar{x}_4=-1$ 时），目标函数值就变为 $f=244.8+0.12$，即原问题（Ⅰ）的最优值将增加 0.12（万元），这正是原料 B_2 的影子价格 $\bar{y}_2=0.12$. 由式（2.29）可知，原料 B_2 的影子价格恰好是 B_2 在 240 单位时的边际价值. 同样，$\bar{y}_3=0.72$ 有类似的经济意义.

以上分析为管理人员提供了十分有用的信息. 例如，当原料 B_2 的实际市场价格为 0.1 万元，低于影子价格 $\bar{y}_2=0.12$ 万元时，企业管理者可购入原料 B_2，每购入 1 单位原料 B_2 就可增加收益 $0.12-0.1=0.02$ 万元. 同样，对于

原料 B_1，尽管市场价格很便宜，但由于影子价格 $\bar{y}_1=0$，也不应考虑再购入原料 B_1. 由此看出，影子价格确实为企业管理者提供了科学决策的参考信息.

2.8 线性规划应用举例

线性规划已成功地运用于国民经济的各个领域. 从制定国家、地区的经济发展计划到某一工厂的生产管理都可以应用线性规划方法. 特别是 20 世纪 50 年代以来，随着电子计算机的不断发展，求解具有成千上万个变量或约束条件的线性规划问题已不是什么困难的事情了.

目前，线性规划主要应用于以下几个方面：

1. 生产组织问题. 在企业制定生产计划或进行生产管理时，如果生产任务已经确定，如何安排生产，以利用最少的人力、物力、财力来完成这一任务；或者已有的人力、物力、财力资源有限，如何合理安排，使总产值最大或使生产总成本最小.

在 2.1 节中的例题就是一个生产组织问题.

2. 运输问题. 在某一地区的交通网（公路网或铁路网）中，如何合理组织运输使得总运费最少或总吨公里数最小.

一般地，如果要将某类物资从 m 个产地 A_1，A_2，…，A_m 运往 n 个销地 B_1，B_2，…，B_n，产地 $A_i(i=1,2,\cdots,m)$ 的发量为 $a_i(i=1,2,\cdots,m)$，销地 B_j 的需求量为 $b_j(j=1,2,\cdots,n)$，并且已知从产地 A_i 运往 B_j 一吨物资的运价为 $c_{ij}(i=1,2,\cdots,m;\ j=1,2,\cdots,n)$（单位：元/吨），应如何组织运输使得总运费最少？

问题的条件可以用表 2—27 表示.

表 2—27

产地 \ 运价 \ 销地	B_1	B_2	…	B_n	产量（吨）
A_1	c_{11}	c_{12}	…	c_{1n}	a_1
A_2	c_{21}	c_{22}	…	c_{2n}	a_2
⋮	⋮	⋮		⋮	⋮
A_m	c_{m1}	c_{m2}	…	c_{mn}	a_m
销量（吨）	b_1	b_2	…	b_n	

如果设从产地 A_i 运往销地 B_j 的物资数量应为 x_{ij} 吨（$i=1,2,\cdots,m;\ j=1,2,\cdots,n$），则当总产量等于总销量，即 $\sum_{i=1}^{m} a_i = \sum_{j=1}^{n} b_j$ 时，此问题的数学模型可以写成：

$$\begin{cases} \min f = \sum_{i=1}^{m}\sum_{j=1}^{n} c_{ij}x_{ij} \quad (\text{总运费最小}) \\ \sum_{j=1}^{n} x_{ij} = a_i \quad (\text{从产地 } A_i \text{ 运往 } n \text{ 个销地的物资总量等于产地} \\ \qquad A_i \text{ 的产量}, i = 1,2,\cdots,m) \\ \sum_{i=1}^{m} x_{ij} = b_j \quad (\text{从 } m \text{ 个产地运往销地 } B_j \text{ 的物资总量等于销地} \\ \qquad B_j \text{ 的需求量}, j = 1,2,\cdots,n) \\ x_{ij} \geqslant 0, \quad i = 1,2,\cdots,m; \quad j = 1,2,\cdots,n \end{cases}$$

当总产量大于总销量，即 $\sum_{i=1}^{m} a_i$ 大于 $\sum_{j=1}^{n} b_j$ 时，问题的数学模型可以写为：

$$\begin{cases} \min f = \sum_{i=1}^{m}\sum_{j=1}^{n} c_{ij}x_{ij} \\ \sum_{j=1}^{n} x_{ij} \leqslant a_i, \quad i = 1,2,\cdots,m \\ \sum_{i=1}^{m} x_{ij} = b_j, \quad j = 1,2,\cdots,n \\ x_{ij} \geqslant 0, \quad i = 1,2,\cdots,m; \quad j = 1,2,\cdots,n \end{cases}$$

当总产量小于总销量时，也不难写出类似的数学模型.

我们可利用单纯形方法求得运输问题的最优解. 同时，针对运输问题的特点，还提出了更为简便的求解方法，即运输问题的表上作业法和图上作业法. 有关内容可查询参考文献 [1].

3. 营养问题（配料问题）. 生产某类由各种原料混合而成的产品，如何在满足规定的质量标准的条件下，使所用原料的总成本最低.

例 17 某饲料厂利用 n 种原料生产混合饲料，如果第 j 种原料 B_j 的单价为 c_j(j=1, 2, …, n)（单位：元/公斤），又要求每公斤混合饲料中 m 种营养成分 A_1，A_2，…，A_m 的含量分别不低于 a_1，a_2，…，a_m（单位：克），如果第 j 种原料 B_j 含有第 i 种营养 A_i 的数量为 a_{ij}（单位：克/公斤）(i=1，2，…，m；j=1，2，…，n)，那么应如何选用各种原料，使每公斤混合饲料的成本最低?

此问题的条件可以用表 2—28 表示. 如果设每公斤混合饲料应取原料 B_j 的数量为 x_j（j=1，2，…，n）公斤，则由表 2—28 可得此问题的数学模型：

表 2—28

原料 / 含量(克/公斤) / 营养成分	B_1	B_2	…	B_n	混合饲料所含成分（克/公斤）
A_1	a_{11}	a_{12}	…	a_{1n}	a_1
A_2	a_{21}	a_{22}	…	a_{2n}	a_2
⋮	⋮	⋮		⋮	⋮
A_m	a_{m1}	a_{m2}	…	a_{mn}	a_m
单价（元/公斤）	c_1	c_2	…	c_n	

$$\begin{cases} \min f = \sum_{j=1}^{n} c_j x_j \quad (\text{混合饲料的成本最低}) \\ \sum_{j=1}^{n} a_{ij} x_j \geqslant a_i, \quad i = 1,2,\cdots,m \\ \quad (\text{每公斤混合饲料中所含第 } i \text{ 种营养成分不低于 } a_i) \\ \sum_{j=1}^{n} x_j = 1 \quad (n \text{ 种原料混合后，得到 1 公斤混合饲料}) \\ x_j \geqslant 0, \quad j = 1,2,\cdots,n \end{cases}$$

此问题的最优解给出了最合理的配料比例.

配料问题在石油化工、矿物配比等各方面都有应用.

4. 下料问题. 利用某种类型的原料下料时，如何做到既满足需求，又使废料最少或使用原料最少？

例 18 某车间有一批长度为 500 厘米的条材，要截成长度分别为 85 厘米和 70 厘米的两种毛坯，其中长 85 厘米的毛坯需要 3 000 根，长 70 厘米的毛坯需要 5 000 根. 应如何下料，才能使所用的原料数量最少？

我们首先应决定如何分割一根原材料. 原材料长 500 厘米，若全部截成 85 厘米长的毛坯最多可得到 5 根，余下的 75 厘米还可以截出一根 70 厘米长的毛坯. 我们把所有可能的下料方法列成表 2—29. 这六种下料方法分别用 B_1，B_2，…，B_6 表示. 每种下料方法说明了一根原材料可得到两种毛坯的数量及余料长度.

表 2—29

下料方法 / 毛坯数 / 毛坯长	B_1	B_2	B_3	B_4	B_5	B_6	毛坯需要量
85	5	4	3	2	1	0	3 000
70	1	2	3	4	5	7	5 000
余料长度	5	20	35	50	65	10	

利用表 2—29，我们设用 B_j 种下料方法的条材根数为 x_j（$j=1$，2，…，6），则可得到问题的数学模型：

$$\begin{cases} \min f = \sum_{j=1}^{6} x_j \quad (\text{所用原材料根数最少}) \\ 5x_1 + 4x_2 + 3x_3 + 2x_4 + x_5 = 3\,000 \\ \quad (\text{各种下料方法所得到的 85 厘米长的毛坯数为 3 000}) \\ x_1 + 2x_2 + 3x_3 + 4x_4 + 5x_5 + 7x_6 = 5\,000 \\ \quad (\text{各种下料方法所得到的 70 厘米长的毛坯数为 5 000}) \\ x_j \geqslant 0, \text{并且为整数}, \quad j = 1,2,\cdots,6 \end{cases}$$

下料问题在建筑、机械加工、产品包装等行业都有极其广泛的应用.

5. 最优国民经济计划问题. 在投入—产出模型中，再引进一些约束条件和目标函数，制定从某种意义上说最优的经济计划.

通常，有 n 个部门的静态投入—产出模型的基本关系式是

$$\boldsymbol{AX}+\boldsymbol{Y}=\boldsymbol{X}$$

式中，$\boldsymbol{A}=(a_{ij})_{n\times n}$是直接消耗系数矩阵；$\boldsymbol{Y}$ 是最终产品列向量；$\boldsymbol{X}$ 是总产品列向量. 上式也可以写成

$$(\boldsymbol{I}-\boldsymbol{A})\boldsymbol{X}=\boldsymbol{Y}$$

一般地，事先给定最终产品列向量$\boldsymbol{Y}$后，总产量列向量$\boldsymbol{X}$的值是唯一确定的：$\boldsymbol{X}=(\boldsymbol{I}-\boldsymbol{A})^{-1}\boldsymbol{Y}$. 这时，就没有从多个可行解中求最优解的问题了. 因此，为了使投入—产出模型与线性规划结合起来，必须作某些变动. 下面仅举一个例子来说明这一点.

例 19 假设国民经济分为三个部门，每个部门生产单位产值所消耗的各部门的产品、占用的资金数量及消耗的劳动量如表 2—30 所示. 同时，将各部门最终产品的产值 y_1，y_2，y_3 作为未知量，并要求国民经济的最终产品总值最大. 此外仍然用 $x_j(j=1,2,3)$ 表示第 j 个部门的产值. 如果三个部门现有资金 700 个单位，劳动 200 个单位，则此问题的数学模型可以写为：

表 2—30

	部门 1	部门 2	部门 3
部门 1	0.010 9	0.151 8	0.003 8
部门 2	0.138 3	0.182 2	0.084 5
部门 3	0.055 0	0.059 9	0.064 7
单位产值占用资金	2.0	2.5	1.8
单位产值劳动消耗量	0.2	0.3	0.2

$$\begin{cases}\max\ f=y_1+y_2+y_3\\ x_1=0.010\,9x_1+0.151\,8x_2+0.003\,8x_3+y_1\\ x_2=0.138\,3x_1+0.182\,2x_2+0.084\,5x_3+y_2\\ x_3=0.055\,0x_1+0.059\,9x_2+0.064\,7x_3+y_3\\ \quad 2x_1+2.5x_2+1.8x_3\leqslant 700\\ 0.2x_1+0.3x_2+0.2x_3\leqslant 200\\ x_j\geqslant 0,\quad j=1,2,3\\ y_j\geqslant 0,\quad j=1,2,3\end{cases}$$

如果把投入—产出模型与其他条件结合起来，也可以得到另一些数学模型.

□ 习　题

1. 某工厂生产 A_1，A_2 两种产品，生产每单位产品 A_1，A_2 可获利润分别为 15 元和 20 元. 每个产品都需经过三道工序，每道工序在一个月内所能利用

的工时数，以及单位产品 A_1，A_2 在三道工序中所需要的加工时间见表 2—31. 工厂应如何安排一个月的生产计划，使获得的总利润最多？试写出此问题的数学模型.

表 2—31

工序 工时 产品	Ⅰ	Ⅱ	Ⅲ
A_1	3	2	1
A_2	2	3	1
可用工时	800	800	350

2. 用图解法求解下面的线性规划问题：

(1) $\begin{cases} \max\ f=x_1+3x_2 \\ x_1+4x_2\geqslant 4 \\ x_1+\ x_2\leqslant 6 \\ \qquad x_2\leqslant 2 \\ x_1\geqslant 0,\ x_2\geqslant 0 \end{cases}$

(2) $\begin{cases} \max\ f=x_1+x_2 \\ x_1+2x_2\leqslant 14 \\ x_1+\ x_2\leqslant 8 \\ 3x_1+\ x_2\leqslant 18 \\ x_1\geqslant 0,\ x_2\geqslant 0 \end{cases}$

(3) $\begin{cases} \min\ f=-3x_1+x_2 \\ 2x_1-x_2\geqslant -2 \\ x_1-x_2\leqslant -1 \\ x_1\geqslant 0,\ x_2\geqslant 0 \end{cases}$

3. 将下面的线性规划问题化为标准形式：

(1) $\begin{cases} \max\ f=x_1-2x_2-3x_3 \\ 3x_1-2x_2+4x_3\leqslant 15 \\ x_1+3x_2-2x_3\geqslant 4 \\ x_1\geqslant 0,\ x_2\geqslant 0,\ x_3\geqslant 0 \end{cases}$

(2) $\begin{cases} \min\ f=3x_1-4x_2 \\ 2x_1-\ x_2\geqslant 12 \\ x_1+2x_2\geqslant 5 \\ x_1\geqslant 0,\ x_2\ \text{无非负限制} \end{cases}$

4. 用单纯形方法求解下面的线性规划问题：

(1) $\begin{cases} \max\ f=3x_1+4x_2 \\ x_1+\ x_2\leqslant 5 \\ x_1+2x_2\leqslant 6 \\ x_1\geqslant 0,\ x_2\geqslant 0 \end{cases}$

(2) $\begin{cases} \min\ f=x_1-3x_2-2x_3 \\ x_1+2x_2-2x_3\leqslant 2 \\ 2x_1+\ x_2+\ x_3\leqslant 3 \\ -x_1 \qquad\quad +\ x_3\leqslant 4 \\ x_j\geqslant 0,\ j=1,\ 2,\ 3 \end{cases}$

(3) $\begin{cases} \max\ f=2x_1+3x_2+x_3 \\ x_1-2x_2+\ x_3\leqslant 5 \\ 2x_1-\ x_2+2x_3\leqslant 6 \\ x_j\geqslant 0,\ j=1,\ 2,\ 3 \end{cases}$

(4) $\begin{cases} \min\ f=4x_1-2x_2 \\ x_1+\ x_2\leqslant 1 \\ x_1+2x_2\geqslant 4 \\ x_1\geqslant 0,\ x_2\geqslant 0 \end{cases}$

(5) $\begin{cases} \min f=5x_1+10x_2+7x_3-3x_4 \\ x_1+x_2+7x_3+2x_4=\dfrac{7}{2} \\ -2x_1-x_2+3x_3+3x_4=\dfrac{3}{2} \\ 2x_1+2x_2+8x_3+x_4=4 \\ x_j\geqslant 0,\ j=1,2,3,4 \end{cases}$

5. 写出下列线性规划问题的对偶问题：

(1) $\begin{cases} \min f=3x_1+4x_2-5x_3 \\ x_1+2x_2+3x_3\geqslant 5 \\ 2x_1-2x_2+x_3\geqslant 6 \\ x_1\geqslant 0,\ x_2\geqslant 0,\ x_3\geqslant 0 \end{cases}$

(2) $\begin{cases} \max f=x_1+2x_2-5x_3 \\ x_1+x_2+x_3\leqslant 6 \\ 2x_1-x_2+2x_3=-4 \\ -x_1+x_2-x_3\geqslant -1 \\ x_1\geqslant 0,\ x_2\geqslant 0,\ x_3\geqslant 0 \end{cases}$

(3) $\begin{cases} \min f=x_1+2x_2-3x_3+4x_4 \\ x_1+x_2+x_3+x_4=10 \\ 3x_1-2x_3\geqslant 4 \\ 3x_2-5x_4\leqslant 2 \\ x_1\geqslant 0,\ x_2\geqslant 0,\ x_3,\ x_4 \text{ 无非负限制} \end{cases}$

6. 某公司生产 A，B，C 三种产品，必须使用甲、乙、丙三种原料，已知每万件产品消耗不同原料的数量如表 2—32 所示.

表 2—32

原料 \ 消耗（吨/万件） \ 产品	A	B	C
甲	2	1	1
乙	1	2	3
丙	2	2	1

现每月可供原料甲 20 吨、原料乙 50 吨、原料丙 60 吨，而每万件产品 A 可获利润 300 万元；每万件产品 B 可获利润 100 万元；每万件产品 C 可获利润 300 万元. 试问，应如何制定每月的生产计划，才能使公司获最大利润？

第3章 Chapter 3 整数线性规划*

3.1 整数线性规划的例子

在一个线性规划问题中，如果所有或部分变量要求取整数值，则称此问题为整数线性规划问题．对于整数线性规划问题迄今还没有较好的解法．由于经济管理中的许多优化问题都可以归结为整数线性规划，因此，对这类问题的讨论是十分重要的．

例 1 某照相机厂生产 A_1，A_2 两种型号的照相机，生产一台 A_1 型、A_2 型照相机的利润分别为 25 元和 40 元．生产每种照相机都需要三道工序，生产一台不同型号的照相机在不同工序上所需要的工时（单位：小时）如表 3—1 所示．每一工序每周可供使用的工作时间也在表 3—1 中给出．那么工厂应如何安排生产，使其获得最大利润？

表 3—1

工序 / 工时/台 / 机型	机身制造	零件装配	检验包装
A_1	0.3	0.2	0.3
A_2	0.7	0.1	0.5
每周工时	250	100	150

解：假设工厂每周应生产 A_1 型照相机 x_1 台，A_2 型照相机 x_2 台，由问题所给条件可以得到下面的数学形式：

$$\begin{cases} \max\ f=25x_1+40x_2 \\ 0.3x_1+0.7x_2\leqslant 250 \\ 0.2x_2+0.1x_2\leqslant 100 \\ 0.3x_1+0.5x_2\leqslant 150 \\ x_1\geqslant 0,\ x_2\geqslant 0，\text{并且全为整数} \end{cases}$$

由于所有变量要求取整数，所以这是一个整数线性规划问题．我们称这类问题为全整数线性规划问题.

有时只要求部分变量取整数，这样的问题称为混合整数线性规划.

例 2　某地区计划修建五个新工厂 A_1，A_2，A_3，A_4，A_5，它们所需的投资金额分别为 100，150，125，200 和 250（单位：万元），现仅有资金总额 750 万元. 又据估计，工厂建成后每年可获利润分别为 20，25，20，40 和 45（单位：万元）. 试决定应修建哪些工厂，使投资总额不超过现有资金总额，并且使工厂建成后每年获得的总利润最大?

解：对于工厂 A_i($i=1$，2，…，5) 来说，只有修建或不修建两种情形. 因此，可设

$$x_i=\begin{cases}1, & \text{当修建工厂 } A_i \text{ 时}\\ 0, & \text{相反}\end{cases},\quad i=1,2,\cdots,5$$

这样的变量称为 0—1 变量. 利用 0—1 变量，该问题的数学模型可以写为：

$$\begin{cases}\max\ f=20x_1+25x_2+20x_3+40x_4+45x_5\\ 100x_1+150x_2+125x_3+200x_4+250x_5\leqslant 750\\ x_j=0 \text{ 或 } 1,\quad j=1,2,\cdots,5\end{cases}$$

由于所有的变量都只能取 0 或 1，所以这样的整数线性规划问题简称为 0—1 规划.

注意，若在问题中再添加其他条件，则应添加相应的约束. 如：

(1) 修建工厂 A_3 必须先修建工厂 A_2，这时约束条件中就应添加约束不等式 $x_2\geqslant x_3$；

(2) 至少要修建工厂 A_4，A_5 中的某一个，这时约束条件中要添加约束不等式 $x_4+x_5\geqslant 1$.

例 3　某地区已有两个水泥厂 A_1，A_2，计划再建设 A_3，A_4 两个水泥厂中的一个，以解决水泥供不应求的问题. 现有工厂和计划建设的工厂的年生产能力如表 3—2 所示.

表 3—2

工厂	生产能力（万吨/年）
A_1	40
A_2	60
A_3(计划建设)	20
A_4(计划建设)	20

这些工厂生产的水泥计划供应四个城市 B_1，B_2，B_3，B_4，其需求量分别为 35，40，30，15（单位：万吨）. 由各工厂到各城市的运输费用如表 3—3 所示.

表 3—3

工厂 \ 运价 \ 城市	B_1	B_2	B_3	B_4
A_1	2	9	3	4
A_2	8	3	5	7
A_3	7	6	1	2
A_4	4	5	2	5

工厂 A_3，A_4 开工后，每年的费用估计为 120 万元和 150 万元. 那么应建设哪个工厂呢?

解：首先引入 0—1 变量，设

$$y_1=\begin{cases}1, & \text{如果建设工厂 } A_3\\ 0, & \text{相反}\end{cases}$$

$$y_2=\begin{cases}1, & \text{如果建设工厂 } A_4\\ 0, & \text{相反}\end{cases}$$

再设 x_{ij} 表示由工厂 A_i 运往城市 $B_j(i=1, 2, 3, 4; j=1, 2, 3, 4)$ 的水泥数量（单位：万吨）.

如果我们希望工厂建成后总运费与开工费之和最少，则问题的数学模型可写为：

$$\begin{cases}
\min f=2x_{11}+9x_{12}+3x_{13}+4x_{14} & (\text{工厂 } A_1 \text{ 运出产品的总费用})\\
\qquad\quad +8x_{21}+3x_{22}+5x_{23}+7x_{24} & (\text{工厂 } A_2 \text{ 运出产品的总费用})\\
\qquad\quad +7x_{31}+6x_{32}+x_{33}+2x_{34} & (\text{工厂 } A_3 \text{ 运出产品的总费用})\\
\qquad\quad +4x_{41}+5x_{42}+2x_{43}+5x_{44} & (\text{工厂 } A_4 \text{ 运出产品的总费用})\\
\qquad\quad +120y_1+150y_2 & (\text{工厂 } A_3,A_4 \text{ 的操作费用})\\
x_{11}+x_{21}+x_{31}+x_{41}=35 & (\text{各工厂运往 } B_1 \text{ 的水泥为 35 万吨})\\
x_{12}+x_{22}+x_{32}+x_{42}=40 & (\text{各工厂运往 } B_2 \text{ 的水泥为 40 万吨})\\
x_{13}+x_{23}+x_{33}+x_{43}=30 & (\text{各工厂运往 } B_3 \text{ 的水泥为 30 万吨})\\
x_{14}+x_{24}+x_{34}+x_{44}=15 & (\text{各工厂运往 } B_4 \text{ 的水泥为 15 万吨})\\
x_{11}+x_{12}+x_{13}+x_{14}\leqslant 40 & (\text{工厂 } A_1 \text{ 运出的水泥数量不超过产量})\\
x_{21}+x_{22}+x_{23}+x_{24}\leqslant 60 & (\text{工厂 } A_2 \text{ 运出的水泥数量不超过产量})\\
x_{31}+x_{32}+x_{33}+x_{34}\leqslant 20y_1 & \\
\qquad (\text{修建工厂 } A_3 \text{ 时,运出水泥数量不超过 20,不修建时,产量为 0}) & \\
x_{41}+x_{42}+x_{43}+x_{44}\leqslant 20y_2 & \\
\qquad (\text{修建工厂 } A_4 \text{ 时,运出水泥数量不超过 20,不修建时,产量为 0}) & \\
y_1+y_2=1 & (\text{只修建 } A_3,A_4 \text{ 中的一个厂})\\
x_{ij}\geqslant 0 \quad (i,j=1,2,3,4),\ y_1=0 \text{ 或 } 1,\ y_2=0 \text{ 或 } 1 &
\end{cases}$$

因为变量中仅要求 $y_i(i=1, 2)$ 取整数值 0 或 1，所以这是一个混合整数规划问题.

例 4 有 m 台同一类型的机床，要加工 n 种零件. 设各种零件（所需）的加工时间分别为 a_1，a_2，…，a_n. 问如何分配，使各机床的总加工时间相等，或者说尽可能均衡.

解：引进变量 $x_{ij}(i=1, 2, \cdots, m; j=1, 2, \cdots, n)$. 规定：

$$x_{ij}=\begin{cases}1, & \text{若零件 } j \text{ 分配在第 } i \text{ 台机床上加工}\\ 0, & \text{若零件 } j \text{ 未分配在第 } i \text{ 台机床上加工}\end{cases}$$

则第 i 台机床加工各种零件的总时间为：

$$\sum_{j=1}^{n} a_j x_{ij}, \quad i=1,2,\cdots,m$$

另外，一个零件只能在一台机床上加工，有

$$\sum_{i=1}^{m} x_{ij}=1, \quad j=1,2,\cdots,n$$

于是这一问题可以归结为：

$$\begin{cases}\min\left\{\max\left[\sum_{j=1}^{n}a_jx_{1j},\sum_{j=1}^{n}a_jx_{2j},\cdots,\sum_{j=1}^{n}a_jx_{mj}\right]\right\}\\ \sum_{i=1}^{m}x_{ij}=1,\quad j=1,2,\cdots,n\\ x_{ij}=0\text{ 或 }1,\quad i=1,2,\cdots,m;\quad j=1,2,\cdots,n\end{cases}$$

此例中所有变量必须取 0 或 1，故称这类整数规划问题为 0—1 规划问题.

3.2　整数线性规划的分枝定界法

求解整数线性规划是比较困难的，一些理论问题尚未完全解决. 目前，常用的求解方法可分为两类：割平面方法和分枝定界法. 限于本教材的编写宗旨，我们仅介绍分枝定界法.

例 5　求下面的整数线性规划问题的最优解：

$$(\mathrm{IL}_0)\begin{cases}\min f=-x_1-5x_2\\ x_1-x_2\geqslant-2\\ 5x_1+6x_2\leqslant30\\ x_1\leqslant4\\ x_1\geqslant0,\ x_2\geqslant0\text{，并且全为整数}\end{cases}$$

解：将上面的问题记作问题（IL_0）. 为了求出它的最优解，首先去掉整数约束条件，得到如下问题：

$$(\mathrm{IL}_0')\begin{cases}\min f=-x_1-5x_2\\ x_1-x_2\geqslant-2\\ 5x_1+6x_2\leqslant30\\ x_1\leqslant4\\ x_1\geqslant0,\ x_2\geqslant0\end{cases}$$

并将问题（IL_0'）称为问题（IL_0）的松弛问题. 显然，问题（IL_0）的任何一个可行解也一定是问题（IL_0'）的可行解. 如图 3—1 中，阴影区域是松弛问题的可行解区域，其中的黑点（整格点）就是问题（IL_0）的可行解.

首先可以利用单纯形方法求得松弛问题的最优解. 此处，为了节省篇幅，仅用图解法直接求出问题（IL_0'）的最优解. 由图 3—1 可见最优解在 A 点达到. 求解方程组

$$\begin{cases}x_1-x_2=-2\\ 5x_1+6x_2=30\end{cases}$$

得最优解为 $x_1=\frac{18}{11}$，$x_2=\frac{40}{11}$. 对应的目标值为 $f_0=-\frac{218}{11}$. 这是问题（IL_0）的最小值的一个下界.

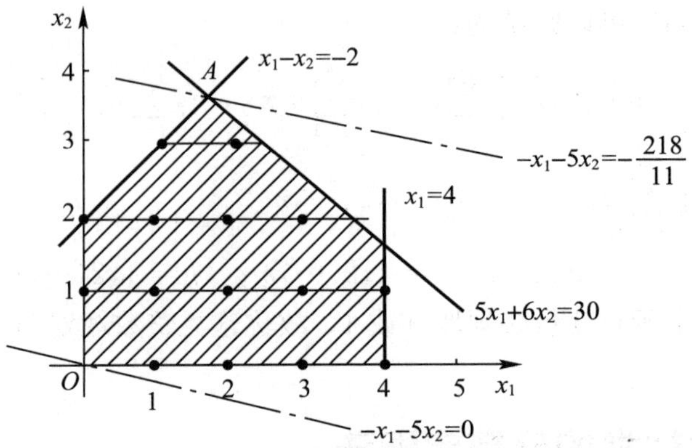

图 3—1

因为问题（IL$'_0$）的最优解不为整数值，而在问题（IL$_0$）中 x_1 必须取整数，所以 x_1 必取小于等于 1 或大于等于 2 的整数值. 利用这一明显的结果，可以把问题（IL$_0$）划分为两个子问题：

$$(\mathrm{IL}_1)\begin{cases}\min f=-x_1-5x_2\\ x_1-\ x_2\geqslant -2\\ 5x_1+6x_2\leqslant 30\\ x_1\qquad\ \leqslant 4\\ x_1\qquad\ \leqslant 1\\ x_1\geqslant 0,\ x_2\geqslant 0,\text{并且全为整数}\end{cases}$$

$$(\mathrm{IL}_2)\begin{cases}\min f=-x_1-5x_2\\ x_1-\ x_2\geqslant -2\\ 5x_1+6x_2\leqslant 30\\ x_1\qquad\ \leqslant 4\\ x_1\qquad\ \geqslant 2\\ x_1\geqslant 0,\ x_2\geqslant 0,\text{并且全为整数}\end{cases}$$

这样划分，并未丢掉问题（IL$_0$）的任何一个可行解（见图 3—2）. 这一过程，我们称之为分枝. 为了直观，我们用树形图（见图 3—3）来表示这一分枝过程，这个树形图又称为枚举树.

要求问题（IL$_0$）的最优解，只要分别求出子问题（IL$_1$）和子问题（IL$_2$）的最优解即可.

对于子问题（IL$_1$），其可行解区域为图 3—2 中左边阴影区域内的整格点. 我们也先求解其松弛问题（IL$'_1$），这只要在问题（IL$_1$）中去掉变量的整数约束即可. 松弛问题（IL$'_1$）的可行解区域是图 3—2 中左边的阴影区域. 利用图解法可得到松弛问题（IL$'_1$）的最优解在 B 点达到. B 点的坐标为 $x_1=1$，$x_2=3$. 两个分量恰好都是整数. 显然，这也是子问题（IL$_1$）的最优解. 对应的目标函数值为 $f_1=-1-5\times3=-16$. 这时，称子问题（IL$_1$）已探明，以表示没有必要再继续分枝了. 在树形图上打上记号“#”，表示该子问题已探明.

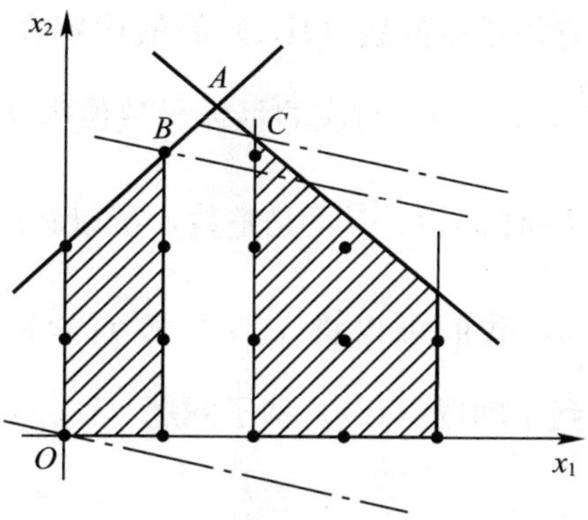

图 3—2

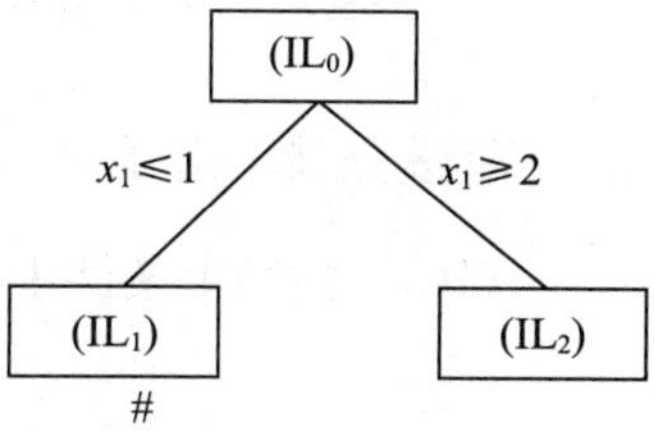

图 3—3

同时，子问题（IL_1）的最优解也是原问题（IL_0）的可行解. 因此，子问题（IL_1）的最优值是原问题的目标函数值的上界，记为 $Z=f_1=-16$. 如果能求得原整数规划问题的上界，则称之为定界.

我们再考虑子问题（IL_2），类似地，先求解其松弛问题（IL_2'）. 松弛问题（IL_2'）的可行解区域是图 3—2 中右边的阴影区域. 由图形可以看出最优解在 C 点达到. 而 C 点坐标为 $x_1=2$，$x_2=\frac{10}{3}$，对应的目标函数最优值为 $f_2=-2-5\times\frac{10}{3}=-18\frac{2}{3}$. 因为 f_2 小于现有的上界（-16），所以原问题可能有比（-16）更小的最优值.

因为 $x_2=\frac{10}{3}$不是整数，利用 $3\leqslant\frac{10}{3}\leqslant4$，我们可以在子问题（$IL_2$）中分别加入约束条件 $x_2\leqslant3$ 和 $x_2\geqslant4$，就把子问题（IL_2）划分为子问题（IL_3）和子问题（IL_4）：

$$(IL_3)\begin{cases}\min f=-x_1-5x_2\\ x_1-x_2\geqslant-2\\ 5x_1+6x_2\leqslant20\\ 2\leqslant x_1\leqslant4\\ x_2\leqslant3\\ x_1\geqslant0,\ x_2\geqslant0，\text{并且全为整数}\end{cases}$$

$$(IL_4)\begin{cases}\min f=-x_1-5x_2\\ x_1-x_2\geqslant-2\\ 5x_1+6x_2\leqslant30\\ 2\leqslant x_1\leqslant4\\ x_2\geqslant4\\ x_1\geqslant0,\ x_2\geqslant0，\text{并且全为整数}\end{cases}$$

这一分枝过程用枚举树（图 3—4）表示. 这说明只要求出子问题（IL_3）和子问题（IL_4）的最优解即可.

先考虑子问题（IL_3）：它的松弛问题（IL_3'）的最优解在 D 点达到（见图 3—5），D 点坐标为 $x_1=2\frac{2}{5}$，$x_2=3$. 对应的目标函数值为 $f_3=-2\frac{2}{5}-15=-17\frac{2}{5}$，仍小于现有上界. 同时 $x_1=2\frac{2}{5}$不是整数，所以必须将子问题（IL_3）继续分枝. 由于 $2\leqslant 2\frac{2}{5}\leqslant 3$，我们可以将 $x_1\leqslant 2$ 和 $x_1\geqslant 3$ 分别加入子问题（IL_3）的约束条件中去，得到子问题（IL_5）和子问题（IL_6）：

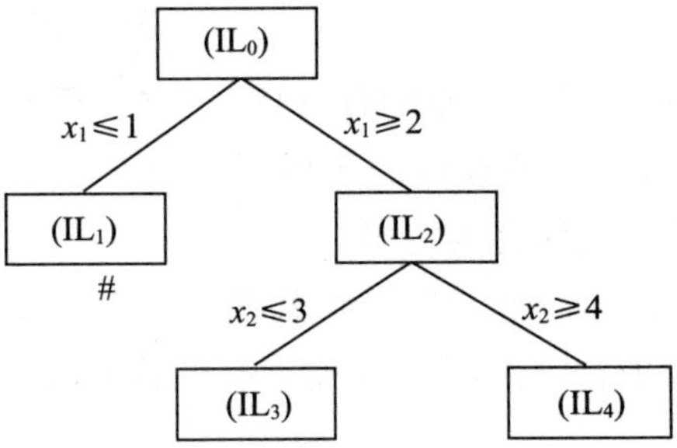

图 3—4

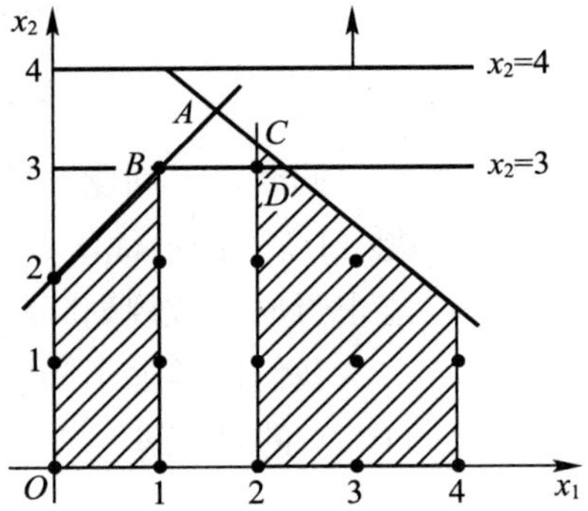

图 3—5

$$(IL_5)\begin{cases}\min f=-x_1-5x_2\\ x_1-x_2\geqslant -2\\ 5x_1+6x_2\leqslant 30\\ 2\leqslant x_1\leqslant 4\\ x_2\leqslant 3\\ x_1\leqslant 2\\ x_1\geqslant 0,\ x_2\geqslant 0，\text{并且全为整数}\end{cases}$$

$$(IL_6)\begin{cases}\min f=-x_1-5x_2\\ x_1-x_2\geqslant -2\\ 5x_1+6x_2\leqslant 30\\ 2\leqslant x_1\leqslant 4\\ x_2\leqslant 3\\ x_1\geqslant 3\\ x_1\geqslant 0,\ x_2\geqslant 0，\text{并且全为整数}\end{cases}$$

这一分枝过程可用枚举树表示（图 3—6）.

首先考虑子问题（IL_5），其松弛问题（IL_5'）的可行解区域是图 3—7 中的线段 EF 上的点，最优解在 E 点上达到. E 点坐标为 $x_1=2$，$x_2=3$. 对应的目标函数值为 $f_5=-2-5\times 3=-17$.

显然，$x_1=2$，$x_2=3$ 也是子问题（IL_5）的可行解. 因此，子问题（IL_5）已探明，同时 $f_5=-17$ 小于现有的上界（-16），可重新定界 $Z=f_5=-17$.

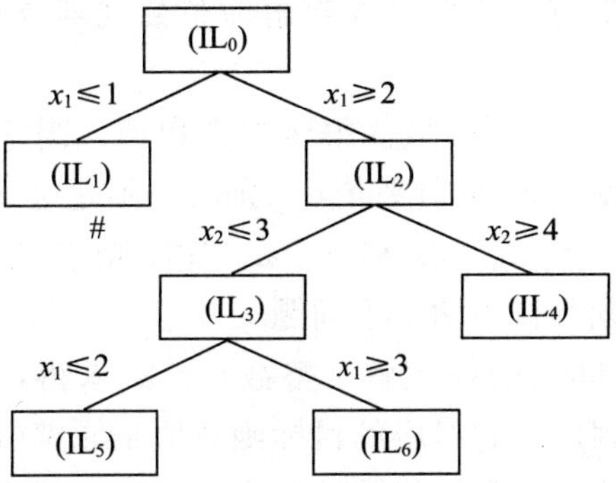

图 3—6

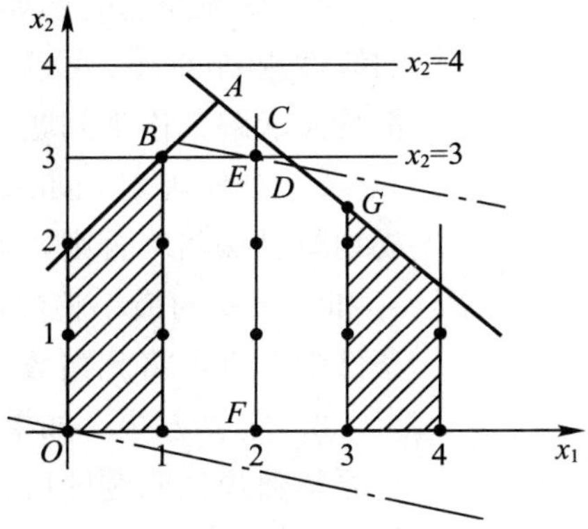

图 3—7

再考虑子问题（IL_6），其松弛问题（IL'_6）的最优解在图 3—7 的 G 点上达到．G 点坐标为 $x_1=3$，$x_2=2\frac{1}{2}$．x_2 仍不为整数值，但是松弛问题（IL'_6）的目标函数最优值 $f_6=-3-5\times\frac{5}{2}=-15\frac{1}{2}$．$f_6$ 是子问题（IL_6）的最小值的下界．但 $f_6>Z=-17$，所以再将子问题（IL_6）分枝，其子问题的最小值也决不会小于$\left(-15\frac{1}{2}\right)$．这时，子问题（$IL_6$）也已探明．我们称子问题（$IL_6$）被剪枝．

最后，考虑未探明的子问题（IL_4），由图 3—5 可以看出，其松弛问题（IL'_4）无可行解，当然，子问题（IL_4）也没有可行解．子问题（IL_4）也已探明．

至此，所有的子问题都已经探明，求解结束．原问题（IL_0）的最优解为 $x_1=2$，$x_2=3$，最小值为 $f=f_5=-17$．整个求解过程用枚举树表示如图 3—8 所示．

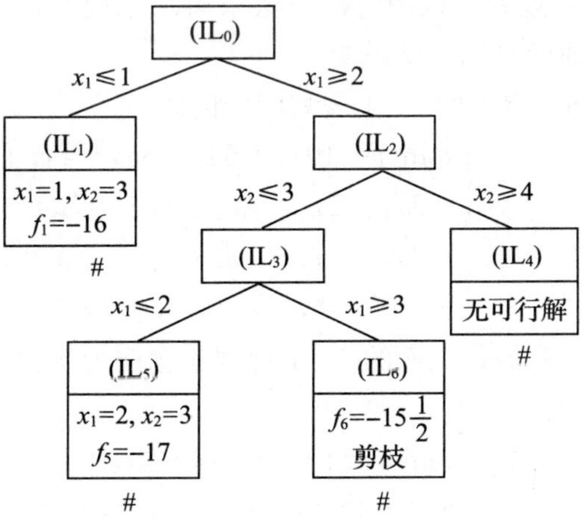

图 3—8

利用分枝定界法求解全整数线性规划问题应注意以下几点：

1. 松弛问题的选择. 把整数约束去掉后，得到松弛问题. 这是一个普通的线性规划问题，可以用单纯形方法求解. 在求解原整数规划或其子问题时，都是先求解其松弛问题.

2. 分枝规划. 如果某个松弛问题的最优解全取整数值，则它对应的整数规划就已探明. 否则，如果某变量 x_k 取分数值 a，则求得不超过 a 的最大整数 a_1 和大于 a 的最小整数 a_2，分别将 $x_k \leqslant a_1$ 和 $x_k \geqslant a_2$ 添加到该整数规划的约束条件中，就可将此整数规划问题分枝为两个子问题.

3. 定界方法. 如果某个子问题的最优解（整数）已经求得，这一最优解是原整数规划问题的可行解. 因此，它对应的目标函数值是原整数规划问题最优值的上界，其值记为 Z. 每求得一个子问题的最优值之后，都应与现有上界比较，取其中较小者作为新的上界.

4. 子问题探明的判定. 当求解某子问题的松弛问题时，只要出现下述情况之一，该子问题就已探明：

（1）松弛问题没有可行解，则原子问题也没有可行解；

（2）松弛问题的最优解恰好全取整数值，则该最优解也是其对应的子问题的最优解；

（3）松弛问题的最小值大于现有的上界 Z，则无论其最优解是否取整数值，都将对应的子问题剪枝.

已探明的子问题就不用再分枝了，如果所有的子问题都已探明，则原整数规划的最优解就一定可以求出，或可以判定它无解.

3.3 0—1 规划的解法

0—1 规划可以用隐枚举法求解. 隐枚举法实际上是一种特殊的分枝定界法，下面通过例题来说明.

例 6 求下面 0—1 规划问题的解：

$$(\mathrm{L}_0)\begin{cases}\min f=10x_1+5x_2+8x_3+4x_4+2x_5 & \\ 3x_1-2x_2+4x_3-x_4+x_5\geqslant 4 & (3.1)\\ -2x_1+x_2-4x_3+x_4-x_5\geqslant -5 & (3.2)\\ x_j=0 \text{ 或 } 1,\quad j=1,2,\cdots,5 & \end{cases}$$

解：我们将上面的 0—1 规划问题记为问题（L_0），并把问题（L_0）的松弛问题取为：

$$(\mathrm{L}_0')\begin{cases}\min f=10x_1+5x_2+8x_3+4x_4+2x_5\\ x_j=0 \text{ 或 } 1,\quad j=1,2,\cdots,5\end{cases}$$

即仅保留约束条件中变量取 0 或 1 的条件，而将其他约束不等式全部去掉. 需要注意的是，在松弛问题中，目标函数各变量的系数都是非负的，所以，只要所有变量都取零时，可得到松弛问题的最优解.

$$x_1=x_2=x_3=x_4=x_5=0 \tag{3.3}$$

对应的目标函数值记为 $f_0=0$.

显然，原问题（L_0）的任一可行解一定是松弛问题（L'_0）的可行解，反之就不一定了．因此，$f_0=0$ 只是原问题（L_0）的下界.

将式（3.3）代入问题（L_0）的约束条件（3.1）、（3.2）的左边，就可以看出 $x_j=0$（$j=1,2,\cdots,5$）不是问题（L_0）的可行解．因为它不满足式（3.1）．这时，需要把问题（L_0）分枝为两个子问题．在式（3.1）左边有较大正系数的变量是 x_3，则分别令 $x_3=1$ 和 $x_3=0$，并代入问题（L_0）中，就得到子问题（L_1）和子问题（L_2）．分枝过程可用枚举树（图3—9）表示.

$$(L_1)\begin{cases}\min f=8+10x_1+5x_2+4x_4+2x_5 \\ 3x_1-2x_2-x_4+x_5\geqslant 0 & (3.4)\\ -2x_1+x_2+x_4-x_5\geqslant -1 & (3.5)\\ x_3=1 \\ x_j=0 \text{ 或 } 1,\quad j=1,2,4,5\end{cases}$$

$$(L_2)\begin{cases}\min f=10x_1+5x_2+4x_4+2x_5 \\ 3x_1-2x_2-x_4+x_5\geqslant 4 & (3.6)\\ -2x_1+x_2+x_4-x_5\geqslant -5 & (3.7)\\ x_3=0 \\ x_j=0 \text{ 或 } 1,\quad j=1,2,4,5\end{cases}$$

在子问题（L_1）和（L_2）中，x_3 的值都已固定，其他变量还需定值，将这些变量称为自由变量.

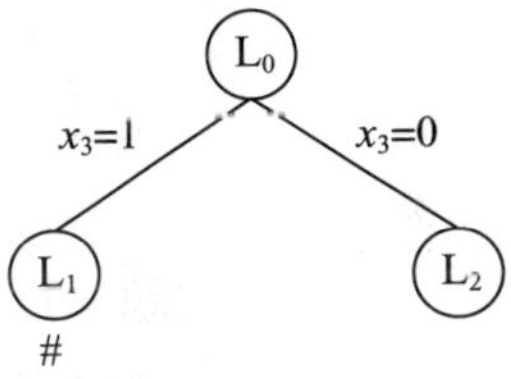

图3—9

类似地，为解子问题（L_1），可先解其对应的松弛问题（L'_1）：

$$(L'_1)\begin{cases}\min f=8+10x_1+5x_2+4x_4+2x_5 \\ x_3=1 \\ x_j=0 \text{ 或 } 1,\quad j=1,2,4,5\end{cases}$$

显然，问题（L'_1）的最优解为 $x_1=x_2=x_4=x_5=0$，$x_3=1$，对应的目标函数值记为 $f_1=8$.

问题（L'_1）的最优解满足式（3.4）、（3.5），所以它也是子问题（L_1）的最优解．所以子问题（L_1）已探明．同时，$x_1=x_2=x_4=x_5=0$，$x_3=1$ 也就是问题（L_0）的可行解．因此它对应的目标函数值 $f_1=8$ 是原问题（L_0）的上界，记为 $Z=f_1=8$.

子问题（L_1）探明后，在枚举树上（图3—9）标以"#"，以表示它不用再继续分枝了.

再考虑未探明的子问题（L_2）．我们也先解它对应的松弛问题：

$$(L'_2)\begin{cases}\min f=10x_1+5x_2+4x_4+2x_5 \\ x_3=0 \\ x_j=0 \text{ 或 } 1,\quad j=1,2,4,5\end{cases}$$

松弛问题（L_2'）的最优解是 $x_1=x_2=x_3=x_4=x_5=0$，但它不是子问题（L_2）的可行解．因为它不满足式（3.6）．又因问题（L_2'）的最优值 f_2 等于 0，仍小于现有上界 $Z=8$，所以子问题（L_2）可能有更好的解．于是再将子问题（L_2）分枝．

我们选择式（3.6）中有较大正系数的变量 x_1 进行分枝．分别令 $x_1=1$，$x_1=0$，代入子问题（L_2），得到子问题（L_3）和子问题（L_4）：

$$(L_3)\begin{cases}\min f=10+5x_2+4x_4+2x_5\\ -2x_2-x_4+x_5\geqslant 1\\ \quad x_2+x_4-x_5\geqslant -3\\ x_3=0,\quad x_1=1\\ x_j=0\text{ 或 }1,\quad j=2,4,5\end{cases}$$

$$(L_4)\begin{cases}\min f=5x_2+4x_4+2x_5\\ -2x_2-x_4+x_5\geqslant 4\\ \quad x_2+x_4-x_5\geqslant -5\\ x_3=0,\quad x_1=0\\ x_j=0\text{ 或 }1,\quad j=2,4,5\end{cases} \tag{3.8}$$

问题（L_2）的分枝过程可以用枚举树表示（见图 3—10）．

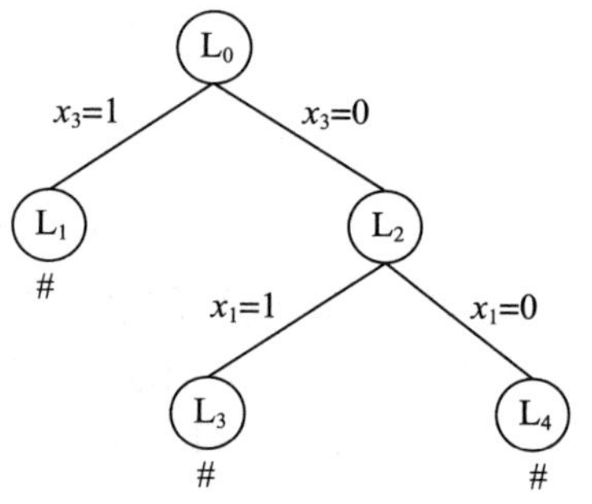

图 3—10

先考虑子问题（L_3）的松弛问题（L_3'）：

$$(L_3')\begin{cases}\min f=10+5x_2+4x_4+2x_5\\ x_3=0,\ x_1=1\\ x_j=0\text{ 或 }1,\quad j=2,4,5\end{cases}$$

问题（L_3'）的最优解为：$x_1=1$，$x_2=x_3=x_4=x_5=0$. 对应的目标函数值为 $f_3=10$. f_3 是子问题（L_3）的最优值的下界．虽然这个最优解不是子问题（L_3）的可行解，但是由于 $f_3=10$ 大于现有的上界 $Z=8$，所以将（L_3）再继续分枝也不会得到更好的结果了．这时，我们将子问题（L_3）剪枝，于是子问题（L_3）已探明，在图 3—10 上加以标记“#”．

最后，考虑子问题（L_4）．在约束不等式（3.8）中，左边只有 x_5 有正系数 1．显然，式（3.8）左边的最大可能值只有当 $x_2=x_4=0$，$x_5=1$ 时才可能达到．但式（3.8）的右边是 4，所以这是一个矛盾不等式，或者说子问题（L_4）无可行解．这时子问题（L_4）也已探明，在图 3—10 上标明“#”．

由于所有的子问题都已探明，我们已得到原问题（L_0）的最优解（也就是子问题（L_1）的最优解）：

$$x_1=0,\ x_2=0,\ x_3=1,\ x_4=0,\ x_5=0$$

对应的最优值为 8.

总结一下，利用隐枚举法求解 0—1 规划问题时应注意以下几点：

1. 使目标函数中各变量的系数全部是非负的．如果某变量 x_k' 在目标函数中的系数是负数，则可令 $x_k=1-x_k'$，就可以使目标函数中 x_k 的系数变为正数. 同时，x_k 也只能取0或1. 例如：若某0—1规划问题中，目标函数为 $f=x_1-2x_2+3x_3$，则令 $x_2=1-x'_2$，并将此式代入目标函数和约束条件中，目标函数就变为

$$f=-2+x_1+2x'_2+3x_3$$

这时，所有变量的系数都是非负的，原0—1规划问题就可以化为我们所要求的形式.

2. 松弛问题的选择. 我们总是去掉原0—1规划问题（或子问题）的所有不等式约束，只保留变量取0或1的条件. 由于目标函数中所有变量的系数都是非负的，我们只要使所有自由变量取零，就可以得到松弛问题的最优解，计算十分简便.

3. 定界方法. 原0—1规划问题的任何一可行解都可以作为其最优值的上界. 在开始求解时，如果找不到可行解，就可以令上界 $Z=+\infty$. 如果我们求解某个子问题的松弛问题时，其最优解恰好是子问题的最优解，就将对应的最优值与现有上界比较，取其中较小者作为新的上界.

4. 子问题探明的判定.

(1) 如果某子问题的松弛问题的最优解恰好是该子问题的最优解时，该子问题就已探明. 同时，应重新定界.

(2) 如果某子问题的松弛问题没有可行解，则该子问题也没有可行解. 该子问题也已经探明.

(3) 如果某子问题的松弛问题有最优解，但对应最优值大于现有的上界 Z 时，则可将该子问题剪枝. 该子问题也已探明.

5. 判断最优解. 如果所有的子问题都已探明，就可以得到原0—1规划问题的最优解.

□ 习 题

1. 背包问题. 一个旅行者为了准备旅行的必备物品，要在背包里装一些最有用的东西. 但背包大小有限，其总容积为 a（单位：立方厘米）. 该旅行者打算携带重 b 公斤的物品. 现在共有 m 种物品，第 i 件物品的体积为 a_i（单位：立方厘米），重量为 b_i 公斤（$i=1, 2, \cdots, m$）. 假设第 i 件物品的“价值”为 c_i（$i=1, 2, \cdots, m$），并且每件物品只能整件携带，试问旅行者应携带哪几件物品，使得其总价值最大？请写出此问题的数学模型.

2. 某科研单位欲试制四种新产品 A_1，A_2，A_3，A_4. 现有科研经费4 000万元，科研人员50人. 各种新产品的研制费用、所需研究人员及预期的每年可获利润如表3—4所示：

表 3—4

新产品	研制费用（万元）	需科研人员	利润（万元）
A_1	1 000	15	500
A_2	1 500	20	1 000
A_3	1 500	30	1 200
A_4	1 000	12	300

研制产品 A_2 必须先研制产品 A_1，但产品 A_1 的研制与产品 A_2 无关．该单位想至少研制其中的两件新产品，问应如何计划，使每年可获得的总利润最大？试写出此问题的数学模型．

3．利用分枝定界方法求解下面的整数规划问题：

(1) $\begin{cases} \max f=x_1+3x_2 \\ 2x_1-3x_2\leqslant 4 \\ -x_1+2x_2\leqslant 7 \\ 3x_1+x_2\leqslant 9 \\ x_1\geqslant 0,\ x_2\geqslant 0，\text{并且全为整数} \end{cases}$

(2) $\begin{cases} \max f=2x_1+3x_2 \\ -x_1+x_2\leqslant 2 \\ 47x_1+8x_2\leqslant 188 \\ 3x_1+2x_2\leqslant 19 \\ x_1\geqslant 0,\ x_2\geqslant 0，\text{并且全为整数} \end{cases}$

4．用隐枚举法求解 0—1 规划问题：

(1) $\begin{cases} \min f=5x_1+7x_2+10x_3+3x_4+x_5 \\ x_1-3x_2+5x_3+x_4-4x_5\geqslant 2 \\ -2x_1+6x_2-3x_3-2x_4+2x_5\geqslant 0 \\ -x_2+2x_3-x_4-x_5\geqslant 1 \\ x_j=0\text{ 或 }1,\quad j=1,2,\cdots,5 \end{cases}$

(2) $\begin{cases} \min f=8x_1+2x_2+4x_3+7x_4+5x_5 \\ 3x_1+3x_2-x_3-2x_4-3x_5\geqslant 2 \\ 5x_1+3x_2+2x_3+x_4-x_5\geqslant 4 \\ x_j=0\text{ 或 }1,\quad j=1,2,\cdots,5 \end{cases}$

第 4 章 Chapter 4 非线性规划*

在第 2 章中我们讨论了线性规划. 线性规划是研究在线性约束条件下求解线性目标函数的最小值（或最大值）问题，即

$$(\mathrm{P})\begin{cases}\min f(x_1,x_2,\cdots,x_n)\\ g_i(x_1,x_2,\cdots,x_n)\geqslant 0,\quad i=1,2,\cdots,m\end{cases}$$

式中，$f(x_1, x_2, \cdots, x_n)$ 和 $g_i(x_1, x_2, \cdots, x_n)$ $(i=1, 2, \cdots, m)$ 都为线性函数，即

$$\begin{cases}f(x_1,x_2,\cdots,x_n)=\sum_{j=1}^{n}c_jx_j\\ g_i(x_1,x_2,\cdots,x_n)=\sum_{j=1}^{n}a_{ij}x_j-b_i,\quad i=1,2,\cdots,m\end{cases}$$

所谓非线性规划问题，是指目标函数 $f(x_1, x_2, \cdots, x_n)$ 和约束函数 $g_i(x_1, x_2, \cdots, x_n)$ $(i=1, 2, \cdots, m)$ 中至少有一个是非线性函数. 上面形式的规划问题中，目标函数是求最小，而所有的约束均为不等式限制，我们称 (P) 为标准形式的规划问题. 由本章 4.1 节中的例子可以看出，任何其他形式的规划问题都可以经过适当的数学处理，将其化为标准形式的规划问题.

非线性规划同线性规划一样，也是运筹学一个极为重要的分支. 它在经济、管理、计划、统计，以及军事、生产过程自动化等方面都有着重要的应用. 本章讲述非线性规划常用的算法（初步）和必备的理论，特别是非线性规划的库恩-塔克定理（Kuhn-Tucker 定理）. 为了方便读者阅读本章的内容，在附录中给出了相关的预备知识.

4.1 例子

我们用几个例子说明什么是非线性规划及其标准型.

例 1 给定一根长度为 400 米的绳子，用来围成一块矩形的菜地，问长与宽各为多少时菜地的面积最大.

设菜地长为 x_1 米，宽为 x_2 米，问题化为求 x_1，x_2，使其满足约束条件

$$\begin{cases} 2(x_1+x_2)=400 \\ x_1 \geqslant 0 \\ x_2 \geqslant 0 \end{cases}$$

并使面积 $S=x_1x_2$ 最大．于是规划问题为：

$$(\mathrm{P}_1)\begin{cases} \max\ (x_1x_2) \\ 2(x_1+x_2)=400 \\ x_1 \geqslant 0, \quad x_2 \geqslant 0 \end{cases}$$

化成标准形式为：

$$(\mathrm{P})\begin{cases} \min\ (-x_1x_2) \\ g_1(x_1,x_2)=2(x_1+x_2)-400 \geqslant 0 \\ g_2(x_1,x_2)=-[2(x_1+x_2)-400] \geqslant 0 \\ g_3(x_1,x_2)=x_1 \geqslant 0 \\ g_4(x_1,x_2)=x_2 \geqslant 0 \end{cases}$$

标准形式的问题（P）与原问题（P_1）具有完全相同的约束集合（因为等式约束 $2(x_1+x_2)=400$ 可以化为两个同时被满足的不等式约束：

$$2(x_1+x_2)-400 \geqslant 0$$

$$-[2(x_1+x_2)-400] \geqslant 0$$

并且两个问题具有完全相同的最优解，但两个问题的最优值相差一个负号）．

例 2 某企业生产一种产品，其生产要素（可以是某种原材料，也可以是劳动和资本）分别编号为 1，2，…，n．已知该种产品的生产函数为 $g(x_1, x_2, \cdots, x_n)$，其中 x_1，x_2，…，x_n 分别为这 n 种生产要素的投入量．这里所说的生产函数 $g(x_1, x_2, \cdots, x_n)$ 表示在一定的技术条件下，投入量分别为 x_1，x_2，…，x_n 时，该产品的产出量．一般来说，函数 $g(x_1, x_2, \cdots, x_n)$ 是关于变量 x_1，x_2，…，x_n 的非线性函数．事先给定产品的总产量为 a，以及 n 种生产要素的单位费用 c_1，c_2，…，c_n．应如何组织生产使总成本最小？（这里，总成本是指各种投入的费用之和）

我们的问题可以化为如下的规划问题：

$$(\mathrm{P}_2)\begin{cases} \min \sum\limits_{i=1}^{n} c_i x_i \\ g(x_1,x_2,\cdots,x_n)=a \\ x_1 \geqslant 0,\ x_2 \geqslant 0,\ \cdots,\ x_n \geqslant 0 \end{cases}$$

在问题（P_2）的约束条件中，由于出现了非线性的函数 $g(x_1, x_2, \cdots, x_n)$，可见它不是线性规划．

例 3（最优国民经济计划模型） 设国民经济由 n 个部门组成，分别编号为 1，2，…，n，已知各部门间的直接消耗系数矩阵为：

$$\boldsymbol{A}=\begin{pmatrix} a_{11} & a_{12} & \cdots & a_{1n} \\ a_{21} & a_{22} & \cdots & a_{2n} \\ \vdots & \vdots & & \vdots \\ a_{n1} & a_{n2} & \cdots & a_{nn} \end{pmatrix}, \quad 1 \leqslant i \leqslant n, 1 \leqslant j \leqslant n$$

a_{ij} = 第 j 个部门生产价值为 1 元的产品直接消耗第 i 个部门的产品的价值(元)

并且还知第 i 个部门的生产函数为（它为非线性函数）：

$$x_i = f_i(L_i, K_i),\quad i=1,2,\cdots,n \tag{4.1}$$

x_i = 第 i 个部门的总产品价值

K_i = 投入到第 i 个部门的资金总额

L_i = 投入到第 i 个部门的劳动数

在给定总资金 K 及总劳动 L 的前提下，如何对每个部门进行最佳的资金及劳动投入分配，使得国民收入最大？

令 y_i = 第 i 个部门的最终产品价值（i=1，2，…，n），根据题意，我们得到

$$x_i = \sum_{j=1}^{n} a_{ij}x_j + y_i,\quad i=1,2,\cdots,n$$

（即第 i 个部门的总产品价值 x_i 等于各部门在生产中消耗第 i 个部门的产品总和 $\sum_{j=1}^{n} a_{ij}x_j$，再加上第 i 个部门的最终产品价值），写成矩阵形式为：

$$\boldsymbol{x} = \boldsymbol{A}\boldsymbol{x} + \boldsymbol{y}$$

其中

$$\boldsymbol{x} = \begin{pmatrix} x_1 \\ x_2 \\ \vdots \\ x_n \end{pmatrix}\qquad \boldsymbol{y} = \begin{pmatrix} y_1 \\ y_2 \\ \vdots \\ y_n \end{pmatrix}$$

也即

$$(\boldsymbol{I} - \boldsymbol{A})\boldsymbol{x} = \boldsymbol{y} \tag{4.2}$$

其中 $\boldsymbol{I}$ 为 n 阶单位矩阵．由劳动及资金的限制可得如下约束条件：

$$\sum_{i=1}^{n} L_i \leqslant L \tag{4.3}$$

$$\sum_{i=1}^{n} K_i \leqslant K \tag{4.4}$$

对于变量 x_i，y_i，L_i，K_i 的非负性要求显然是需要的，即

$$x_i \geqslant 0,\quad i=1,2,\cdots,n \tag{4.5}$$

$$y_i \geqslant 0,\quad i=1,2,\cdots,n \tag{4.6}$$

$$L_i \geqslant 0,\quad i=1,2,\cdots,n \tag{4.7}$$

$$K_i \geqslant 0,\quad i=1,2,\cdots,n \tag{4.8}$$

于是我们的问题化为（目标函数 $\sum_{i=1}^{n} y_i$ 为国民收入）：

$$(\mathrm{P}_3)\begin{cases} \max \sum_{i=1}^{n} y_i \\ (\boldsymbol{I} - \boldsymbol{A})\boldsymbol{x} = \boldsymbol{y} \\ x_i = f_i(L_i, K_i),\quad i=1,2,\cdots,n \\ \sum_{i=1}^{n} L_i \leqslant L \\ \sum_{i=1}^{n} K_i \leqslant K \\ x_i \geqslant 0,\ y_i \geqslant 0,\ L_i \geqslant 0,\ K_i \geqslant 0,\quad i=1,2,\cdots,n \end{cases}$$

在问题（P_3）中，约束条件中有非线性函数出现，可见它也不是一个线性规划.

例 4（确定经验公式） 在生物学或物理学中经常要根据实验的观测值确定出物理量之间的公式. 假设某物理量 Q 随时间 t 在变化，根据观测，我们得到如下一组数据及坐标点（图 4—1).

注意到随着时间的延伸，物理量 Q 的变化趋于平稳（即近似为常数)，我们可以设想从如下形式的曲线族中找出一条曲线作为它的近似：

$$\{-x_3+x_2e^{-x_1t}\}$$

式中，$x_1>0$，$x_2>0$，$x_3>0$ 为参数.

t	t_1	t_2	…	t_i	…	t_k
Q	Q_1	Q_2	…	Q_i	…	Q_k

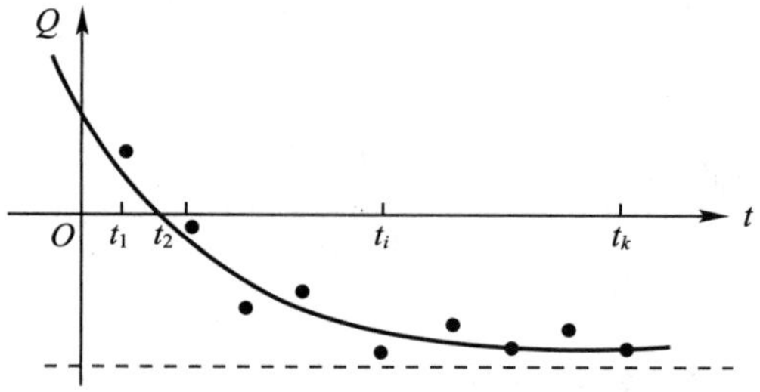

图 4—1

最理想的情况是所观测的 k 个点都在曲线上，即对于 $i=1, 2, \cdots, k$，均有

$$-x_3+x_2e^{-x_1t_i}=Q_i \tag{4.9}$$

实际上，由于观测数据具有误差，式（4.9）不会成立. 我们可以在最小平方和意义下确定参数 x_1，x_2，x_3 的值，这就是说，求参数 $\bar{x}_1$，$\bar{x}_2$，$\bar{x}_3$，使实验数据与理论曲线的偏差的平方和为最小，即求

$$(\bar{P}_4)\begin{cases}\min\sum_{i=1}^{k}[Q_i-(-x_3+x_2e^{-x_1t_i})]^2\\ x_1>0,\ x_2>0,\ x_3>0\end{cases}$$

考虑下面的非线性规划问题（注意，这里与（$\bar{P}_4$）的不同之处，在于将 $x_1>0$，$x_2>0$，$x_3>0$ 改为 $x_1\geqslant0$，$x_2\geqslant0$，$x_3\geqslant0$)：

$$(P_4)\begin{cases}\min\sum_{i=1}^{k}[Q_i-(-x_3+x_2e^{-x_1t_i})]^2\\ x_1\geqslant0,\ x_2\geqslant0,\ x_3\geqslant0\end{cases}$$

设 $\bar{x}_1$，$\bar{x}_2$，$\bar{x}_3$ 为（P_4）的最优解. 因为从图 4—1 可以看出，当 $\bar{x}_1=0$ 或 $\bar{x}_2=0$时，我们用函数

$$Q=-\bar{x}_3+\bar{x}_2e^{-\bar{x}_1t}=常数$$

作为由观测数据得到的经验公式，这是不可能的，故 $\bar{x}_1>0$，$\bar{x}_2>0$；此外，从图 4—1 可以看出，由观测数据得到的曲线不可能都在 t 轴之上，故 $\bar{x}_3>0$. 这

就是说，虽然（P_4）的约束集比（$\bar{P}_4$）的约束集大，但大集合之下的最优解一定在小集合内，故两个问题（$\bar{P}_4$）与（P_4）是等价的. 显然（P_4）是非线性规划.

例 5　微观经济学生产理论中的几个例子.

设

$$y=f(x_1,x_2,\cdots,x_n)$$

为生产函数（表示总产量或总产值），而且

r_j=第 j 种生产要素的"单价"（如果生产要素为劳动，r_j 为工资率；如果生产要素为资本，r_j 为利息率），$j=1,2,\cdots,n$

c=生产的总成本

b=固定成本

Q=总产量

（一）产出最大化模型（P_1）

在生产函数以及生产要素的"单价"、固定成本和总成本给定的条件下，确定生产要素的最佳组合使总产出最大，有如下的优化模型：

$$(P_1)\begin{cases}\max f(x_1,x_2,\cdots,x_n)\\ \sum_{j=1}^{n} r_j x_j+b\leqslant c\\ x_j\geqslant 0,\quad j=1,2,\cdots,n\end{cases}$$

如果对生产要素 x_1 有上界限制（例如在某些特定的场合，生产要素有不足的情况），即要求 $x_1\leqslant a_1$，其中 $a_1>0$，有如下的优化模型：

$$(\bar{P}_1)\begin{cases}\max f(x_1,x_2,\cdots,x_n)\\ \sum_{j=1}^{n} r_j x_j+b\leqslant c\\ x_1\leqslant a_1\\ x_j\geqslant 0,\quad j=1,2,\cdots,n\end{cases}$$

（二）成本最小化模型（P_2）

在生产函数以及生产要素的"单价"给定的条件下，如果要求产量不少于给定值 Q，确定生产要素的最佳组合，使得总的成本最小，有如下的优化模型：

$$(P_2)\begin{cases}\min \sum_{j=1}^{n} r_j x_j\\ f(x_1,x_2,\cdots,x_n)\geqslant Q\\ x_j\geqslant 0,\quad j=1,2,\cdots,n\end{cases}$$

（三）利润最大化的优化模型（P_3）

当生产函数和生产要素的"单价" r_j 给定之后，使厂商的利润最大，有如下的优化模型（这里 $f(x_1, x_2, \cdots, x_n)$ 为总产值）：

$$(\mathrm{P}_3)\begin{cases}\max\left(f(x_1,\cdots,x_n)-\sum_{j=1}^{n}r_jx_j\right)\\ x_j\geqslant 0,\quad j=1,2,\cdots,n\end{cases}$$

上面叙述的几个例子都是求一组变量，例如 n 个变量 $x_1, x_2, \cdots, x_n$，使其在满足由一些等式或不等式所限定的约束条件下，求某一个目标（性能指标）$f(x_1, x_2, \cdots, x_n)$的最大值或最小值. 正如线性规划那样，不失一般性，我们在这一章中只讨论目标函数的最小值问题. 求 $\bar{\boldsymbol{x}}=(\bar{x}_1, \bar{x}_2, \cdots, \bar{x}_n)^{\mathrm{T}}$，使其为如下问题的最优解（下面的问题（P）是最一般形式的规划问题）：

$$(\mathrm{P})\begin{cases}\min f(x_1,x_2,\cdots,x_n)\\ g_i(x_1,x_2,\cdots,x_n)\geqslant 0,\quad i=1,2,\cdots,m\end{cases}$$

由第 2 章可知，当目标函数 $f(x_1, x_2, \cdots, x_n)$ 以及所有的约束函数 $g_i(x_1, x_2, \cdots, x_n)$（$i=1, 2, \cdots, m$）均为变量 $x_1, x_2, \cdots, x_n$ 的线性函数时，规划问题（P）称为线性规划. 所谓非线性规划问题，是指形如问题（P）的规划问题，在目标函数及约束函数中至少有一个为非线性的函数.

正像线性规划那样，我们称满足所有约束条件的 $\boldsymbol{x}=(x_1, x_2, \cdots, x_n)^{\mathrm{T}}$ 构成的集合为约束集（或称可行解集合），记为

$$R=\{\boldsymbol{x}\,|\,g_i(x_1,x_2,\cdots,x_n)\geqslant 0,\quad i=1,2,\cdots,m\}$$

在约束集合 R 中，使得目标函数 $f(x_1, x_2, \cdots, x_n)$ 达到最小值的 $\bar{\boldsymbol{x}}$ 称为问题（P）的最优解. 记（P）的最优解构成的集合为 R^{*}.

4.2 两个变量的非线性规划的几何意义及图解法

在这一节中，我们只讨论具有两个变量的非线性规划问题

$$(\mathrm{P})\begin{cases}\min f(x_1,x_2)\\ g_i(x_1,x_2)\geqslant 0,\quad i=1,2,\cdots,m\end{cases}$$

（一）约束集合

由线性规划的讨论可知，当约束函数为线性函数时，等式约束在 x_1，x_2 坐标平面上为一条直线；不等式约束在 x_1，x_2 坐标平面上为一个半平面. 类似地，当约束函数为非线性函数时，例如 $g_1(x_1, x_2)$，则等式 $g_1(x_1, x_2)=0$ 在 x_1，x_2 坐标平面上为一条曲线，见图 4—2.

当约束函数为非线性函数时，则不等式约束 $g_1(x_1, x_2)\geqslant 0$ 在 x_1，x_2 坐标平面上为由曲线 $g_1(x_1, x_2)=0$ 把坐标平面分成两部分当中的一部分，见图 4—3.

综上所述，当把约束条件中的每一个等式所确定的曲线，以及每一个不等

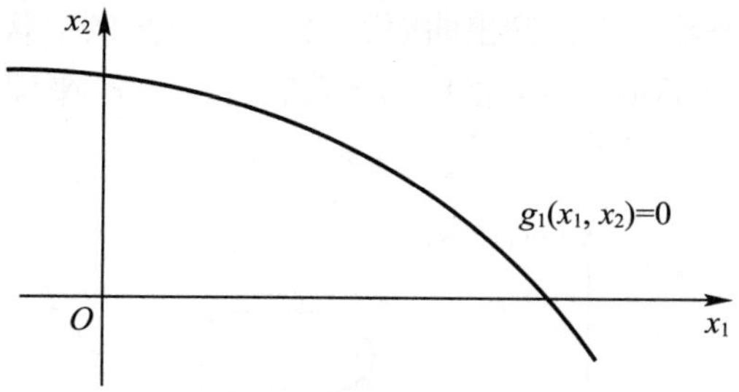

图 4—2

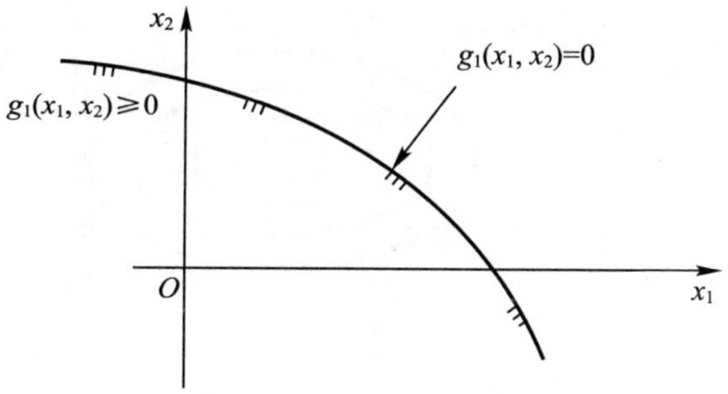

图 4—3

式所确定的部分，在 x_1，x_2 坐标平面上画出之后，它们相交的公共部分即为约束集合 R.

例 6　在 x_1，x_2 坐标平面上画出约束集合

$$R=\left\{\begin{pmatrix}x_1\\x_2\end{pmatrix}\middle| x_1{}^2+x_2{}^2\leqslant 1,\ x_1\geqslant 0,\ x_2\geqslant 0\right\}$$

解：满足 $x_1{}^2+x_2{}^2\leqslant 1$ 的区域为以原点为圆心，半径为 1 的圆；满足 $x_1\geqslant 0$，$x_2\geqslant 0$ 的区域为第一象限．于是，它们相交的公共部分为在第一象限中的扇形．见图 4—4.

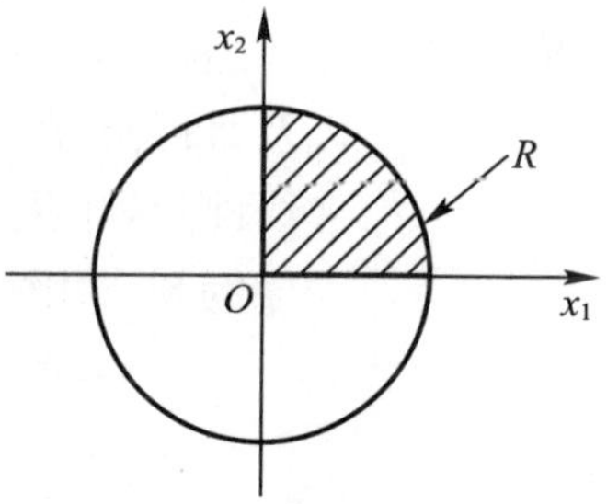

图 4—4

(二) 等高线

我们知道 $t=f(x_1,\ x_2)$ 在三维空间中表示一个曲面．$t=c$（其中 c 为常数）在三维空间中表示平行于 x_1，x_2 平面的一个平面，这个平面上任何一点的高度都等于常数 c（见图 4—5).

现在，在三维空间中曲面 $t=f(x_1,\ x_2)$ 与平面 $t=c$ 有一条交线 L．交线 L 在 x_1，x_2 平面上的投影是曲线 L'．可见，曲线 L'上的点 $\begin{pmatrix}x_1\\x_2\end{pmatrix}$ 到平面 $t=c$ 的高度都等于常数 c，也即曲线 L'上的点 $\begin{pmatrix}x_1\\x_2\end{pmatrix}$ 的函数值 $f(x_1,\ x_2)$ 都具有相同的值 c. 当常数 c 取不同的值时，重复上面的讨论，在 x_1，x_2 平面上得到一族曲线——等高线．不难看出，等高线的形状完全由曲线 $t=f(x_1,\ x_2)$ 的形状所决定；反之，

由等高线的形状也可以推测出曲面 $t=f(x_1, x_2)$ 的形状. 在以后的讨论中，不必具体画出曲面$t=f(x_1, x_2)$ 的图形，只需在 x_1，x_2 平面上变动常数 c 画出曲线族 $f_1(x_1, x_2)=c$.

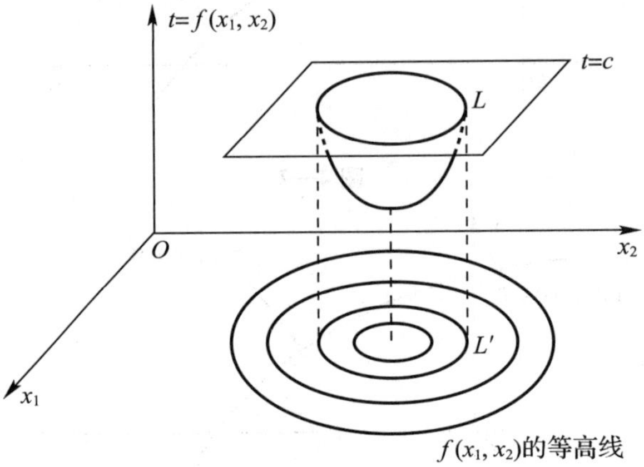

图 4—5

例 7 在 x_1，x_2 坐标平面上画出目标函数 $f_1(x_1, x_2)=x_1^{\ 2}+x_2^{\ 2}$ 的等高线.

解： 因为当取 $c>0$ 时，曲线 $x_1^{\ 2}+x_2^{\ 2}=c$ 是以原点为圆心，半径为 $\sqrt{c}$ 的圆. 因此等高线是一族以原点为圆心的同心圆. 见图 4—6.

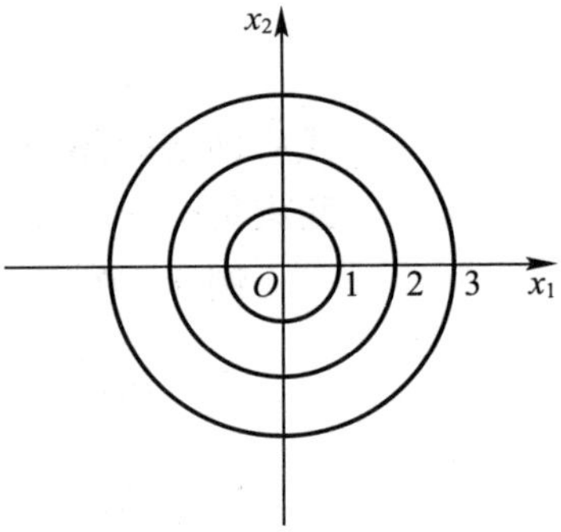

图 4—6

（三）几何意义及图解法

当在 x_1，x_2 坐标平面上分别画出约束集合 R 以及目标函数 $f(x_1, x_2)$ 的等高线后，不难求出非线性规划问题的最优解. 下面举例说明.

例 8 用图解法求解非线性规划问题

$$\begin{cases} \min\left[(x_1+2)^2+(x_2+2)^2\right] \\ x_1^{\ 2}+x_2^{\ 2}\leqslant 1 \\ x_1\geqslant 0,\ x_2\geqslant 0 \end{cases}$$

解： 由例 6，得到约束集合 R（见图 4—7）. 目标函数的等高线是以 $\begin{pmatrix}-2\\-2\end{pmatrix}$ 为圆心的同心圆，并且这族同心圆的外圈比内圈的目标函数值大. 因此，这一问题转化为：在约束集合中找一点 $\begin{pmatrix}\bar{x}_1\\ \bar{x}_2\end{pmatrix}$，使其落在半径最小的那个同心圆上. 不难看出，问题的最优解 $\bar{\boldsymbol{x}}=\begin{pmatrix}\bar{x}_1\\ \bar{x}_2\end{pmatrix}=\begin{pmatrix}0\\0\end{pmatrix}$.

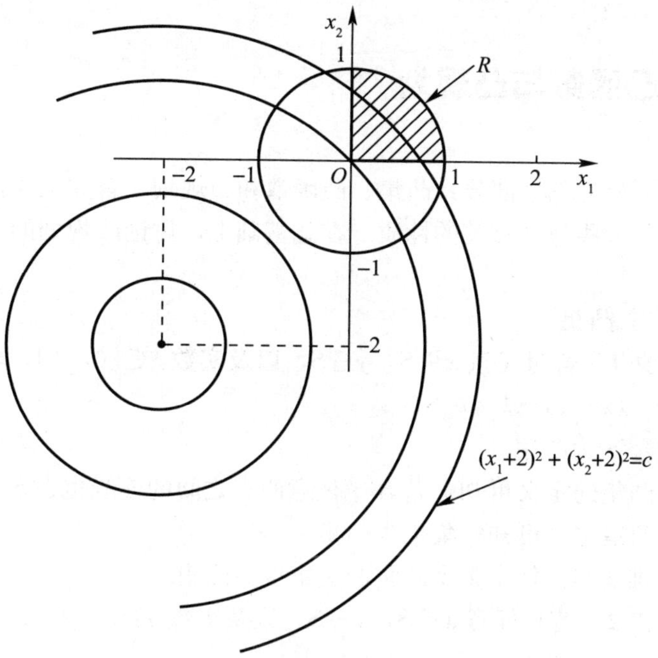

图 4—7

例 9　用图解法求解非线性规划问题

$$\begin{cases} \max\ (x_1x_2) \\ 2x_1+5x_2\leqslant 40 \\ x_1\geqslant 0,\ x_2\geqslant 0 \end{cases}$$

解：在 x_1，x_2 坐标平面上画出约束集合

$$R=\left\{\begin{pmatrix} x_1 \\ x_2 \end{pmatrix}\middle|\, 2x_1+5x_2\leqslant 40, x_1\geqslant 0, x_2\geqslant 0\right\}$$

及 x_1x_2＝常数的等高线，如图 4—8 所示．在坐标纸上精确作图，可得最优解 $\bar{\boldsymbol{x}}=\begin{pmatrix} \bar{x}_1 \\ \bar{x}_2 \end{pmatrix}$，其中 $\bar{x}_1=10$，$\bar{x}_2=4$.

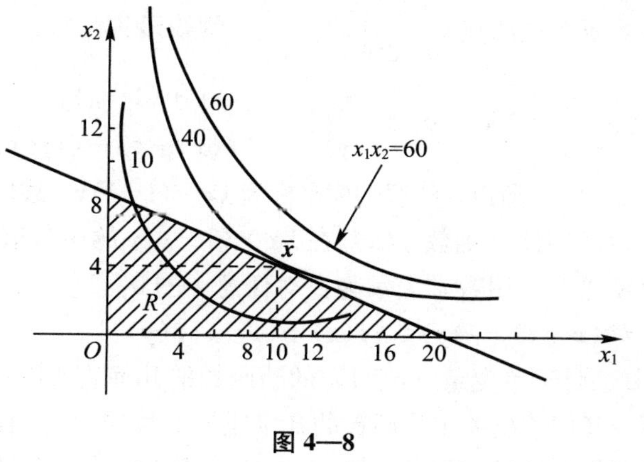

图 4—8

4.3 凸集、凸函数与凸规划*

本节分为三个部分：凸集、凸函数和凸规划. 首先给出凸集、凸函数的定义，以及一些与其有关的性质. 在此基础上，讨论凸规划的一些简单的性质.

（一）凸集

定义 1 若对任意 $\boldsymbol{x}\in S$，$\boldsymbol{y}\in S$，以及实数 $\lambda\in[0,1]$，均有

$$\lambda\boldsymbol{x}+(1-\lambda)\boldsymbol{y}\in S$$

则称集合 S 为凸集.

由凸集的定义可知：若 S 中任意两点之间的连线也在 S 中，集合 S 即为凸集. 由凸集定义可知空集也为凸集.

不难证明：任意多个凸集的交集也为凸集.

定义 2 若对任意 $\boldsymbol{x}\in S$，$\boldsymbol{y}\in S$，以及实数 $\alpha\geqslant0$，$\beta\geqslant0$，均有

$$\alpha\boldsymbol{x}+\beta\boldsymbol{y}\in S$$

则称 S 为凸锥.

（二）凸函数

定义 3 若对任意 $\boldsymbol{x}\in\boldsymbol{E}^n$，$\boldsymbol{y}\in\boldsymbol{E}^n$，以及 $\lambda\in[0,1]$ 都有

$$f(\lambda\boldsymbol{x}+(1-\lambda)\boldsymbol{y})\leqslant\lambda f(\boldsymbol{x})+(1-\lambda)f(\boldsymbol{y})$$

则称 f（$\boldsymbol{x}$）为凸函数. 若对任意 $\boldsymbol{x}\in\boldsymbol{E}^n$，$\boldsymbol{y}\in\boldsymbol{E}^n$，$\boldsymbol{x}\neq\boldsymbol{y}$ 以及 $\lambda\in(0,1)$，都有

$$f(\lambda\boldsymbol{x}+(1-\lambda)\boldsymbol{y})<\lambda f(\boldsymbol{x})+(1-\lambda)f(\boldsymbol{y})$$

则称 $f(\boldsymbol{x})$ 为严格凸函数.

上述凸函数的定义是用“割线”来定义的：对任意的 $\boldsymbol{x}$ 与 $\boldsymbol{y}$，$\boldsymbol{x}\neq\boldsymbol{y}$，过点 $\begin{pmatrix}\boldsymbol{x}\\ f(\boldsymbol{x})\end{pmatrix}$ 和 $\begin{pmatrix}\boldsymbol{y}\\ f(\boldsymbol{y})\end{pmatrix}$ 的线段是位于曲线 $t=f(\boldsymbol{x})$ 之上，即割线在曲线的上面. 这是因为在平面上过两点 $\begin{pmatrix}\boldsymbol{x}\\ f(\boldsymbol{x})\end{pmatrix}$，$\begin{pmatrix}\boldsymbol{y}\\ f(\boldsymbol{y})\end{pmatrix}$ 的线段为：

$$\lambda\begin{pmatrix}\boldsymbol{x}\\ f(\boldsymbol{x})\end{pmatrix}+(1-\lambda)\begin{pmatrix}\boldsymbol{y}\\ f(\boldsymbol{y})\end{pmatrix}=\begin{pmatrix}\lambda\boldsymbol{x}+(1-\lambda)\boldsymbol{y}\\ \lambda f(\boldsymbol{x})+(1-\lambda)f(\boldsymbol{y})\end{pmatrix}$$

其中 $\lambda\in[0,1]$. 所以，线段的横坐标为 $\lambda\boldsymbol{x}+(1-\lambda)\boldsymbol{y}$，线段的纵坐标为 $\lambda f(\boldsymbol{x})+(1-\lambda)f(\boldsymbol{y})$. 因此，函数 $f(\boldsymbol{x})$ 在 $\lambda\boldsymbol{x}+(1-\lambda)\boldsymbol{y}$ 的函数值为 $f(\lambda\boldsymbol{x}+(1-\lambda)\boldsymbol{y})$. 割线在曲线之上，用数学表示为：对任意 $\lambda\in[0,1]$，有

$$f(\lambda\boldsymbol{x}+(1-\lambda)\boldsymbol{y})\leqslant\lambda f(\boldsymbol{x})+(1-\lambda)f(\boldsymbol{y})$$

图 4—9 中是对于单变量（$n=1$）的凸函数的几何直观图.

以下，我们给出关于凸函数的几个重要的性质，它们都可以作为定义使用，只不过当用作定义时，需对函数 $f(x)$ 有可微性要求（例如性质 2～性质 4）.

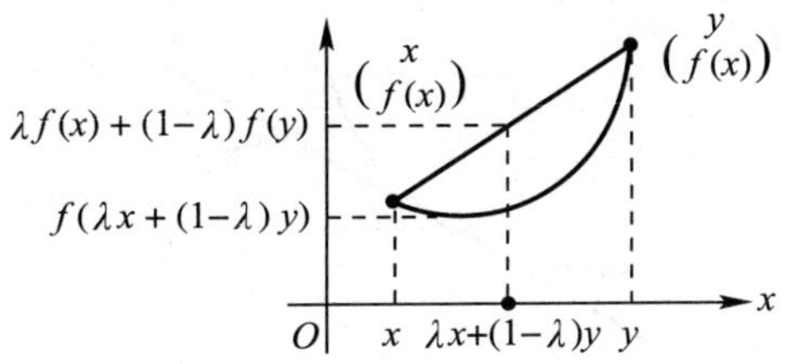

图 4—9

性质 1　函数 $f(\boldsymbol{x})$ 为凸函数的充分必要条件是：对于任意 $\boldsymbol{x}\in\boldsymbol{E}^n$，$\boldsymbol{y}\in\boldsymbol{E}^n$，单变量函数

$$h(\lambda)=f(\lambda\boldsymbol{x}+(1-\lambda)\boldsymbol{y})=f(\boldsymbol{y}+\lambda(\boldsymbol{x}-\boldsymbol{y}))$$

在 $\lambda\in[0,1]$ 上为凸函数.

它的几何意义如图 4—10 所示. 即对任意平面上的两点 $\boldsymbol{x}$ 与 $\boldsymbol{y}$，作一个与纵轴 t 平行的平面，该平面与曲面 $t=f(x_1,x_2)$ 相交的曲线是凸的，即作为单变量函数 $h(\lambda)$ 在 $[0,1]$ 上是凸函数.

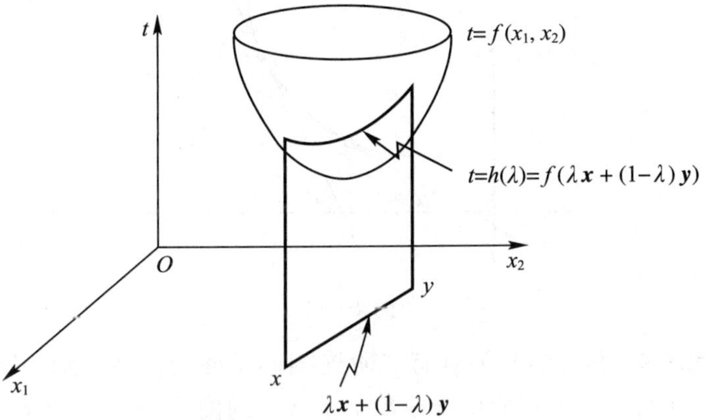

图 4—10

性质 2　设 $f(\boldsymbol{x})$ 为具有一阶连续偏微商的函数，则 $f(\boldsymbol{x})$ 为凸函数的充分必要条件为：对任意 $\boldsymbol{x}\in\boldsymbol{E}^n$，$\boldsymbol{y}\in\boldsymbol{E}^n$，有

$$f(\boldsymbol{x})\geqslant f(\boldsymbol{y})+f_x(\boldsymbol{y})(\boldsymbol{x}-\boldsymbol{y})$$

它的几何意义是：过任意点 $\boldsymbol{y}$ 的切线（$n=3$ 时为切平面）都在曲线 $t=f(\boldsymbol{x})$ 的下面，因此，性质 2 可看成是用“切线”定义的凸函数.

由图 4—11 可知，曲线 $t=f(x)$ 在点 $(y,f(y))$ 的切线为：

$$\frac{t-f(y)}{x-y}=\tan\alpha=f'(y)$$

即

$$t=f(y)+f'(y)(x-y)$$

由图 4—11，曲线 $t=f(x)$ 在切线 $t=f(y)+f'(y)(x-y)$ 之上，即

$$f(x)\geqslant f(y)+f_x(y)(x-y)$$

注意，当 $n=1$ 时，$f'(y)$ 即 $f_x(y)$.

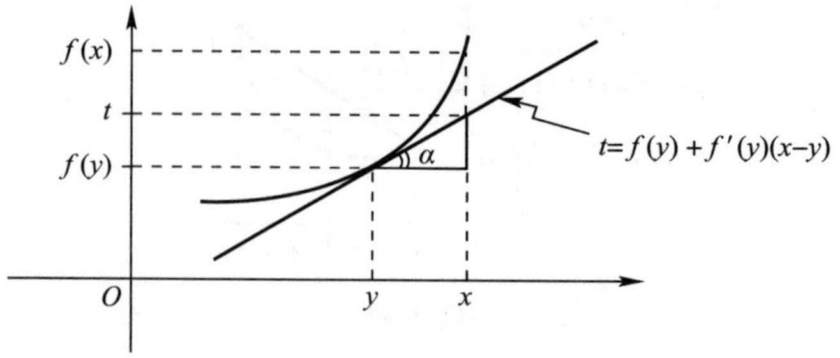

图 4—11

性质 3 设 $f(\boldsymbol{x})$ 为具有一阶连续偏微商的函数，则 $f(\boldsymbol{x})$ 为凸函数的充分必要条件为：对任意 $\boldsymbol{x}$ 和 $\boldsymbol{y}$，都有

$$[f_x(\boldsymbol{x})-f_x(\boldsymbol{y})](\boldsymbol{x}-\boldsymbol{y})\geqslant 0$$

它的几何意义如图 4—12 所示．即当 $x\geqslant y$ 时，有 $f'(x)\geqslant f'(y)$，即 $f'(x)$ 为增函数（因 $\beta>\alpha$）.

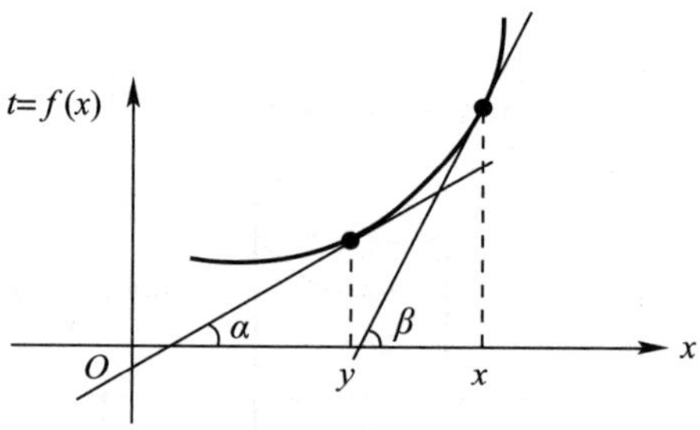

图 4—12

性质 4 设 $f(\boldsymbol{x})$ 为具有二阶连续偏微商的函数，则 $f(\boldsymbol{x})$ 为凸函数的充分必要条件为：对任意的 $\boldsymbol{x}\in\boldsymbol{E}^n$，$f(\boldsymbol{x})$ 的海赛矩阵 $f_{xx}(\boldsymbol{x})$ 为半正定，其中 $f_{xx}(\boldsymbol{x})$ 为 $n\times n$ 矩阵，即

$$f_{xx}(\boldsymbol{x})=\begin{pmatrix}\dfrac{\partial^2 f(\boldsymbol{x})}{\partial x_1\partial x_1} & \dfrac{\partial^2 f(\boldsymbol{x})}{\partial x_1\partial x_2} & \cdots & \dfrac{\partial^2 f(\boldsymbol{x})}{\partial x_1\partial x_n}\\ \vdots & \vdots & & \vdots\\ \dfrac{\partial^2 f(\boldsymbol{x})}{\partial x_n\partial \boldsymbol{x}_1} & \dfrac{\partial^2 f(\boldsymbol{x})}{\partial x_n\partial x_2} & \cdots & \dfrac{\partial^2 f(\boldsymbol{x})}{\partial x_n\partial x_n}\end{pmatrix}$$

上述的性质 4 可以由性质 3 看出它的含义．当 $n=1$ 时，$f_{xx}(\boldsymbol{x})=f''(\boldsymbol{x})$，由于$f(\boldsymbol{x})$ 为凸函数时，$f'(\boldsymbol{x})$ 为单调增函数，故 $f''(\boldsymbol{x})=(f'(\boldsymbol{x}))'\geqslant 0$.

类似于凸函数的定义，我们可以用“割线在曲线之下”（或“切线在曲线之上”）来定义凹函数.

定义 4 若对任意 $\boldsymbol{x}\in\boldsymbol{E}^n$，$\boldsymbol{y}\in\boldsymbol{E}^n$，以及 $\lambda\in[0,1]$ 都有

$$f(\lambda\boldsymbol{x}+(1-\lambda)\boldsymbol{y})\geqslant\lambda f(\boldsymbol{x})+(1-\lambda)f(\boldsymbol{y})$$

则称 $f(\boldsymbol{x})$ 为凹函数．若对任意 $\boldsymbol{x}\in\boldsymbol{E}^n$，$\boldsymbol{y}\in\boldsymbol{E}^n$，$\boldsymbol{x}\neq\boldsymbol{y}$，以及 $\lambda\in(0,1)$，都有

$$f(\lambda\boldsymbol{x}+(1-\lambda)\boldsymbol{y})>\lambda f(\boldsymbol{x})+(1-\lambda)f(\boldsymbol{y})$$

则称 $f(\boldsymbol{x})$ 为严格凹函数.

由定义 3 和定义 4 不难看出，若 $-f(\boldsymbol{x})$ 为（严格）凸函数，则 $f(\boldsymbol{x})$ 为（严格）凹函数；反之也成立.

（三）凸规划

考虑标准形式的非线性规划问题

$$(\mathrm{P})\begin{cases}\min f(\boldsymbol{x}),\boldsymbol{x}=(x_1,x_2,\cdots,x_n)^{\mathrm{T}}\\ g_i(\boldsymbol{x})\geqslant 0,\quad i=1,2,\cdots,m\end{cases}$$

此时规划问题（P）的约束集合（也称可行解集合）为：

$$R=\{\boldsymbol{x}\,|\,g_i(\boldsymbol{x})\geqslant 0,\quad i=1,2,\cdots,m\}$$

对于具有两个变量的规划问题（$n=2$），约束集合 R 是由一些直线或曲线所围成的区域（见图 4—13）.

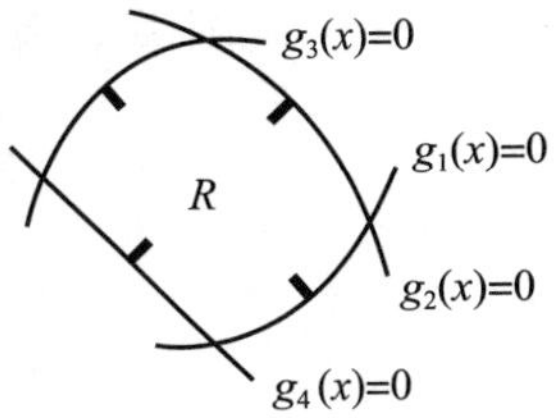

图 4—13

对于规划问题（P），有如下关于最优解的定义.

定义 5 设 $\bar{\boldsymbol{x}}\in R$，若对于任意 $\boldsymbol{x}\in R$ 均有

$$f(\boldsymbol{x})\geqslant f(\bar{\boldsymbol{x}})$$

则称 $\bar{\boldsymbol{x}}$ 为规划问题（P）的最优解. 记（P）的最优解集合为 R^*.

定义 6 若目标函数 $f(\boldsymbol{x})$ 为凸函数，约束函数 $g_i(\boldsymbol{x})$（$i=1$，2，$\cdots$，m）为凹函数，则称规划问题（P）为凸规划.

当我们有了等高线的概念和约束集合的直观意义，就可以像线性规划那样，对于两个变量的情况用图解法求得最优解.

例 10 考虑下面的非线性规划（凸规划）问题

$$(\mathrm{P})\begin{cases}\min\left[4x_1{}^2+(x_2-2)^2\right]\\ -2\leqslant x_1\leqslant 2\\ -1\leqslant x_2\leqslant 1\end{cases}$$

由图 4—14 可见 $\bar{\boldsymbol{x}}=(0,\ 1)^{\mathrm{T}}$ 为（P）的最优解.

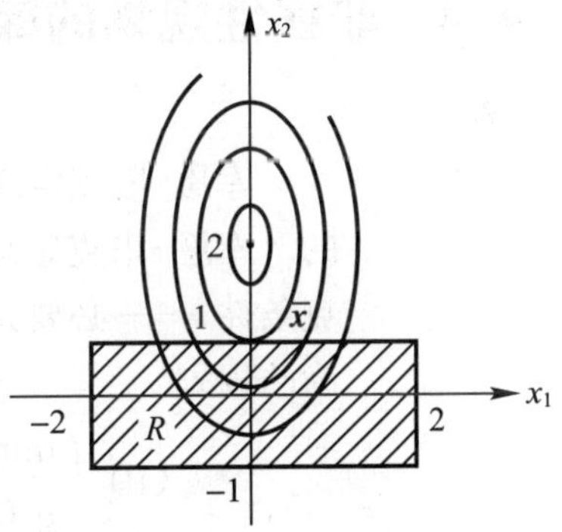

图 4—14

以下，我们给出几个关于凸规划的定理，其证明都可以根据凸集性质直接得到.

定理 1 设（P）为凸规划（即 $f(\boldsymbol{x})$ 为凸函数，$g_i(\boldsymbol{x})$（$i=1$，2，$\cdots$，m）为凹函数），则

（Ⅰ）约束集合 R 为凸集.

（Ⅱ）最优解集合 R^* 为凸集.

定理 2 设（P）为凸规划，且 $f(\boldsymbol{x})$ 为严格凸函数，则若（P）存在最优解，最优解必唯一.

对于一般的非线性规划来说，局部最优解不一定为“全局最优解”（即我们定义 5 中的最优解）. 但是对于凸规划来说，任何局部最优解都为全局最优解. 以下给出局部最优解的定义.

定义 7 设 $\bar{x}\in R$，若存在 $\bar{x}$ 的一个领域 $N_\delta(\bar{x})$，使得对于任意 $\boldsymbol{x}\in R\cap N_\delta(\bar{\boldsymbol{x}})$ 都有

$$f(\boldsymbol{x})\geqslant f(\bar{\boldsymbol{x}})$$

则称 $\bar{\boldsymbol{x}}$ 为（P）的局部最优解.

定理 3 设（P）为凸规划（即 $f(\boldsymbol{x})$ 为凸函数，$g_i(\boldsymbol{x})$（$i=1, 2, \cdots, m$）为凹函数），则（P）的任何局部最优解都为最优解.

由凸规划的上述性质，我们可以给出凸规划的几何描述，详见图 4—15（图中 $\bar{\boldsymbol{x}}$ 为（P）的最优解）.

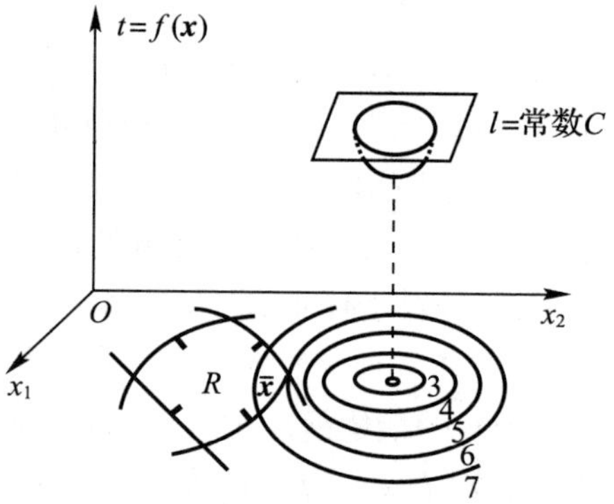

图 4—15

4.4 非线性规划的库恩-塔克定理*

库恩-塔克定理（Kuhn-Tucker 定理）在非线性规划的理论中是十分重要的. 库恩-塔克定理刻画了非线性规划的最优解所满足的条件（也称为库恩-塔克条件）——必要条件和充分条件. 为简单起见，我们假设如下的非线性规划为凸规划.

$$(\mathrm{P})\begin{cases}\min f(\boldsymbol{x}), & \boldsymbol{x}\in \boldsymbol{E}^n\\ g_i(\boldsymbol{x})\geqslant 0, & i=1,\cdots,m\end{cases}$$

其中 $f(\boldsymbol{x})$，$-g_i(\boldsymbol{x})$（$i=1, 2, \cdots, m$）均为具有一阶连续偏微商的凸函数.

我们先考虑如下形式的规划问题（即 $m=3$，$n=2$）

$$(\mathrm{P})\begin{cases}\min f(\boldsymbol{x}), & \boldsymbol{x}\in \boldsymbol{E}^2\\ g_1(\boldsymbol{x})\geqslant 0\\ g_2(\boldsymbol{x})\geqslant 0\\ g_3(\boldsymbol{x})\geqslant 0\end{cases}$$

对于上面的非线性规划，可能有两种情况出现. 若规划问题（P）的几何直观如图 4—16 所示，不难看出图中 $\bar{\boldsymbol{x}}$ 为（P）的最优解. 由图 4—16 可知最优解 $\bar{\boldsymbol{x}}$ 落在约束集合

$$R=\{\boldsymbol{x}\,|\,g_1(\boldsymbol{x})\geqslant 0,\ g_2(\boldsymbol{x})\geqslant 0,\ g_3(\boldsymbol{x})\geqslant 0\}$$

的边界面上，即 $g_1(\bar{\boldsymbol{x}})=0$. 并且 $g_1(\boldsymbol{x})=0$ 与等高线 $f(\boldsymbol{x})=f(\bar{\boldsymbol{x}})$ 在 $\bar{\boldsymbol{x}}$ 点相切. 我们研究一下约束函数 $g_1(\boldsymbol{x})$ 在 $\bar{\boldsymbol{x}}$ 点的梯度方向 $\boldsymbol{g}_{1x}(\bar{\boldsymbol{x}})=\left(\dfrac{\partial g_1(\bar{\boldsymbol{x}})}{\partial x_1},\ \dfrac{\partial g_2(\bar{\boldsymbol{x}})}{\partial x_2}\right)$. 显然，$\boldsymbol{g}_{1x}(\bar{\boldsymbol{x}})$ 是 $g_1(\boldsymbol{x})=0$ 在 $\bar{\boldsymbol{x}}$ 点的切平面的法方向（即垂直方面）. 又因为 $g_1(\boldsymbol{x})$ 在 $\bar{\boldsymbol{x}}$ 点的梯度 $\boldsymbol{g}_{1x}(\bar{\boldsymbol{x}})$ 是 $g_1(\boldsymbol{x})$ 在 $\bar{\boldsymbol{x}}$ 点增加最快的方向，所以 $\boldsymbol{g}_{1x}(\bar{\boldsymbol{x}})$ 应当指向约束集合 R 的内部. 类似地，$f(\boldsymbol{x})$ 在点 $\bar{\boldsymbol{x}}$ 处的梯度方向 $\boldsymbol{f}_x(\bar{\boldsymbol{x}})$ 是曲线 $f(\boldsymbol{x})=f(\bar{\boldsymbol{x}})$ 在 $\bar{\boldsymbol{x}}$ 点的切平面的法方向. 又因为梯度方向 $\boldsymbol{f}_x(\bar{\boldsymbol{x}})$ 是 $f(\boldsymbol{x})$ 在点 $\bar{\boldsymbol{x}}$ 处增加最快的方向，由图 4—16 可知，$\boldsymbol{f}_x(\bar{\boldsymbol{x}})$ 应当指向曲线 $f(\boldsymbol{x})=f(\bar{\boldsymbol{x}})$ 的外面. 因为在点 $\bar{\boldsymbol{x}}$ 处，曲线 $g_1(\boldsymbol{x})=0$ 与曲线 $f(\boldsymbol{x})=f(\bar{\boldsymbol{x}})$ 有着相同的切平面，故方向 $\boldsymbol{g}_{1x}(\bar{\boldsymbol{x}})$ 与 $\boldsymbol{f}_x(\bar{\boldsymbol{x}})$ 应当同向，而它们的大小却不一定相等，因此必存在 $\bar{u}_1>0$，使得

$$\boldsymbol{f}_x(\bar{\boldsymbol{x}})=\bar{u}_1\boldsymbol{g}_{1x}(\bar{\boldsymbol{x}})$$

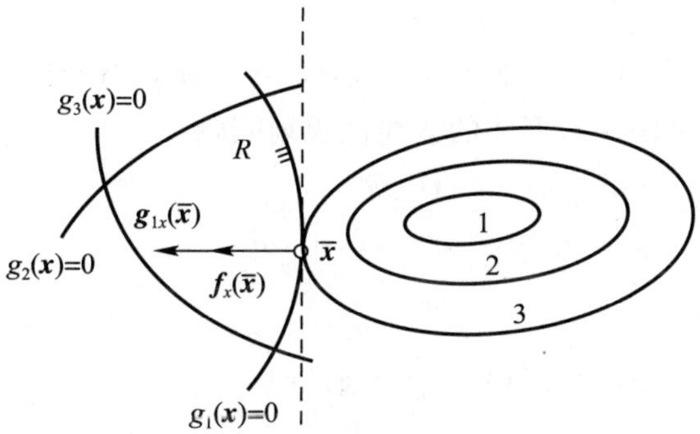

图 4—16　最优解 x 为“切点”

也即存在 $\bar{u}_1$，使得 $\bar{\boldsymbol{x}}$，$\bar{u}_1$ 满足以下条件：

$$\begin{cases}\boldsymbol{f}_x(\bar{\boldsymbol{x}})-\bar{u}_1\boldsymbol{g}_{1x}(\bar{\boldsymbol{x}})=\boldsymbol{0}\\ g_1(\bar{\boldsymbol{x}})=0,\quad \bar{u}_1>0\end{cases}$$

当令 $\bar{u}_2=0$，$\bar{u}_3=0$ 时，显然 $\bar{\boldsymbol{x}}$，$\bar{u}_1$，$\bar{u}_2$ 满足如下条件（KT）：

$$(\mathrm{KT})\begin{cases}\boldsymbol{f}_x(\bar{\boldsymbol{x}})-\bar{u}_1\boldsymbol{g}_{1x}(\bar{\boldsymbol{x}})-\bar{u}_2\boldsymbol{g}_{2x}(\bar{\boldsymbol{x}})-\bar{u}_3\boldsymbol{g}_{3x}(\bar{\boldsymbol{x}})=\boldsymbol{0}\\ g_1(\bar{\boldsymbol{x}})\geqslant 0,\ g_2(\bar{\boldsymbol{x}})\geqslant 0,\ g_3(\bar{\boldsymbol{x}})\geqslant 0,\ \bar{u}_1\geqslant 0,\ \bar{u}_2\geqslant 0,\bar{u}_3\geqslant 0\\ \bar{u}_1g_1(\bar{\boldsymbol{x}})=0,\ \bar{u}_2g_2(\bar{\boldsymbol{x}})=0,\ \bar{u}_3g_3(\bar{\boldsymbol{x}})=0\end{cases}$$

除了图 4—16 所示的情况之外，还有另一种情况，如图 4—17 所示. 此时最优解 $\bar{\boldsymbol{x}}$ 位于 $g_1(\boldsymbol{x})=0$ 与 $g_2(\boldsymbol{x})=0$ 相交处（称为“角点”）. 类似于上面的讨论，我们知道 $f(\boldsymbol{x})$ 在 $\bar{\boldsymbol{x}}$ 点的梯度 $\boldsymbol{f}_x(\bar{\boldsymbol{x}})$ 如图 4—17 所示；点 $\bar{\boldsymbol{x}}$ 位于的边界面为 $g_1(\boldsymbol{x})=0$ 和 $g_2(\boldsymbol{x})=0$ 的交点，它们的梯度 $\boldsymbol{g}_{1x}(\bar{\boldsymbol{x}})$ 和 $\boldsymbol{g}_{2x}(\bar{\boldsymbol{x}})$ 分别为 $g_1(\boldsymbol{x})=0$ 和 $g_2(\boldsymbol{x})=0$ 在 $\bar{\boldsymbol{x}}$ 点的切平面的法方向，并且都指向 R 的内部. 由图 4—17 可见，$\boldsymbol{f}_x(\bar{\boldsymbol{x}})$ 位于 $\boldsymbol{g}_{1x}(\bar{\boldsymbol{x}})$ 和 $\boldsymbol{g}_{2x}(\bar{\boldsymbol{x}})$ 之间，于是存在 $\bar{u}_1>0$，$\bar{u}_2>0$，使得 $\boldsymbol{f}_x(\bar{\boldsymbol{x}})$ 是以 $\bar{u}_1\boldsymbol{g}_{1x}(\bar{\boldsymbol{x}})$ 和 $\bar{u}_2\boldsymbol{g}_{2x}(\bar{\boldsymbol{x}})$ 为两边所构成的平行四边形的对角线，故有

$$\boldsymbol{f}_x(\bar{\boldsymbol{x}})=\bar{u}_1\boldsymbol{g}_{1x}(\bar{\boldsymbol{x}})+\bar{u}_2\boldsymbol{g}_{2x}(\bar{\boldsymbol{x}})$$

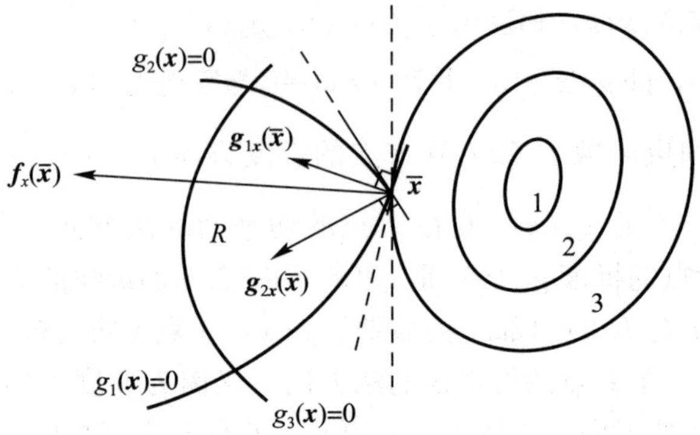

图 4—17　最优解 $\bar{x}$ 为“角点”

令 $\bar{u}_3=0$，则 $\bar{x}$，$\bar{u}_1$，$\bar{u}_2$，$\bar{u}_3$ 满足（KT）条件：

$$
(\mathrm{KT})\begin{cases}
\boldsymbol{f}_x(\bar{\boldsymbol{x}})-\bar{u}_1\boldsymbol{g}_{1x}(\bar{\boldsymbol{x}})-\bar{u}_2\boldsymbol{g}_{2x}(\bar{\boldsymbol{x}})-\bar{u}_3\boldsymbol{g}_{3x}(\bar{\boldsymbol{x}})=\boldsymbol{0}\\
g_1(\bar{\boldsymbol{x}})\geqslant 0,\ g_2(\bar{\boldsymbol{x}})\geqslant 0,\ g_3(\bar{\boldsymbol{x}})\geqslant 0\\
\bar{u}_1\geqslant 0,\bar{u}_2\geqslant 0,\bar{u}_3\geqslant 0\\
\bar{u}_1 g_1(\bar{\boldsymbol{x}})=0,\bar{u}_2 g_2(\bar{\boldsymbol{x}})=0,\bar{u}_3 g_3(\bar{\boldsymbol{x}})=0
\end{cases}
$$

现在，考虑一般形式的非线性规划问题

$$
(\mathrm{P})\begin{cases}
\min f(\boldsymbol{x}), & \boldsymbol{x}\in\boldsymbol{E}^n\\
g_i(\boldsymbol{x})\geqslant 0, & i=1,2,\cdots,m
\end{cases}
$$

令

$$
\varphi(\boldsymbol{x},\boldsymbol{u})=f(\boldsymbol{x})-\sum_{i=1}^{m}u_i g_i(\boldsymbol{x})
$$

此时库恩–塔克条件为：

$$
(\mathrm{KT})\begin{cases}
\boldsymbol{\varphi}_x(\bar{\boldsymbol{x}},\bar{\boldsymbol{u}})=\boldsymbol{f}_x(\bar{\boldsymbol{x}})-\sum_{i=1}^{m}\bar{u}_i\boldsymbol{g}_{ix}(\bar{\boldsymbol{x}})=\boldsymbol{0}\\
\boldsymbol{\varphi}_u(\bar{\boldsymbol{x}},\bar{\boldsymbol{u}})=-\boldsymbol{g}(\bar{\boldsymbol{x}})\leqslant\boldsymbol{0},\bar{\boldsymbol{u}}\geqslant\boldsymbol{0}\\
\bar{\boldsymbol{u}}^{\mathrm{T}}\boldsymbol{\varphi}_u(\bar{\boldsymbol{x}},\bar{\boldsymbol{u}})=-\bar{\boldsymbol{u}}^{\mathrm{T}}\boldsymbol{g}(\bar{\boldsymbol{x}})=0
\end{cases}
$$

其中

$$
g(\boldsymbol{x})=(g_1(\boldsymbol{x}),g_2(\boldsymbol{x}),\cdots,g_m(\boldsymbol{x}))^{\mathrm{T}}
$$

$$
\boldsymbol{u}=(u_1,u_2,\cdots,u_m)^{\mathrm{T}}
$$

不难看出，由

$$
\bar{\boldsymbol{u}}^{\mathrm{T}}\boldsymbol{g}(\bar{\boldsymbol{x}})=\sum_{i=1}^{m}\bar{u}_i g_i(\bar{\boldsymbol{x}})=0
$$

以及

$$
\boldsymbol{g}(\bar{\boldsymbol{x}})=(g_1(\bar{\boldsymbol{x}}),g_2(\bar{\boldsymbol{x}}),\cdots,g_m(\bar{\boldsymbol{x}}))^{\mathrm{T}}\geqslant\boldsymbol{0}
$$

$$
\bar{\boldsymbol{u}}=(\bar{u}_1,\bar{u}_2,\cdots,\bar{u}_m)^{\mathrm{T}}\geqslant\boldsymbol{0}
$$

故 $\bar{\boldsymbol{u}}^{\mathrm{T}}\boldsymbol{g}(\boldsymbol{x})=0$ 等价于

$$
\bar{u}_i g_i(\bar{\boldsymbol{x}})=0,\quad i=1,2,\cdots,m
$$

因此，（KT）条件也可写为如下等价的形式

$$(\mathrm{KT})\begin{cases} \boldsymbol{f}_x(\bar{\boldsymbol{x}}) - \sum_{i=1}^{m} \bar{u}_i \boldsymbol{g}_{ix}(\bar{\boldsymbol{x}}) = \boldsymbol{0} & (4.10) \\ g_i(\bar{\boldsymbol{x}}) \geqslant 0, \bar{u}_i \geqslant 0, \quad i = 1,2,\cdots,m & (4.11) \\ \bar{u}_i g_i(\bar{\boldsymbol{x}}) = 0, \quad i = 1,2,\cdots,m & (4.12) \end{cases}$$

为了看出（KT）条件的几何意义，我们将给出它的一个最具本质性的形式. 为此，记

$$E(\bar{\boldsymbol{x}})=\{i \mid g_i(\bar{\boldsymbol{x}})=0, \quad 1\leqslant i\leqslant m\}$$

由式（4.12）可知，当 $i \overline{\in} E(\bar{\boldsymbol{x}})$ 时，必有 $\bar{u}_i=0$，于是有（由式（4.10））

$$(\mathrm{KT})'\begin{cases} \boldsymbol{f}_x(\bar{\boldsymbol{x}}) = \sum_{i\in E(\bar{\boldsymbol{x}})} \bar{u}_i \boldsymbol{g}_{ix}(\bar{\boldsymbol{x}}) & (4.10)' \\ g_i(\bar{\boldsymbol{x}}) \geqslant 0, \quad i = 1,2,\cdots,m & (4.11)' \\ \bar{u}_i \geqslant 0, \quad i \in E(\bar{\boldsymbol{x}}) & (4.12)' \end{cases}$$

即由（KT）可以得到（KT）$'$.

反之，当 $i\overline{\in} E(\bar{\boldsymbol{x}})$ 时，令 $\bar{u}_i=0$，并且

$$\bar{\boldsymbol{u}}=(\bar{u}_1, \bar{u}_2, \cdots, \bar{u}_m)^{\mathrm{T}}$$

则由式（4.10）$'$，（4.11）$'$，（4.12）$'$可以得到

$$\boldsymbol{f}_x(\bar{\boldsymbol{x}}) = \sum_{i=1}^{m} \bar{u}_i \boldsymbol{g}_{ix}(\bar{\boldsymbol{x}})$$

$$g_i(\bar{\boldsymbol{x}}) \geqslant 0, \bar{u}_i \geqslant 0, \quad i = 1,2,\cdots,m$$

并且，由于当 $i\in E(\bar{\boldsymbol{x}})$ 时 $g_i(\bar{\boldsymbol{x}})=0$，当 $i\overline{\in} E(\bar{\boldsymbol{x}})$ 时 $\bar{u}_i=0$，可得

$$\bar{u}_i g_i(\bar{\boldsymbol{x}})=0, \quad i=1,2,\cdots,m$$

即式（4.10）、（4.11）、（4.12）成立，于是由（KT）$'$可得到（KT）. 由（KT）$'$可知，它在几何上综合了最优解 $\bar{\boldsymbol{x}}$ 是“切点”的情况（见图 4—16）和 $\bar{\boldsymbol{x}}$ 为“角点”的情况（见图 4—17）.

例 11 考虑单变量的凸规划问题（其中 $f(x)$ 为具有连续一阶导数的函数）

$$(\mathrm{KT})\begin{cases} \min f(x), \quad x\in \boldsymbol{E}^1 \\ g_1(x)=x\geqslant 0 \end{cases}$$

此时

$$\varphi(x,u)=f(x)-ux, \quad u\in \boldsymbol{E}^1$$

库恩-塔克条件为：

$$(\mathrm{KT})\begin{cases} f'(\bar{x})-\bar{u}=0 \\ \bar{x}\geqslant 0, \bar{u}\geqslant 0 \\ \bar{x}\bar{u}=0 \end{cases}$$

分两种情况讨论：

（Ⅰ）若 $\bar{x}>0$，则由 $\bar{u}\bar{x}=0$ 知 $\bar{u}=0$，于是得到 $f'(\bar{x})=0$. 此即为图 4—18 所示的情况.

（Ⅱ）若 $\bar{u}>0$，则 $\bar{x}=0$，并且 $f'(\bar{x})=\bar{u}>0$，知此种情况为图 4—19 所示.

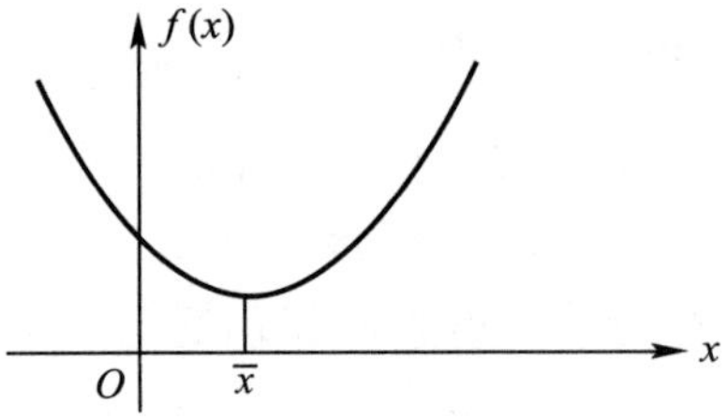

图 4—18

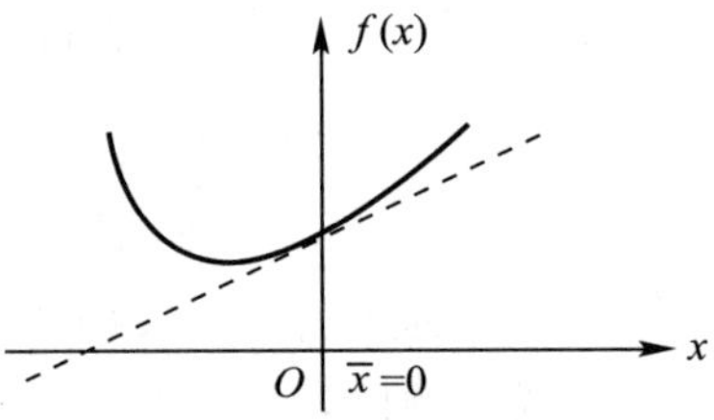

图 4—19

可见，本例中的（KT）条件综合了上面的情况（Ⅰ）及情况（Ⅱ）.

所谓库恩-塔克定理是说明非线性规划（P）的最优解 $\bar{\boldsymbol{x}}$ 与库恩-塔克条件（KT）之间的关系，所谓 KT 定理，它由以下定理 4 和定理 5 给出.

定理 4 若 $f(\boldsymbol{x})$，$-g_i(\boldsymbol{x})$（$i=1, 2, \cdots, m$）为具有一阶连续偏微商的凸函数，$\bar{\boldsymbol{x}}$，$\bar{\boldsymbol{u}}$ 满足（KT）条件，即有

$$
(\mathrm{KT})\begin{cases} \boldsymbol{f}_x(\bar{\boldsymbol{x}})-\sum\limits_{i=1}^{m}\bar{u}_i\boldsymbol{g}_{ix}(\bar{\boldsymbol{x}})=\boldsymbol{0} \\ g_i(\bar{\boldsymbol{x}})\geqslant 0,\bar{u}_i\geqslant 0, \quad i=1,2,\cdots,m \\ \bar{u}_i g_i(\bar{\boldsymbol{x}})=0, \quad i=1,2,\cdots,m \end{cases}
$$

则 $\bar{\boldsymbol{x}}$ 为凸规划（P）的最优解.

例 12 考虑凸规划问题

$$
(\mathrm{P})\begin{cases} \min\ (-x_1-x_2) \\ 3x_1{}^2+x_2{}^2\leqslant 1 \end{cases}
$$

令

$$
\varphi(x_1,x_2,u_1)=-x_1-x_2-u_1[1-3x_1{}^2-x_2{}^2]
$$

则（KT）条件为：

$$
(\mathrm{KT})\begin{cases} \dfrac{\partial\varphi(\bar{x}_1,\bar{x}_2,\bar{u}_1)}{\partial x_1}=-1+6\bar{u}_1\bar{x}_1=0 & (4.13) \\ \dfrac{\partial\varphi(\bar{x}_1,\bar{x}_2,\bar{u}_1)}{\partial x_2}=-1+2\bar{u}_1\bar{x}_2=0 & (4.14) \\ \dfrac{\partial\varphi(x_1,x_2,u_1)}{\partial u_1}=-(1-3\bar{x}_1{}^2-\bar{x}_2{}^2)\leqslant 0,\bar{u}_1\geqslant 0 & (4.15) \\ u_1\dfrac{\partial\varphi(x_1,x_2,u_1)}{\partial u_1}=-\bar{u}_1(1-3\bar{x}_1{}^2-\bar{x}_2{}^2)=0 & (4.16) \end{cases}
$$

分两种情况讨论：

（Ⅰ）若 $\bar{u}_1=0$，则由式（4.13），$-1=0$，矛盾.

因此 $\bar{u}_1\neq 0$.

（Ⅱ）若 $\bar{u}_1>0$，则由式（4.16）有

$$
1-3\bar{x}_1{}^2-\bar{x}_2{}^2=0
$$

再由式（4.13），（4.14）知 $\bar{x}_2=3\bar{x}_1$，故得到（注意 $\bar{u}_1>0$，知 $\bar{x}_1>0$）

$$
\bar{x}_1=\sqrt{\frac{1}{12}}, \quad \bar{x}_2=3\sqrt{\frac{1}{12}}, \quad \bar{u}_1=\frac{\sqrt{3}}{3}
$$

由定理 5 知 $\bar{x}=\left(\sqrt{\frac{1}{12}},\ 3\sqrt{\frac{1}{12}}\right)^T$ 为（P）的最优解.

例 13　考虑凸规划问题

$$(\mathrm{P})\begin{cases}\min\sum_{j=1}^{n}x_j, & \boldsymbol{x}\in\boldsymbol{E}^n\\ x_i\geqslant {x_n}^2, & i=1,2,\cdots,n-1\end{cases}$$

令 $\boldsymbol{x}\in\boldsymbol{E}^n$，$\boldsymbol{u}\in\boldsymbol{E}^{n-1}$

$$\varphi(\boldsymbol{x},\boldsymbol{u})=\sum_{j=1}^{n}x_j-\sum_{i=1}^{n-1}u_i(x_i-{x_n}^2)$$

则（KT）条件为：

$$\begin{cases}\dfrac{\partial\varphi(\boldsymbol{x},\boldsymbol{u})}{\partial x_j}=1-u_j=0, \quad j=1,2,\cdots,n-1 & (4.17)\\ \dfrac{\partial\varphi(\boldsymbol{x},\boldsymbol{u})}{\partial x_n}=1+\left(2\sum_{i=1}^{n-1}u_i\right)x_n=0 & (4.18)\\ \dfrac{\partial\varphi(\boldsymbol{x},\boldsymbol{u})}{\partial u_i}=-(x_i-{x_n}^2)\leqslant 0,\ u_i\geqslant 0, \quad i=1,2,\cdots,n-1 & (4.19)\\ u_i\dfrac{\partial\varphi(\boldsymbol{x},\boldsymbol{u})}{\partial u_i}=-u_i(x_i-{x_n}^2)=0, \quad i=1,2,\cdots,n-1 & (4.20)\end{cases}$$

由式（4.17）有

$$\bar{u}_j=1, \quad j=1,2,\cdots,n-1$$

由式（4.18）有

$$\bar{x}_n=\frac{-1}{2(n-1)}$$

由式（4.20）有（因 $u_j=1>0$，$j=1,2,\cdots,n-1$）

$$\bar{x}_j=(x_n)^2=\frac{1}{4(n-1)^2}, \quad j=1,2,\cdots,n-1$$

由定理 5，知 $\bar{x}$ 为（P）的最优解.

所谓库恩-塔克定理包括上面的定理 4 和下面的定理 5. 即讨论非线性规划问题（P）的最优解 $\bar{x}$ 与满足（KT）条件的 $\bar{x}$ 和 $\bar{u}$（$\bar{u}$ 称为广义 L—乘子）之间的关系：

$$(\mathrm{P})\Longleftrightarrow(\mathrm{KT})$$

一般来说，若 $\bar{x}$ 为（P）的最优解，不一定能存在广义 L—乘子 $\bar{u}$，使得 $\bar{x}$，$\bar{u}$ 满足（KT）条件. 下面的例 14 是由库恩和塔克给出的一个经典的“反例”.

例 14　（由 $(\mathrm{P})\longrightarrow(\mathrm{KT})$ 不成立的例子）.

考虑具有 2 个变量和 3 个约束的例子

$$(\mathrm{P})\begin{cases}\min\ (-x_1)\\ g_1(\boldsymbol{x})=-x_2-(x_1-1)^3\geqslant 0\\ g_2(\boldsymbol{x})=x_1\geqslant 0\\ g_3(\boldsymbol{x})=x_2\geqslant 0\end{cases}$$

由图 4—20 可知 $\bar{\boldsymbol{x}}=(\bar{x}_1,\bar{x}_2)^{\mathrm{T}}=(1,0)^{\mathrm{T}}$ 为（P）的最优解，并且 $E(\bar{\boldsymbol{x}})=\{1,3\}$. 不难看出

$$\boldsymbol{f}_x(\bar{\boldsymbol{x}})=(-1,0)$$
$$\boldsymbol{g}_{1x}(\bar{\boldsymbol{x}})=(-3(\bar{x}_1-1)^2,-1)=(0,-1)$$
$$\boldsymbol{g}_{3x}(\bar{\boldsymbol{x}})=(0,1)$$

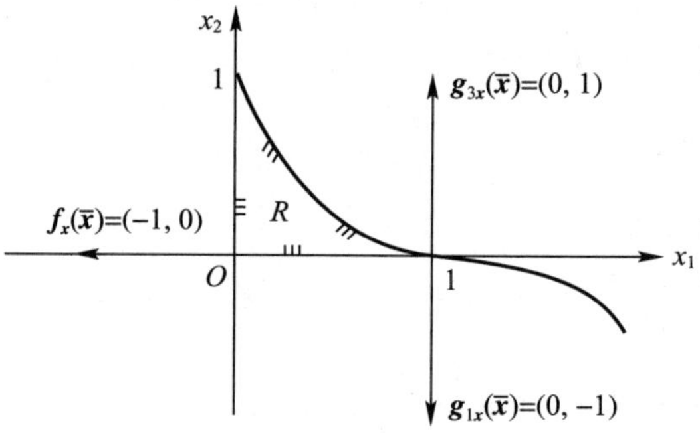

图 4—20

因此，不存在 $\bar{u}_1\geqslant0$，$\bar{u}_3\geqslant0$，满足

$$(-1,0)=\bar{u}_1(0,-1)+\bar{u}_3(0,1)$$

即不存在 $\bar{u}_1\geqslant0$，$\bar{u}_3\geqslant0$，满足

$$\boldsymbol{f}_x(\bar{\boldsymbol{x}})=\bar{u}_1\boldsymbol{g}_{1x}(\bar{\boldsymbol{x}})+\bar{u}_3\boldsymbol{g}_{3x}(\bar{\boldsymbol{x}})$$

因此，不存在 $\bar{u}_1$，$\bar{u}_3$ 使得 $\bar{\boldsymbol{x}}$，$\bar{u}_1$，$\bar{u}_3$ 满足（KT）′条件. 于是，不存在 $\bar{u}_1$，$\bar{u}_2$，$\bar{u}_3$ 使得 $\bar{\boldsymbol{x}}$，$\bar{\boldsymbol{u}}=(\bar{u}_1,\bar{u}_2,\bar{u}_3)^{\mathrm{T}}$满足（KT）条件.

实际上，由（P）⟶（KT）是需要对约束给以限制条件的，统称为“约束规格”. 常用的“约束规格”有

(a) $g_i(\boldsymbol{x})$ $(i=1,2,\cdots,m)$ 为凸函数.

(b) $g_i(\boldsymbol{x})$ $(i=1,2,\cdots,m)$ 为线性函数，即

$$g_i(\boldsymbol{x})=\boldsymbol{a}_i^{\mathrm{T}}\boldsymbol{x}-b_i\geqslant0,\quad i=1,2,\cdots,m$$

(c) 下面的严格不等式组有解：

$$\boldsymbol{g}_{ix}(\bar{\boldsymbol{x}})\boldsymbol{z}>0,\quad i\in E(\bar{\boldsymbol{x}})=\{i\,|\,g_i(\bar{\boldsymbol{x}})=0,1\leqslant i\leqslant m\}$$

(d) 设 $(k\leqslant m)$

$$E(\bar{\boldsymbol{x}})=\{i\,|\,g_i(\bar{\boldsymbol{x}})=0,1\leqslant i\leqslant m\}=\{i_1,i_2,\cdots,i_k\}$$

向量 $\boldsymbol{g}_{i_1x}(\bar{\boldsymbol{x}})$，$\boldsymbol{g}_{i_2x}(\bar{\boldsymbol{x}})$，$\cdots$，$\boldsymbol{g}_{i_kx}(\bar{\boldsymbol{x}})$ 线性无关.

(e) 设 $g_i(\boldsymbol{x})$ $(i=1,2,\cdots,m)$ 为凹函数，且存在 $\boldsymbol{x}^*$，满足

$$g_i(\boldsymbol{x}^*)>0,\quad i=1,2,\cdots,m$$

(注意：(a) 中的条件 $g_i(\boldsymbol{x})$ $(i=1,2,\cdots,m)$ 为凸函数，此时（P）不为凸规划，因为凸规划的定义中，要求 $g_i(\boldsymbol{x})$ $(i=1,2,\cdots,m)$ 为凹函数；(b) 中要求 $g_i(\boldsymbol{x})$ 为线性函数，而线性函数既为凸函数，也为凹函数. 因此，“约束规格”(b) 是 (a) 的一个特例；由“约束规格”(d) 可以推出 (c)；“约束规格”(e) 被称为内点条件，也称为 slater 条件).

定理 5 设 $f(\boldsymbol{x})$，$g_i(\boldsymbol{x})$ （$i=1, 2, \cdots, m$）具有一阶连续偏微商．若 $\bar{\boldsymbol{x}}$ 为（P）的最优解，并且“约束规格”（a）～（e）中的某一个成立，则必存在 $\bar{\boldsymbol{u}}$，使得 $\bar{\boldsymbol{x}}$，$\bar{\boldsymbol{u}}$ 满足（KT）条件.

上述定理的证明是需要凸分析中的某些结果，这里不给出证明了．有兴趣的读者可参阅参考文献［3］、［4］、［23］.

可以“验证”例 14 中，对于“约束规格”（a）～（e）都不成立．（实际上，由定理 6 可知（a）～（e）显然都不成立，否则定理 6 就不真了.）

4.5 最速下降法

在很多实际问题当中，我们会碰到不带约束条件的极值问题；另一方面，在非线性规划方法当中，也存在把具有约束的极值问题化为求一系列无约束极值问题的方法（见 4.6 节）．因此，我们有必要给出求解无约束极值问题的方法．为简单起见，我们只给出一种最基本的方法——最速下降法．无约束极值问题是考虑具有 n 个变量的函数（这里记 $\boldsymbol{x}=(x_1, x_2, \cdots, x_n)^{\mathrm{T}}$）

$$f(\boldsymbol{x})=f(x_1,x_2,\cdots,x_n)$$

在对 n 个变量 x_1，x_2，…，x_n 没有任何限制的条件下求最小值，也即

$$\min f(\boldsymbol{x}),\quad \boldsymbol{x}=(x_1,x_2,\cdots,x_n)^{\mathrm{T}}$$

对多变量函数 $f(\boldsymbol{x})=f(x_1, x_2, \cdots, x_n)$ 求一阶偏微商 $\dfrac{\partial f(\boldsymbol{x})}{\partial x_1}$，$\dfrac{\partial f(\boldsymbol{x})}{\partial x_2}$，…，$\dfrac{\partial f(\boldsymbol{x})}{\partial x_n}$，而后构成一个列向量，记作

$$\boldsymbol{f}_x(\boldsymbol{x})=\begin{pmatrix}\dfrac{\partial f(\boldsymbol{x})}{\partial x_1}\\ \dfrac{\partial f(\boldsymbol{x})}{\partial x_2}\\ \vdots\\ \dfrac{\partial f(\boldsymbol{x})}{\partial x_n}\end{pmatrix}$$

称其为 $f(\boldsymbol{x})=f(x_1, x_2, \cdots, x_n)$ 的梯度．例如，当

$$f(\boldsymbol{x})=f(x_1,x_2,\cdots,x_n)=x_1{}^2+x_2{}^2+\cdots+x_n{}^2$$

时，$f(\boldsymbol{x})$ 的梯度为：

$$\boldsymbol{f}_x(\boldsymbol{x})=(2x_1,2x_2,\cdots,2x_n)^{\mathrm{T}}$$

如果给定 $\boldsymbol{x}^0$，则称

$$\boldsymbol{f}_x(\boldsymbol{x}^0)=\begin{pmatrix}\dfrac{\partial f(\boldsymbol{x})}{\partial x_1}\\ \vdots\\ \dfrac{\partial f(\boldsymbol{x})}{\partial x_n}\end{pmatrix}_{\boldsymbol{x}=\boldsymbol{x}^0}$$

为函数 $f(\boldsymbol{x})$ 在 $\boldsymbol{x}^0$ 点处的梯度. 例如，当

$$f(\boldsymbol{x})=f(x_1,x_2,x_3)=x_1^{\ 2}+2x_2^{\ 2}+3x_3^{\ 2}$$

时，有

$$\boldsymbol{f}_{\boldsymbol{x}}(\boldsymbol{x})=\begin{pmatrix}2x_1\\4x_2\\6x_3\end{pmatrix}$$

如果 $\boldsymbol{x}^0=(1,\ 2,\ 3)^{\mathrm{T}}$，则

$$\boldsymbol{f}_{\boldsymbol{x}}(\boldsymbol{x}^0)=\begin{pmatrix}2x_1^0\\4x_2^0\\6x_3^0\end{pmatrix}=\begin{pmatrix}2\\8\\18\end{pmatrix}$$

函数 $f(\boldsymbol{x})$ 的梯度 $\boldsymbol{f}_{\boldsymbol{x}}(\boldsymbol{x})$ 具有如下性质：

性质 5 函数 $f(\boldsymbol{x})$ 在给定点 $\boldsymbol{x}^0$ 处的负梯度 $-\boldsymbol{f}_{\boldsymbol{x}}(\boldsymbol{x}^0)$ 是函数 $f(\boldsymbol{x})$ 在 $\boldsymbol{x}^0$ 点下降最快的方向.

性质 6 当 $n=2$ 时，$f(x_1,\ x_2)$ 在给定点 $\boldsymbol{x}^0$ 处的梯度 $\boldsymbol{f}_{\boldsymbol{x}}(x_1^0,\ x_2^0)$，是 x_1，x_2 坐标平面上的曲线

$$f(x_1,x_2)=f(x_1^0,x_2^0)$$

上的点 $\begin{pmatrix}x_1^0\\x_2^0\end{pmatrix}$ 处的切线的法向. 见图 4—21.

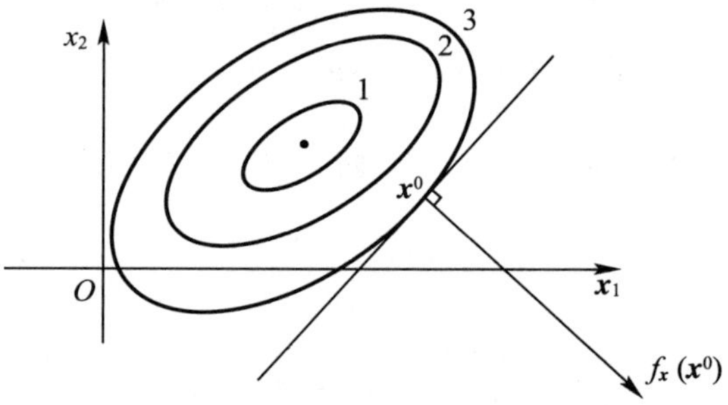

图 4—21

由上述的性质 5，可以给出一个求无约束极值问题最优解的方法——最速下降法；由性质 6，我们可以对最速下降法从几何直观上加以说明.

最速下降法

给定初始点 $\boldsymbol{x}^0$，若梯度

$$\boldsymbol{f}_{\boldsymbol{x}}(\boldsymbol{x}^0)=\boldsymbol{0}$$

迭代停止，点 $\boldsymbol{x}^0$ 即为所求；若梯度

$$\boldsymbol{f}_{\boldsymbol{x}}(\boldsymbol{x}^0)\neq\boldsymbol{0}$$

由于 $f(\boldsymbol{x})$ 在点 $\boldsymbol{x}^0$ 处沿负梯度方向

$$\boldsymbol{z}^0=-\boldsymbol{f}_{\boldsymbol{x}}(\boldsymbol{x}^0)$$

下降得最快，故由 $\boldsymbol{x}^0$ 点沿方向 $\boldsymbol{z}^0$ 求最小，即求最优步长 λ_0，使得

$$(\mathrm{P}_0)\quad \min_{\lambda\geqslant 0} f(\boldsymbol{x}^0+\lambda\boldsymbol{z}^0)=f(\boldsymbol{x}^0+\lambda_0\boldsymbol{z}^0)$$

再令

$$x^1 = x^0 + \lambda_0 z^0$$

可以证明

$$f(x^1) < f(x^0)$$

到此，我们完成了由点 x^0 到点 x^1 的迭代，用 x^1 代替 x^0，重复上述步骤. 图 4—22 指明了这一迭代的几何意义.

这里，需要对求最优步长 λ_0 的问题加以说明. 问题（P_0）是一个求单变量 λ 的极值问题，它可以用我们在微积分中求极值的方法求解. 实际上，由

$$f(x^0 + \lambda z^0) = f(x_1^0 + \lambda z_1^0, x_2^0 + \lambda z_2^0, \cdots, x_n^0 + \lambda z_n^0)$$

可以看出：$f(x^0 + \lambda z^0)$ 是将函数 $f(x)$ 的表达式中变量 x_1 的位置代入 $x_1^0 + \lambda z_1^0$，变量 x_2 的位置代入 $x_2^0 + \lambda z_2^0$，…，变量 x_n 的位置代入 $x_n^0 + \lambda z_n^0$. 经过这样的代入之后，函数 $f(x^0 + \lambda z^0)$ 中只含有一个变量 λ，可见它是关于变量 λ 的单变量函数.

迭代步骤（见图 4—22）：

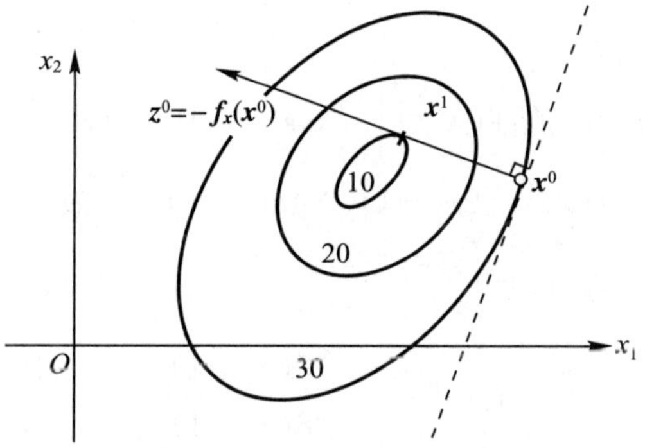

图 4—22

（1）取初始点 x^0，允许误差 $\varepsilon > 0$，令 $k := 0$；

（2）计算

$$z^k = -f_x(x^k)$$

（3）检验是否满足条件：

$$\| z^k \| \leqslant \varepsilon$$

若满足，则迭代停止，得到点 x^k；若不满足，进行步骤（4）；

（4）求单变量极值问题的最优解 λ_k：

$$\min_{\lambda \geqslant 0} f(x^k + \lambda z^k) = f(x^k + \lambda_k z^k)$$

（5）令

$$x^{k+1} = x^k + \lambda_k z^k$$

$$k := k + 1$$

转到步骤（2）.

例 15 求无约束极值问题的最优解：

$$\min_x \left[(x_1 - 1)^2 + 4(x_2 - 1)^2\right]$$

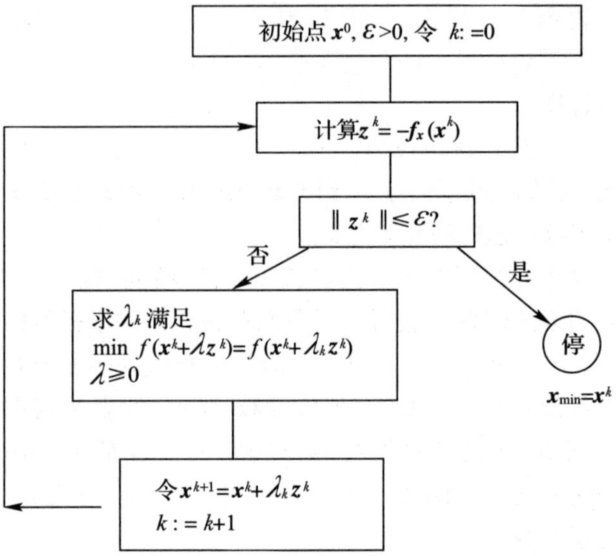

图 4—23

解：

（1）取初始点 $x^0=\begin{pmatrix}1\\0\end{pmatrix}$，$\varepsilon=0.01$，$f(x^0)=4$；

（2）$f(x)=(x_1-1)^2+4(x_2-1)^2$，故

$$f_x(x)=\begin{pmatrix}2(x_1-1)\\8(x_2-1)\end{pmatrix}$$

$$z^0=-f_x(x^0)=-\begin{pmatrix}2(x_1-1)\\8(x_2-1)\end{pmatrix}_{x=x^0}=\begin{pmatrix}0\\8\end{pmatrix}$$

（3）$\|z^0\|=\sqrt{0^2+8^2}=8>\varepsilon$

（4）由

$$x^0+\lambda z^0=\begin{pmatrix}1\\0\end{pmatrix}+\lambda\begin{pmatrix}0\\8\end{pmatrix}=\begin{pmatrix}1\\8\lambda\end{pmatrix}$$

得到

$$f(x^0+\lambda z^0)=(1-1)^2+4(8\lambda-1)^2=4(8\lambda-1)^2$$

下面求单变量极值问题：

$$(\mathrm{P}_0)\ \min_{\lambda\geqslant 0} f(x^0+\lambda z^0)=\min_{\lambda\geqslant 0}[4(8\lambda-1)^2]$$

由

$$\frac{\mathrm{d}f(x^0+\lambda z^0)}{\mathrm{d}\lambda}=\frac{\mathrm{d}}{\mathrm{d}\lambda}[4(8\lambda-1)^2]=0$$

得到

$$64(8\lambda-1)=0$$

于是单变量极值问题（P_0）的最优解为：

$$\lambda_0=\frac{1}{8}$$

(5) 令

$$x^1 = x^0 + \lambda_0 z^0 = \begin{pmatrix} 1 \\ 8\lambda \end{pmatrix}_{\lambda=\frac{1}{8}} = \begin{pmatrix} 1 \\ 1 \end{pmatrix}$$

则

$$f(x^1) = 0$$

此时

$$f_x(x^1) = \begin{pmatrix} 2(x_1 - 1) \\ 8(x_2 - 1) \end{pmatrix}_{x=x^1} = \begin{pmatrix} 0 \\ 0 \end{pmatrix}$$

故 $x^1 = \begin{pmatrix} 1 \\ 1 \end{pmatrix}$ 为问题的最优解.

4.6　罚函数方法

在这一节中，我们将要给出一个求解非线性规划问题的常用方法——罚函数方法. 它可以用来求解最一般形式的非线性规划问题：

$$(\mathrm{P}) \begin{cases} \min f(x), & x = (x_1, x_2, \cdots, x_n)^{\mathrm{T}} \\ g_i(x) \geqslant 0, & i = 1, 2, \cdots, m \\ h_j(x) = 0, & j = 1, 2, \cdots, l \end{cases}$$

在给出算法之前，先引进一个单变量函数

$$\varphi(t) = [\min(0, t)]^2$$

实际上，这是一个分段定义的函数，并且具有一阶导数，导函数也是连续的. 不难看出：

$$\varphi(t) = \begin{cases} 0, & t \geqslant 0 \\ t^2, & t \leqslant 0 \end{cases}$$

$$\varphi'(t) = \begin{cases} 0, & t \geqslant 0 \\ 2t, & t \leqslant 0 \end{cases}$$

$$= 2\min(0, t)$$

它们的函数图形分别由图 4—24 及图 4—25 给出.

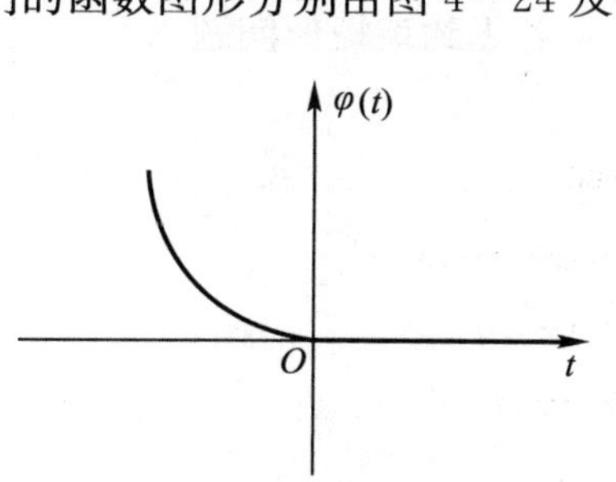

图 4—24

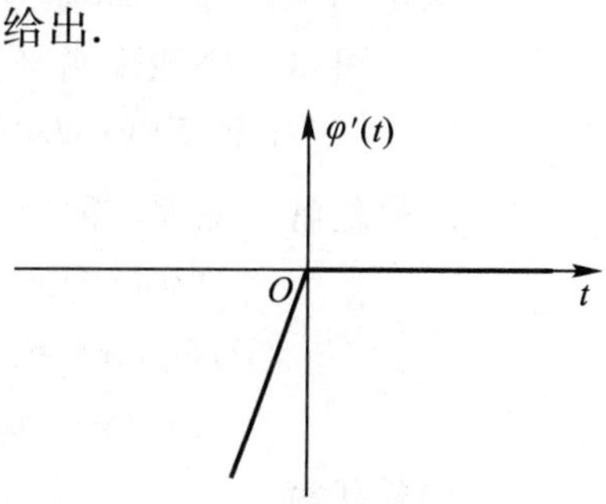

图 4—25

我们使用函数 $\varphi(t)$ 构造一个新函数：

$$\begin{aligned} T(\boldsymbol{x};M) &= f(\boldsymbol{x}) + M \cdot \left\{ \sum_{i=1}^{m} \varphi(g_i(\boldsymbol{x})) + \sum_{j=1}^{l} [h_j(\boldsymbol{x})]^2 \right\} \\ &= f(\boldsymbol{x}) + M \cdot \left\{ \sum_{i=1}^{m} [\min(0, g_i(\boldsymbol{x}))]^2 + \sum_{j=1}^{l} [h_j(\boldsymbol{x})]^2 \right\} \end{aligned}$$

其中 M 是一个给定的非常大的正数．由于问题（P）的约束集合为：

$$R = \{\boldsymbol{x} \mid g_i(\boldsymbol{x}) \geqslant 0,\ i=1,2,\cdots,m;\ h_j(x)=0,\ j=1,2,\cdots,l\}$$

可以看出，新的函数 $T(\boldsymbol{x};M)$ 具有这样的性质：

$$T(\boldsymbol{x};M) \begin{cases} = f(\boldsymbol{x}), & \boldsymbol{x} \in R \\ > f(\boldsymbol{x}), & \boldsymbol{x} \overline{\in} R \end{cases}$$

并且，当把 M 看成一个很大很大的正数时，对于 $\boldsymbol{x} \overline{\in} R$ 的情况，有

$$\sum_{i=1}^{m} [\min(0, g_i(\boldsymbol{x}))]^2 + \sum_{j=1}^{l} [h_j(\boldsymbol{x})]^2 > 0$$

因此，可以认为

$$M \cdot \left\{ \sum_{i=1}^{m} [\min(0, g_i(\boldsymbol{x}))]^2 + \sum_{j=1}^{l} [h_j(\boldsymbol{x})]^2 \right\}$$

是一个非常大的正数．于是当 $\boldsymbol{x} \overline{\in} R$ 时，函数

$$T(\boldsymbol{x};M) = f(\boldsymbol{x}) + M \cdot \left\{ \sum_{i=1}^{m} [\min(0, g_i(\boldsymbol{x}))]^2 + \sum_{j=1}^{l} [h_j(\boldsymbol{x})]^2 \right\}$$

的值也是一个非常大的正数．称函数 $T(\boldsymbol{x};M)$ 为罚函数．$T(\boldsymbol{x};M)$ 中的第二项

$$M \cdot \left\{ \sum_{i=1}^{m} [\min(0, g_i(\boldsymbol{x}))]^2 + \sum_{j=1}^{l} [h_j(\boldsymbol{x})]^2 \right\}$$

称为罚款项，M 称为罚因子．

我们现在求罚函数 $T(\boldsymbol{x};M)$ 的无约束极小值，即求

$$\min_{\boldsymbol{x}} T(\boldsymbol{x};M)$$

设其最优解为 $\hat{\boldsymbol{x}}$．直观上看，由于罚函数具有上述性质：当 $\boldsymbol{x} \overline{\in} R$ 时，$T(\boldsymbol{x};M)$ 为一个非常大的正数，故无约束极值问题 $\min\limits_{\boldsymbol{x}} T(\boldsymbol{x};M)$ 的最优解 $\hat{\boldsymbol{x}}$ 应该满足约束条件，即应该有 $\hat{\boldsymbol{x}} \in R$．

可以严格地证明（不难证明）：若无约束极值问题

$$\min_{\boldsymbol{x}} T(\boldsymbol{x};M)$$

的最优解 $\hat{\boldsymbol{x}} \in R$，则 $\hat{\boldsymbol{x}}$ 为规划问题

$$(\mathrm{P}) \begin{cases} \min f(\boldsymbol{x}), & \boldsymbol{x} = (x_1, x_2, \cdots, x_n)^{\mathrm{T}} \\ g_i(\boldsymbol{x}) \geqslant 0, & i=1,2,\cdots,m \\ h_j(\boldsymbol{x}) = 0, & j=1,2,\cdots,l \end{cases}$$

的最优解．

在具体求解时，正数 M 取多大合适，事先是不知道的．先从某正数 $M = M_1$ 开始，求无约束极值问题

$$\min_{x} T(\boldsymbol{x};M_1)$$

的最优解 $\boldsymbol{x}^1$，判断是否有 $\boldsymbol{x}^1 \in R$. 若 $\boldsymbol{x}^1 \in R$，则 $\boldsymbol{x}^1$ 为规划（P）的最优解；若 $\boldsymbol{x}^1 \overline{\in} R$，说明 M_1 取得还不够大，再令

$$M=M_2=10M_1$$

求无约束极值问题

$$\min_{x} T(\boldsymbol{x};M_2)$$

的最优解 $\boldsymbol{x}^2$，再判断是否有 $\boldsymbol{x}^2 \in R$. 若 $\boldsymbol{x}^2 \in R$，则 $\boldsymbol{x}^2$ 为规划（P）的最优解；若 $\boldsymbol{x}^2 \overline{\in} R$，则令

$$M=M_3=10M_2$$

重复以上步骤. 一般来说，我们取

$$M=M_k=10M_{k-1}$$

相应地，求无约束极值问题

$$\min_{x} T(\boldsymbol{x};M_k)$$

的最优解 $\boldsymbol{x}^k$，若 $\boldsymbol{x}^k \in R$，或足够靠近约束集合 R，即对事先给定的 $\varepsilon>0$，对所有的 $i=1，2，\cdots，m$ 均满足

$$g_i(\boldsymbol{x}^k) \geqslant -\varepsilon$$

并且对于所有的 $j=1，2，\cdots，l$ 均满足

$$|h_j(\boldsymbol{x}^k)| \leqslant \varepsilon$$

迭代停止；否则令

$$M=M_{k+1}-10M_k$$

重复上述步骤. 这就是罚函数方法.

迭代步骤（见图 4—26）：

（1）取 $M=M_1>0$（例如 $M_1=1$），允许误差 $\varepsilon>0$，令 $k:=1$；

（2）求无约束极值问题

$$\min_{x} T(\boldsymbol{x};M_k)$$

的最优解 $\boldsymbol{x}^k$；

（3）若对所有的 $i=1，2，\cdots，m$ 以及所有的 $j=1，2，\cdots，l$ 均满足判别条件

$$g_i(\boldsymbol{x}^k) \geqslant -\varepsilon$$
$$|h_i(\boldsymbol{x}^k)| \leqslant \varepsilon$$

则迭代停止，得到规划问题（P）的近似最优解 $\boldsymbol{x}^k$；否则转到步骤（4）；

（4）令

$$M=M_{k+1}=10M_k$$
$$k:=k+1$$

转到步骤（2）.

例 16　利用罚函数方法求下面的规划问题的最优解（注意，这里的规划问

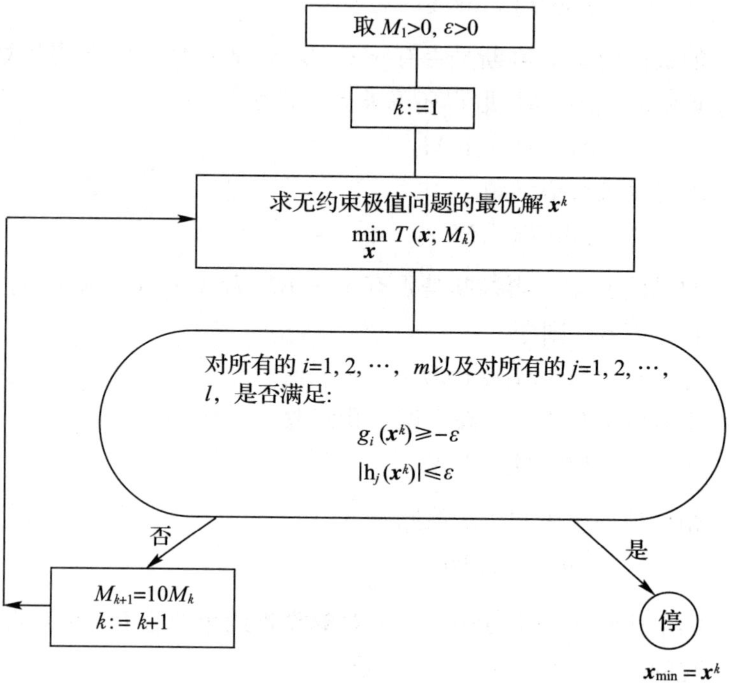

图 4—26

题的最优解 $\bar{x}=0$ 是最明显不过的了．由此例可以看出罚函数方法的几何上的含义)：

$$\begin{cases}\min x & (x\text{ 为单变量})\\ x\geqslant 0\end{cases}$$

解：由于这里只有一个不等式约束限制，故取

$$g_1(x)=x$$

（相应地，$h_j(x)$ 在罚函数中不出现)，有

$$\begin{aligned}T(x;M_k)&=f(x)+M_k[\min(0,g_1(x))]^2\\&=x+M_k[\min(0,x)]^2\\&=\begin{cases}x, & \text{当 } x\geqslant 0\\ x+M_kx^2, & x\leqslant 0\end{cases}\end{aligned}$$

罚函数 $T(x;M_k)$ 的图形如图 4—27 所示．无约束极值问题

$$\min_x T(x;M_k)$$

是一个单变量的极值问题，其最优解满足

$$\frac{\mathrm{d}}{\mathrm{d}x}[x+M_k(x)^2]=0$$

由此得出

$$1+2M_kx=0$$

故无约束极值问题的最优解

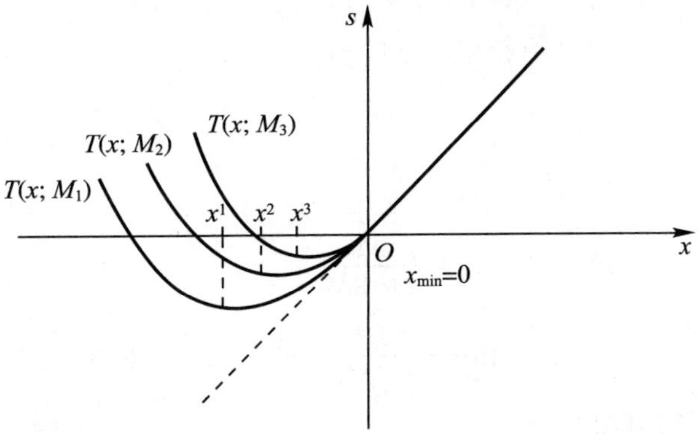

图 4—27

$$x^k=-\frac{1}{2M_k}<0$$

且

$$\lim_{k\to\infty}x^k=\lim_{k\to\infty}\left(-\frac{1}{2M_k}\right)=0$$

最后得到最优解 $x_{\min}=0$.

例 17　利用罚函数方法求非线性规划

$$\begin{cases}\min\ [x_1{}^2+x_2{}^2+x_3{}^2]\\ x_1+x_2+x_3=1\end{cases}$$

的最优解.

解：由于只有一个等式约束限制，故取

$$h_1(\boldsymbol{x})=x_1+x_2+x_3-1=0$$

（相应地，$g_i(\boldsymbol{x})$ 在罚函数中不出现），因此有

$$T(\boldsymbol{x};M_k)=x_1{}^2+x_2{}^2+x_3{}^2+M_k(x_1+x_2+x_3-1)^2$$

无约束极值问题 $\min\limits_{x}T(\boldsymbol{x};\ M_k)$ 的最优解 $\boldsymbol{x}^k$ 必满足（由微积分中多元函数极值的必要条件）：

$$T_{\boldsymbol{x}}(\boldsymbol{x};M_k)=0$$

现在

$$\frac{\partial}{\partial x_i}T(\boldsymbol{x};M_k)=2x_i+2M_k(x_1+x_2+x_3-1),\quad i=1,2,3$$

因此 $\boldsymbol{x}^k$ 满足

$$\begin{cases}2x_1+2M_k(x_1+x_2+x_3-1)=0\\ 2x_2+2M_k(x_1+x_2+x_3-1)=0\\ 2x_3+2M_k(x_1+x_2+x_3-1)=0\end{cases}$$

不难看出，有

$$x_1=x_2=x_3$$

因此得到

$$2x_1+2M_k(3x_1-1)=0$$

$$x_1(1+3M_k)-M_k=0$$

故

$$x_1^k=\frac{M_k}{1+3M_k}$$

$$x_2^k=x_3^k=x_1^k=\frac{M_k}{1+3M_k}$$

$$\lim_{k\to\infty} x_i^k=\lim_{k\to\infty}\frac{M_k}{1+3M_k}=\frac{1}{3},\quad i=1,2,3$$

最后得到最优解

$$\bar{x}_1=\bar{x}_2=\bar{x}_3=\frac{1}{3}$$

最后说明两点：

(1) 罚函数方法是有它的经济解释的．假设我们需要采购一批货物，供我们选择的货物共有 n 种，编号为 1，2，…，n，相应的采购量为 x_1，x_2，…，x_n．我们把目标函数

$$f(\boldsymbol{x})=f(x_1,x_2,\cdots,x_n)$$

看成是采购数量分别为 x_1，x_2，…，x_n 时所需的总钱数；而把约束集合

$$R=\{\boldsymbol{x}\,|\,g_i(\boldsymbol{x})\geqslant 0,\ i=1,2,\cdots,m,\ h_j(\boldsymbol{x})=0,\ j=1,2,\cdots,l\}$$

看成是某种“规定”．因此，非线性规划问题

$$(\mathrm{P})\begin{cases}\min f(\boldsymbol{x})\\ g_i(\boldsymbol{x})\geqslant 0, & i=1,2,\cdots,m\\ h_j(\boldsymbol{x})=0, & j=1,2,\cdots,l\end{cases}$$

的经济含义是要确定出最佳采购量方案，使得在“规定”范围内花钱最少．对于罚函数

$$T(\boldsymbol{x};M_k)=f(\boldsymbol{x})+M_k\sum_{i=1}^{m}[\min(0,g_i(\boldsymbol{x}))]^2+M_k\sum_{j=1}^{l}[h_j(\boldsymbol{x})]^2$$

的解释是这样的：对那种“规定”制定一种“罚款”政策，如果符合“规定”（即 $\boldsymbol{x}\in R$），则罚款为 0；如果违反“规定”（即 $\boldsymbol{x}\,\overline{\in}\,R$），则要缴纳一笔正罚款（即罚款项）：

$$M_k\sum_{i=1}^{m}[\min(0,g_i(\boldsymbol{x}))]^2+M_k\sum_{j=1}^{l}[h_j(\boldsymbol{x})]^2$$

因此，罚函数 $T(\boldsymbol{x};M_k)$ 是采购的总代价，它是目标函数 $f(\boldsymbol{x})$ 与罚款项的总和．采购货物应以总代价最小为最终目标，即无约束极值问题

$$\min T(\boldsymbol{x};M_k)$$

不难理解，当我们把违反“规定”的罚款规定得非常苛刻时（在 $T(\boldsymbol{x};M_k)$ 中表现为罚因子 M_k 取值很大），违反规定后要支付的罚款会很高，当然不合算，这就迫使我们在考虑总代价为最小时，应该符合规定．在数学上则表现为当 M_k 很大时，无约束极值问题的最优解 $\boldsymbol{x}^k$ 应该满足约束条件，即应该有 $\boldsymbol{x}^k\in R$．

(2) 我们讲述的两个例子（例 16 与例 17）都是比较简单的，可以用图解法或由无约束极值问题的必要条件，解联立方程得到无约束极值问题

$$\min_{x} T(\boldsymbol{x};M_k)$$

的最优解 $\boldsymbol{x}^k$. 当变量很多，或目标函数及约束函数比较复杂时，只能用迭代法求得，例如用 4.5 节中叙述的最速下降法求解. 这时，我们需要计算罚函数 $T(\boldsymbol{x};M_k)$ 的梯度 $\boldsymbol{T}_{\boldsymbol{x}}(\boldsymbol{x};M_k)$. 我们只要注意到将不等式约束 $g_i(\boldsymbol{x})\geqslant 0(i=1, 2, \cdots,m)$ 引入罚函数中，是使用单变量函数

$$\varphi(t)=[\min(0,t)]^2$$

将 $t=g_i(\boldsymbol{x})$ 代入后得到 $\sum_{i=1}^{m}[\min(0,g_i(\boldsymbol{x}))]$，再由复合函数求导的公式，不难得到 $T(\boldsymbol{x};M_k)$ 的梯度

$$\boldsymbol{T}_{\boldsymbol{x}}(\boldsymbol{x};M_k)=\boldsymbol{f}_{\boldsymbol{x}}(\boldsymbol{x})+2M_k\sum_{i=1}^{m}[\min(0,g_i(\boldsymbol{x}))]\boldsymbol{g}_{i\boldsymbol{x}}(\boldsymbol{x})+2M_k\sum_{j=1}^{l}h_j(\boldsymbol{x})\boldsymbol{h}_{j\boldsymbol{x}}(\boldsymbol{x})$$

4.7 附录（预备知识）*

本节由两部分组成：n 维向量空间 $\boldsymbol{E}^n$ 和梯度. 这两部分是作为讨论非线性规划时数学上的准备. 由于在非线性规划的学习中几何直观是十分重要的，所以本节的预备知识是必要的.

（一）n 维向量空间 $\boldsymbol{E}^n$

设 $\boldsymbol{E}^n=\{\boldsymbol{x}=(x_1, x_2, \cdots, x_n)^{\mathrm{T}} \mid x_j$ 为实数，$j=1, 2, \cdots, n\}$，即 $\boldsymbol{E}^n$ 是由 n 个实数 $x_1, x_2, \cdots, x_n$ 构成的 n 行 1 列的矩阵全体组成的集合. 例如 $\boldsymbol{x}^0\in\boldsymbol{E}^n$，即

$$\boldsymbol{x}^0=(x_1^0,x_2^0,\cdots,x_n^0)^{\mathrm{T}}=\begin{pmatrix}x_1^0\\x_2^0\\\vdots\\x_n^0\end{pmatrix}$$

式中，$x_1^0, x_2^0, \cdots, x_n^0$ 为实数.

当在 $\boldsymbol{E}^n$ 中选取一组笛卡尔坐标系（也称为直角坐标系）$\boldsymbol{e}_1=(1, 0, \cdots, 0)^{\mathrm{T}}$，$\boldsymbol{e}_2=(0, 1, 0, \cdots, 0)^{\mathrm{T}}$，$\cdots$，$\boldsymbol{e}_{n-1}=(0, \cdots, 0, 1, 0)^{\mathrm{T}}$，$\boldsymbol{e}_n=(0, 0, \cdots,0, 1)^{\mathrm{T}}$ 之后，由于

$$\boldsymbol{x}=(x_1,x_2,\cdots,x_n)^{\mathrm{T}}=\sum_{j=1}^{n}x_j\boldsymbol{e}_j$$

我们也可以将 $\boldsymbol{x}=(x_1, x_2, \cdots, x_n)^{\mathrm{T}}$ 看成是在笛卡尔坐标系 $\boldsymbol{e}_1, \boldsymbol{e}_2, \cdots, \boldsymbol{e}_n$

下，坐标分别为 x_1，x_2，…，x_n 的一个点.

在笛卡尔坐标系中，点 $(0, 0, \cdots, 0)^{\mathrm{T}}$ 称为原点. 从原点向点 $\boldsymbol{x}=(x_1, x_2, \cdots, x_n)^{\mathrm{T}}$ 引一个向量后，又可以将 $\boldsymbol{x}$ 看做一个向量. 例如，$n=2$ 时如图 4—28 所示. 这里需要加以说明的是：在数学中的向量概念，是指只有长度与方向的自由向量. 也就是说，如果 $\boldsymbol{E}^n$ 中有两个向量 $\boldsymbol{x}^0$ 与 $\boldsymbol{y}^0$ 经过平移可以由其中一个变到另一个时，我们认为这两个向量就是一个向量（见图 4—29).

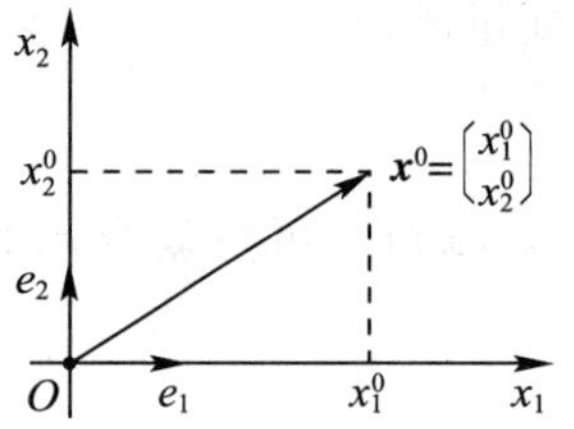

图 4—28

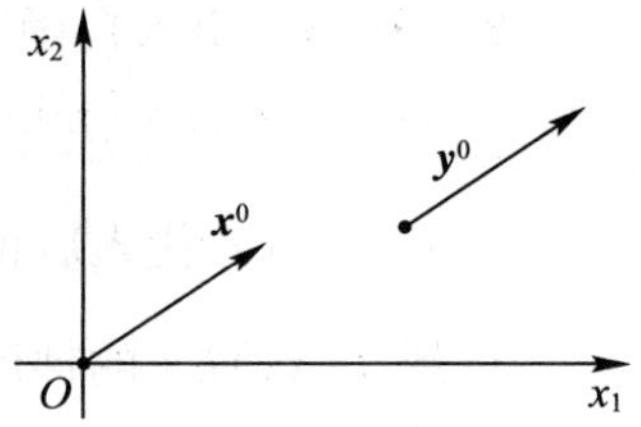

图 4—29

之所以有时将 $\boldsymbol{x}=(x_1, x_2, \cdots, x_n)^{\mathrm{T}}$ 看做由 n 个实数 x_1，x_2，…，x_n 构成的 n 行 1 列的矩阵，有时看做一个点，有时又看做一个向量，是因为这样的理解，在以后的使用中比较方便，有利于几何直观.

向量之间有以下的运算：

1. 向量加法. 设

$$\boldsymbol{x}=(x_1, x_2, \cdots, x_n)^{\mathrm{T}},\ \boldsymbol{y}=(y_1, y_2, \cdots, y_n)^{\mathrm{T}}$$

由矩阵运算，有

$$\boldsymbol{x}+\boldsymbol{y}=(x_1+y_1,\ x_2+y_2,\ \cdots,\ x_n+y_n)^{\mathrm{T}}$$

若使用通常的向量加法，向量 $\boldsymbol{x}+\boldsymbol{y}$ 是以向量 $\boldsymbol{x}$ 和向量 $\boldsymbol{y}$ 为平行四边形的两个边所构成的平行四边形的对角线（见图 4—30). 若将 $\boldsymbol{x}$ 看做一个点，$\boldsymbol{y}$ 看做向量（注意自由向量的含义)，则 $\boldsymbol{x}+\boldsymbol{y}$ 是将点 $\boldsymbol{x}$ 作为向量 $\boldsymbol{y}$ 的初始点时，向量 $\boldsymbol{y}$ 的终点所对应的那个点（见图 4—31、图 4—32). 以后经常用到的两个向量之和的几何意义如图 4—32 所示.

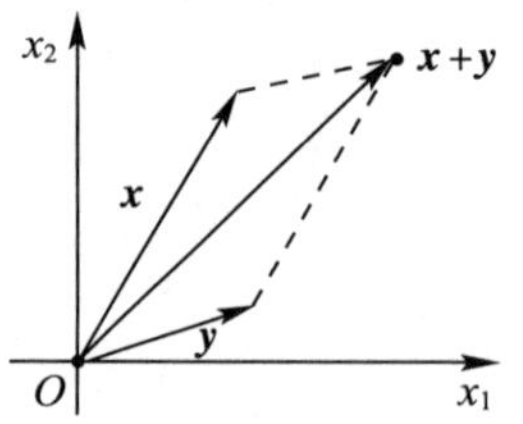

图 4—30

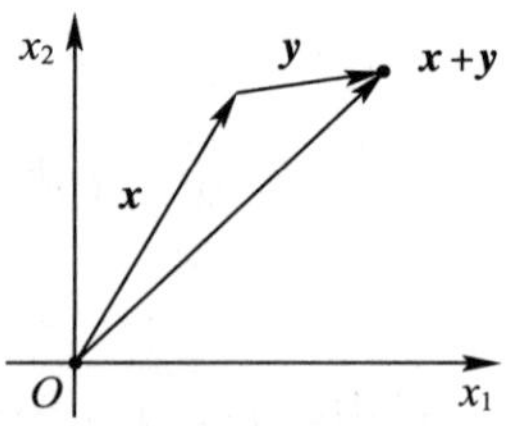

图 4—31

2. 向量减法. 设

$$\boldsymbol{x}=(x_1, x_2, \cdots, x_n)^{\mathrm{T}},\ \boldsymbol{y}=(y_1, y_2, \cdots, y_n)^{\mathrm{T}}$$

则有

$$\boldsymbol{x}-\boldsymbol{y}=(x_1-y_1,\ x_2-y_2,\ \cdots,\ x_n-y_n)^{\mathrm{T}}$$

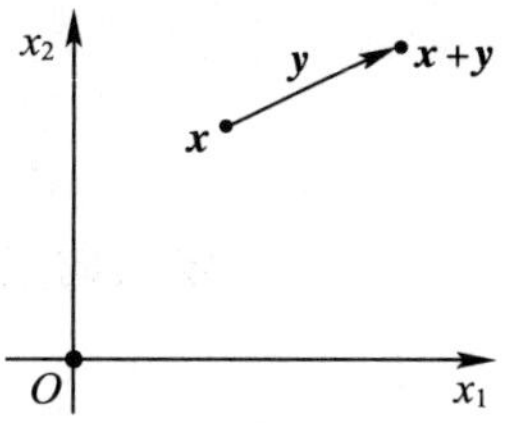

图 4—32

由于

$$(\boldsymbol{x}-\boldsymbol{y})+\boldsymbol{y}=\boldsymbol{x}$$

由向量加法的定义，可得图 4—33（1）．注意到自由向量的含义，可得到图 4—33（2），即若将 $\boldsymbol{x}$ 与 $\boldsymbol{y}$ 看做点时，$\boldsymbol{x}-\boldsymbol{y}$ 是由 $\boldsymbol{y}$ 向点 $\boldsymbol{x}$ 所引的一个向量，这就是向量减法的几何意义．

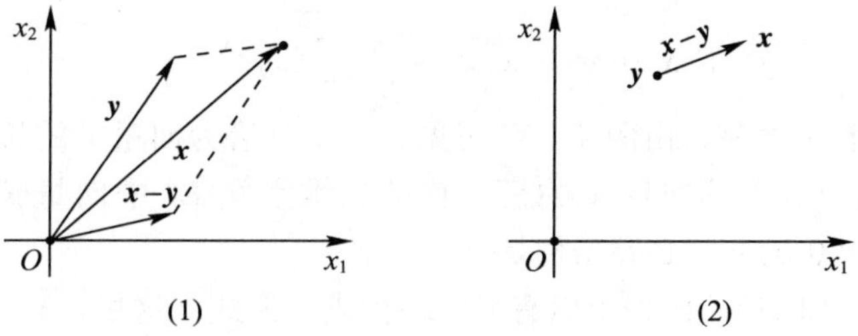

图 4—33

3．数与向量的乘积．设 λ 为给定的实数，而

$$\boldsymbol{x}=(x_1,x_2,\cdots,x_n)^{\mathrm{T}}$$

则

$$\lambda\boldsymbol{x}=(\lambda x_1,\lambda x_2,\cdots,\lambda x_n)^{\mathrm{T}}$$

当 $\lambda>0$ 时，$\lambda\boldsymbol{x}$ 为一个与向量 $\boldsymbol{x}$ 的方向相同的向量，其长度为向量 $\boldsymbol{x}$ 的 λ 倍；当 $\lambda<0$ 时，$\lambda\boldsymbol{x}$ 为一个与向量 $\boldsymbol{x}$ 的方向相反的向量，其长度为向量 $\boldsymbol{x}$ 的 $|\lambda|$ 倍．如图 4—34 和图 4—35 所示．

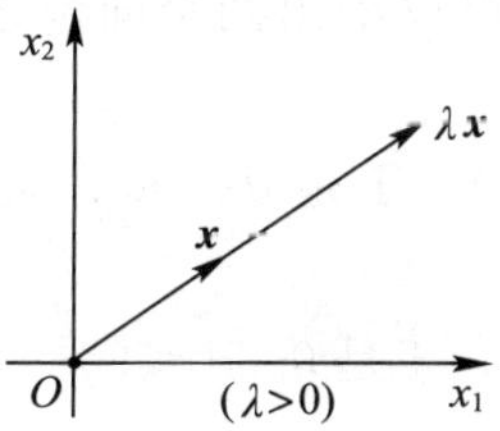

图 4—34

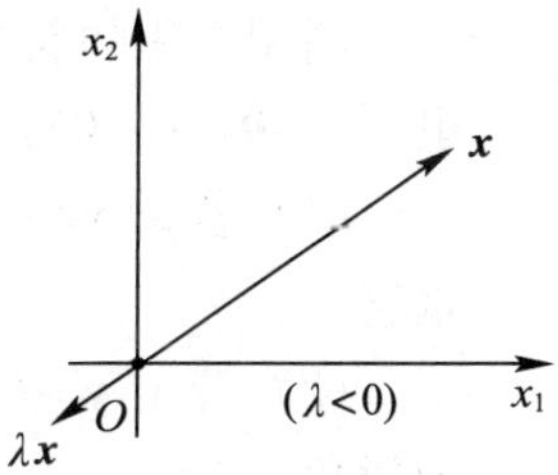

图 4—35

4．两点连线（也称为两点的凸组合）．设

$$\boldsymbol{x}=(x_1,x_2,\cdots,x_n)^{\mathrm{T}},\ \boldsymbol{y}=(y_1,y_2,\cdots,y_n)^{\mathrm{T}}$$

以及 $\lambda\in[0,1]$，则

$$\lambda\boldsymbol{x}+(1-\lambda)\boldsymbol{y}=(\lambda x_1+(1-\lambda)y_1,\lambda x_2+(1-\lambda)y_2,\cdots,\lambda x_n+(1-\lambda)y_n)^{\mathrm{T}}$$

由于 $\lambda\boldsymbol{x}+(1-\lambda)\boldsymbol{y}=\boldsymbol{y}+\lambda(\boldsymbol{x}-\boldsymbol{y})$，利用向量加法、减法，以及向量与数乘积的几何意义，分别考虑 $\boldsymbol{x}-\boldsymbol{y}$，$\lambda(\boldsymbol{x}-\boldsymbol{y})$ 以及 $\boldsymbol{y}+\lambda(\boldsymbol{x}-\boldsymbol{y})$，可以看出：当 $\lambda\in[0,1]$ 时，$\lambda\boldsymbol{x}+(1-\lambda)\boldsymbol{y}$ 恰为点 $\boldsymbol{x}$ 与点 $\boldsymbol{y}$ 之间连线上的点（当 $\lambda=0$ 时，$\lambda\boldsymbol{x}+(1-\lambda)\boldsymbol{y}=\boldsymbol{y}$；当 $\lambda=1$ 时，$\lambda\boldsymbol{x}+(1-\lambda)\boldsymbol{y}=\boldsymbol{x}$）．如图 4—36 所示．

5．向量的长度及两个向量的内积．设

$$\boldsymbol{x}=(x_1,x_2,\cdots,x_n)^{\mathrm{T}},\boldsymbol{y}=(y_1,y_2,\cdots,y_n)^{\mathrm{T}}$$

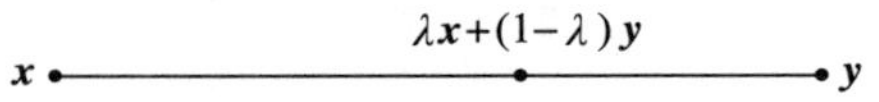

图 4—36

定义向量 $\boldsymbol{x}$ 与向量 $\boldsymbol{y}$ 的内积为：

$$\boldsymbol{x}^{\mathrm{T}}\boldsymbol{y}=\boldsymbol{y}^{\mathrm{T}}\boldsymbol{x}=\sum_{j=1}^{n}x_jy_j$$

定义向量 $\boldsymbol{x}$ 的长度为：

$$\|\boldsymbol{x}\|=\sqrt{\boldsymbol{x}^{\mathrm{T}}\boldsymbol{x}}=\sqrt{\sum_{j=1}^{n}(x_j)^2}$$

当 $n=2$ 时，由图 4—37 可见，$\|\boldsymbol{x}\|$ 恰为向量 $\boldsymbol{x}$ 的长度（勾股定理）．有时也称 $\|\boldsymbol{x}\|$ 为向量 $\boldsymbol{x}$ 的模，它是二维空间 $\boldsymbol{E}^2$ 中向量长度的自然推广．显然有 $\boldsymbol{x}\neq\boldsymbol{0}$ 的充分必要条件是 $\|\boldsymbol{x}\|\neq 0$．

向量的内积可以有另外一种表示形式（这里，$\boldsymbol{x}\neq\boldsymbol{0}$，$\boldsymbol{y}\neq\boldsymbol{0}$）

$$\boldsymbol{x}^{\mathrm{T}}\boldsymbol{y}=\|\boldsymbol{x}\|\cdot\|\boldsymbol{y}\|\cdot\cos\theta$$

其中 θ 为向量 $\boldsymbol{x}$ 与向量 $\boldsymbol{y}$ 之间的夹角（图 4—38）．

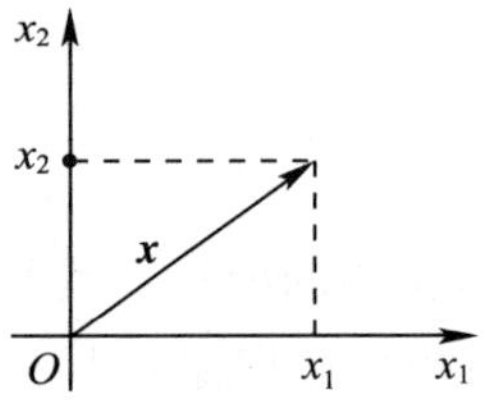

图 4—37

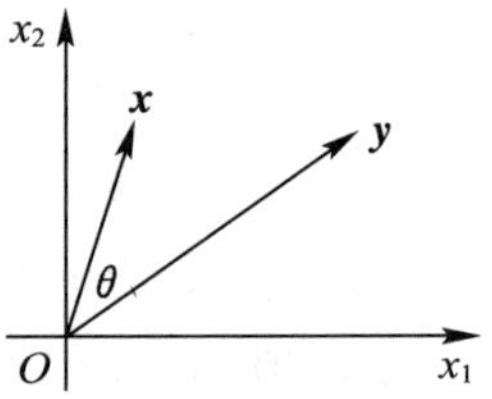

图 4—38

利用内积的符号为正、负或零，可以给出两个向量之间的位置关系（这里，$\boldsymbol{x}\neq\boldsymbol{0}$，$\boldsymbol{y}\neq\boldsymbol{0}$）：

（1）若 $\boldsymbol{x}^{\mathrm{T}}\boldsymbol{y}=0$，则必有 $\cos\theta=0$，于是 $\theta=90°$．此时向量 $\boldsymbol{x}$ 与向量 $\boldsymbol{y}$ 垂直．

（2）若 $\boldsymbol{x}^{\mathrm{T}}\boldsymbol{y}>0$，则必有 $\cos\theta>0$，于是 $0<\theta<90°$．此时向量 $\boldsymbol{x}$ 与向量 $\boldsymbol{y}$ 成锐角．

（3）若 $\boldsymbol{x}^{\mathrm{T}}\boldsymbol{y}<0$，则必有 $\cos\theta<0$，于是 $90°<\theta<180°$．此时向量 $\boldsymbol{x}$ 与向量 $\boldsymbol{y}$ 成钝角．

6．邻域 $\boldsymbol{N}_\delta(\bar{\boldsymbol{x}})$．记

$$\boldsymbol{N}_\delta(\bar{\boldsymbol{x}})=\{\boldsymbol{x}\mid\|\boldsymbol{x}-\bar{\boldsymbol{x}}\|<\delta\}=\{\boldsymbol{x}\mid\sum_{j=1}^{n}(x_j-\bar{x}_j)^2<\delta^2\}$$

其中 $\delta>0$．即 $\boldsymbol{N}_\delta(\bar{\boldsymbol{x}})$ 是以 $\bar{\boldsymbol{x}}$ 为球心、δ 为半径的 n 维欧氏空间中的球．

（二）梯度

设 $f(x_1, x_2, \cdots, x_n)$ 为具有一阶连续偏导数的 n 个变量的函数．记

$$\boldsymbol{f}_x(\boldsymbol{x})=\left(\frac{\partial f(\boldsymbol{x})}{\partial x_1},\frac{\partial f(\boldsymbol{x})}{\partial x_2},\cdots,\frac{\partial f(\boldsymbol{x})}{\partial x_n}\right)^{\mathrm{T}}$$

称 $\boldsymbol{f}_{\boldsymbol{x}}(\boldsymbol{x})$ 为 $f(x_1, x_2, \cdots, x_n)$ 的梯度（行向量）. 特别地，$f(\boldsymbol{x})$ 在 $\boldsymbol{x}^0$ 的梯度记为 $\boldsymbol{f}_{\boldsymbol{x}}(\boldsymbol{x}^0)=\left(\frac{\partial f(\boldsymbol{x}^0)}{\partial x_1}, \frac{\partial f(\boldsymbol{x}^0)}{\partial x_2}, \cdots, \frac{\partial f(\boldsymbol{x}^0)}{\partial x_n}\right)^{\mathrm{T}}$.

下面我们给出梯度的几何意义. 考虑两个变量的情况（即 $n=2$）. 记

$$t=f(x_1,x_2)$$

1. 等高线. 在三维空间 $(x_1, x_2, t)^{\mathrm{T}}$ 中，$t=f(x_1, x_2)$ 表示一个曲面；$t=c$（c 为给定的实数）表示平行于自变量平面的一个平面. 设曲面 $t=f(x_1, x_2)$ 与平面 $t=c$ 的交线为 l，这条交线 l 在自变量平面上的投影是一条曲线 l'. 可见，曲线 l'上的点 $(x_1, x_2)^{\mathrm{T}}$ 的函数值 $f(x_1, x_2)$ 都具有相同的值 c. 当实数 c 取不同的值时，重复上述步骤，在自变量平面上将会得到一族曲线，称其为等高线（或等值线）. 如图 4—39 所示.

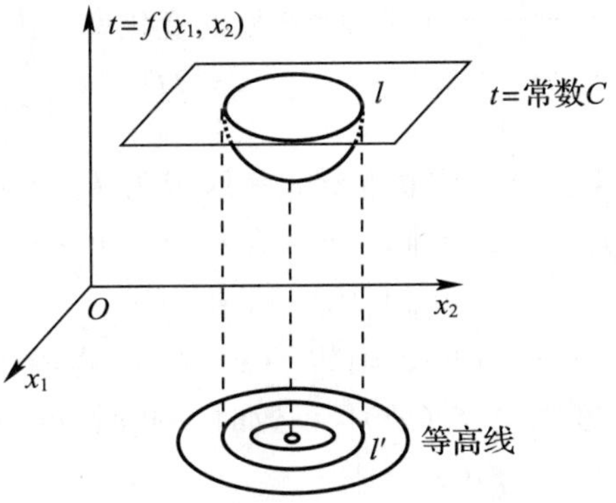

图 4—39

不难看出，等高线的形状完全由曲面 $t=f(x_1, x_2)$（即函数 $f(x_1, x_2)$）所决定；反之，由等高线的形状也可以推测出曲面 $t=f(x_1, x_2)$ 的形状.

2. 函数 $f(\boldsymbol{x})=f(x_1, x_2, \cdots, x_n)$ 在点 $\boldsymbol{x}^0$ 的梯度方向 $\boldsymbol{f}_{\boldsymbol{x}}(\boldsymbol{x}^0)^{\mathrm{T}}$ 是函数 $f(\boldsymbol{x})$在点 $\boldsymbol{x}^0$ 处增加最快的方向（即最陡的方向）.

早在 1847 年，著名数学家柯西（Cauchy）曾提出一个问题：从任何一个给定的点 $\boldsymbol{x}^0$ 出发，函数 $f(\boldsymbol{x})$ 沿着什么方向增加得最快（或下降得最快）？回答这个问题并不难. 设

$$\boldsymbol{z}^0=(z_1^0,z_2^0,\cdots, z_n^0)^{\mathrm{T}},\|\boldsymbol{z}^0\|=1$$

为函数 $f(\boldsymbol{x})$ 在 $\boldsymbol{x}^0$ 点增加最快的方向. 由于当 $\lambda\geqslant 0$ 时，$\boldsymbol{x}^0+\lambda\boldsymbol{z}^0$ 是由点 $\boldsymbol{x}^0$ 出发沿着方向 $\boldsymbol{z}^0$ 的一条射线，由此可知

$$f(\boldsymbol{x}^0+\lambda\boldsymbol{z}^0)=f(x_1^0+\lambda z_1^0,x_2^0+\lambda z_2^0,\cdots,x_n^0+\lambda z_n^0)$$

表示 $f(\boldsymbol{x})$ 由点 $\boldsymbol{x}^0$ 出发沿着方向 $\boldsymbol{z}^0$ 变化时的函数值，$f(\boldsymbol{x}^0+\lambda\boldsymbol{z}^0)$ 是单变量 λ 的函数（$\lambda\geqslant 0$）.

以下的讨论将用到方向导数的概念. 令

$$h(\lambda)=f(\boldsymbol{x}^0+\lambda\boldsymbol{z}^0)=f(x_1^0+\lambda z_1^0,\cdots,x_n^0+\lambda z_n^0)$$

则

$$h(0)=f(\boldsymbol{x}^0)$$

此时函数 $f(x)=f(x_1, x_2, \cdots, x_n)$ 在 $\boldsymbol{x}^0$ 点沿着方向 $\boldsymbol{z}^0$，在 $\boldsymbol{x}^0$ 点的方向导数为（$\lambda>0$）：

$$\lim_{\lambda\to 0}\frac{f(\boldsymbol{x}^0+\lambda\boldsymbol{z}^0)-f(\boldsymbol{x}^0)}{\lambda}=\lim_{\lambda\to 0}\frac{h(\lambda)-h(0)}{\lambda}=h'(0)$$

根据多变量函数的复合函数求导公式有

$$h'(\lambda)=\sum_{j=1}^{n}\frac{\partial f(\boldsymbol{x}^0+\lambda\boldsymbol{z}^0)}{\partial x_j}\cdot\left[\frac{\mathrm{d}(x_j^0+\lambda z_j^0)}{\mathrm{d}\lambda}\right]$$

故

$$h'(0)=\sum_{j=1}^{n}\frac{\partial f(\boldsymbol{x}^0)}{\partial x_j}\cdot z_j^0=\boldsymbol{f}_x(\boldsymbol{x}^0)\boldsymbol{z}^0$$

以下将确定方向 $\boldsymbol{z}^0$. 考察 $f(\boldsymbol{x})$ 在 $\boldsymbol{x}^0$ 点沿着方向 $\boldsymbol{z}^0$ 的变化，即需研究单变量函数 $f(\boldsymbol{x}^0+\lambda\boldsymbol{z}^0)$ 在 $\lambda=0$ 处的变化率. 由方向导数定义，有

$$\left.\frac{\mathrm{d}f(\boldsymbol{x}^0+\lambda\boldsymbol{z}^0)}{\mathrm{d}\lambda}\right|_{\lambda=0}=\sum_{j=1}^{n}\frac{\partial f(\boldsymbol{x}^0)}{\partial x_j}z_j^0=\boldsymbol{f}_x(\boldsymbol{x}^0)\boldsymbol{z}^0$$

由内积定义，有（注意 $\|\boldsymbol{z}^0\|=1$，θ 为 $\boldsymbol{f}_x(\boldsymbol{x}^0)^{\mathrm{T}}$ 与 $\boldsymbol{z}^0$ 的夹角）

$$\begin{aligned}\boldsymbol{f}_x(\boldsymbol{x}^0)\boldsymbol{z}^0&=\|\boldsymbol{f}_x(\boldsymbol{x}^0)^{\mathrm{T}}\|\cdot\|\boldsymbol{z}^0\|\cdot\cos\theta\\&=\|\boldsymbol{f}_x(\boldsymbol{x}^0)^{\mathrm{T}}\|\cdot\cos\theta\end{aligned}$$

可见，当 $\cos\theta=1$ 时，函数 $f(\boldsymbol{x})$ 在 $\boldsymbol{x}^0$ 点沿着 $\boldsymbol{z}^0$ 方向的变化率最大，即当方向 $\boldsymbol{z}^0$ 与梯度方向 $\boldsymbol{f}_x(\boldsymbol{x}^0)^{\mathrm{T}}$ 一致时（此时 $\theta=0$），函数 $f(\boldsymbol{x})$ 增加得最快. 即 $\boldsymbol{z}^0=\boldsymbol{f}_x(\boldsymbol{x}^0)^{\mathrm{T}}/\|\boldsymbol{f}_x(\boldsymbol{x}^0)^{\mathrm{T}}\|$.

由上面的讨论可知，$f(x)$ 在 $\boldsymbol{x}^0$ 点沿着负梯度方向 $-\boldsymbol{f}_x(\boldsymbol{x}^0)^{\mathrm{T}}$ 变化时（即 $\cos\theta=-1$，$\theta=180°$），函数值减少得最快.

3. 函数 $f(\boldsymbol{x})$ 在点 $\boldsymbol{x}^0$ 的梯度 $\boldsymbol{f}_x(\boldsymbol{x}^0)$，是等高线 $f(\boldsymbol{x})=f(\boldsymbol{x}^0)$ 在点 $\boldsymbol{x}^0$ 的切平面的法方向.

考虑两个变量的情况，即 $n=2$. 等高线 $f(\boldsymbol{x})=f(\boldsymbol{x}^0)$ 是一条曲线. 由微积分知，曲线 $F(\boldsymbol{x})=f(\boldsymbol{x})-f(\boldsymbol{x}^0)=0$ 在点 $\boldsymbol{x}^0$ 处的切平面为：

$$\frac{\partial F(\boldsymbol{x}^0)}{\partial x_1}(x_1-x_1^0)+\frac{\partial F(\boldsymbol{x}^0)}{\partial x_2}(x_2-x_2^0)=0$$

即

$$\frac{\partial f(\boldsymbol{x}^0)}{\partial x_1}(x_1-x_1^0)+\frac{\partial f(\boldsymbol{x}^0)}{\partial x_2}(x_2-x_2^0)=0$$

用内积的形式有

$$\boldsymbol{f}_x(\boldsymbol{x}^0)\boldsymbol{x}=\boldsymbol{f}_x(\boldsymbol{x}^0)\boldsymbol{x}^0$$

即知 $\boldsymbol{f}_x(\boldsymbol{x}^0)$ 为切平面的法方向. 如图 4—40 所示.

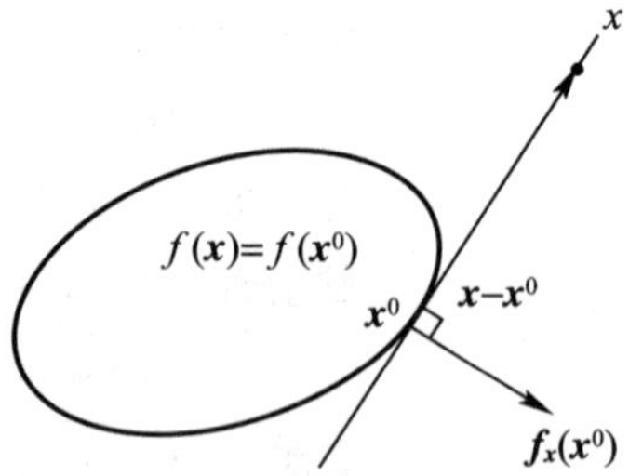

图 4—40

4. 多变量函数 $f(\boldsymbol{x})=f(x_1, x_2, \cdots, x_n)$ 的泰勒展开式.

设 $f(\boldsymbol{x})$ 为具有连续偏导数的 n 个变量的函数，其中

$$\boldsymbol{x}=(x_1,x_2,\cdots,x_n)^{\mathrm{T}}$$

函数 $f(\boldsymbol{x})$ 在点 $\boldsymbol{x}^0$ 处的泰勒展开式为：

$$f(\boldsymbol{x})=f(\boldsymbol{x}^0)+\boldsymbol{f}_x(\boldsymbol{x}^0)(\boldsymbol{x}-\boldsymbol{x}^0)+o\,(\|\boldsymbol{x}-\boldsymbol{x}^0\|)$$

特别地，当 $\boldsymbol{x}=\boldsymbol{x}^0+\lambda\boldsymbol{z}^0$ 时，有

$$f(\boldsymbol{x}^0+\lambda\boldsymbol{z}^0)=f(\boldsymbol{x}^0)+\lambda\boldsymbol{f}_x(\boldsymbol{x}^0)\boldsymbol{z}^0+o(\lambda)$$

如果 $f(\boldsymbol{x})$ 为具有二阶连续偏导数的 n 个变量的函数，那么 $f(\boldsymbol{x})$ 在 $\boldsymbol{x}^0$ 处的泰勒展开式为：

$$f(\boldsymbol{x})=f(\boldsymbol{x}^0)+\boldsymbol{f}_x(\boldsymbol{x})^0(\boldsymbol{x}-\boldsymbol{x}^0)+\frac{1}{2}(\boldsymbol{x}-\boldsymbol{x}^0)^{\mathrm{T}}\boldsymbol{f}_{xx}(\boldsymbol{x}^0)(\boldsymbol{x}-\boldsymbol{x}^0)+o(\|\boldsymbol{x}-\boldsymbol{x}^0\|^2)$$

或

$$f(\boldsymbol{x})=f(\boldsymbol{x}^0)+\boldsymbol{f}_x(\boldsymbol{x}^0)(\boldsymbol{x}-\boldsymbol{x}^0)+\frac{1}{2}(\boldsymbol{x}-\boldsymbol{x}^0)^{\mathrm{T}}\boldsymbol{f}_{xx}(\hat{\boldsymbol{x}})(\boldsymbol{x}-\boldsymbol{x}^0)$$

其中

$$\hat{\boldsymbol{x}}=\alpha\,\boldsymbol{x}+(1-\alpha)\boldsymbol{x}^0,\ \alpha\in(0,1)$$

$\boldsymbol{f}_{xx}(\boldsymbol{x})$ 为函数 $f(\boldsymbol{x})$ 在点 $\boldsymbol{x}$ 处的海赛矩阵（Hessian）

$$\boldsymbol{f}_{xx}(\boldsymbol{x})=\begin{pmatrix}\dfrac{\partial^2 f(\boldsymbol{x})}{\partial x_1\partial x_1} & \dfrac{\partial^2 f(\boldsymbol{x})}{\partial x_1\partial x_2} & \cdots & \dfrac{\partial^2 f(\boldsymbol{x})}{\partial x_1\partial x_n}\\ \vdots & \vdots & & \vdots\\ \dfrac{\partial^2 f(\boldsymbol{x})}{\partial x_n\partial \boldsymbol{x}_1} & \dfrac{\partial^2 f(\boldsymbol{x})}{\partial x_n\partial x_2} & \cdots & \dfrac{\partial^2 f(\boldsymbol{x})}{\partial x_n\partial x_n}\end{pmatrix}$$

□ 习　题

1. 用图解法求非线性规划的最优解.

$$(\mathrm{P})\begin{cases}\min\,[(x_1-4)^2+(x_2-4)^2]\\ {x_1}^2+(x_2-1)^2-1\leqslant 0\\ (x_1-1)^2+{x_2}^2-1\leqslant 0\end{cases}$$

2. 用图解法求非线性规划的最优解.

$$(\mathrm{P})\begin{cases}\max\,(x_1+x_2)\\ {x_1}^2+{x_2}^2-1\leqslant 0\end{cases}$$

3. 用图解法求非线性规划的最优解.

$$(\mathrm{P})\begin{cases}\min\,[{x_1}^2+(x_2-2)^2]\\ x_2-x_1\leqslant 1\\ x_1-x_2\leqslant 1\\ x_1+x_2\leqslant 1\\ x_1+x_2\geqslant -1\end{cases}$$

4. 用图解法求非线性规划的最优解.

$$(\mathrm{P})\begin{cases}\min\ (x_1+x_2)\\ x_1-x_2{}^2\geqslant 0\end{cases}$$

5. 考虑非线性规划问题

$$(\mathrm{P})\begin{cases}\min f(\boldsymbol{x}),\quad \boldsymbol{x}=(x_1,x_2,\cdots,x_n)^{\mathrm{T}}\\ g_i(\boldsymbol{x})\geqslant 0,\quad i=1,2,\cdots,m\\ x_j\geqslant 0,\quad j=1,2,\cdots,n\end{cases}$$

证明（P）的（KT）条件等价于

$$\begin{cases}\hat{\boldsymbol{\varphi}}_x(\boldsymbol{x},\boldsymbol{u})=\boldsymbol{f}_x(\boldsymbol{x})-\sum\limits_{i=1}^{m}u_i\boldsymbol{g}_{ix}(\boldsymbol{x})\geqslant\boldsymbol{0},\quad \boldsymbol{x}\geqslant\boldsymbol{0}\\ \hat{\boldsymbol{\varphi}}_x(\boldsymbol{x},\boldsymbol{u})\boldsymbol{x}=[f_x(\boldsymbol{x})-\sum\limits_{i=1}^{m}u_i\boldsymbol{g}_{ix}(\boldsymbol{x})]\boldsymbol{x}=0\\ \hat{\boldsymbol{\varphi}}_u(\boldsymbol{x},\boldsymbol{u})=-\boldsymbol{g}(\boldsymbol{x})\leqslant\boldsymbol{0},\ u_i\geqslant 0,\ i=1,2,\cdots,m\\ \boldsymbol{u}^{\mathrm{T}}\hat{\boldsymbol{\varphi}}_u(\boldsymbol{x},\boldsymbol{u})=-\sum\limits_{i=1}^{m}u_ig_i(\boldsymbol{x})=0\end{cases}$$

其中

$$\hat{\varphi}(\boldsymbol{x},\boldsymbol{u})=f(\boldsymbol{x})-\sum_{i=1}^{m}u_ig_i(\boldsymbol{x})$$

6. 考虑非线性规划问题

$$(\mathrm{P})\begin{cases}\min\ [(x_1-a_1)^2+(x_2-a_2)^2]\\ x_1\geqslant 0,\quad x_2\geqslant 0\end{cases}$$

利用（KT）条件，对参数 a_1，a_2 进行讨论，并求出其最优解（提示：共有九种情况）.

7. 若非线性规划为：

$$(\mathrm{P})\begin{cases}\min\ [(x_1-3)^2+(x_2-2)^2]\\ x_1{}^2+x_2{}^2\leqslant 5\\ x_1\quad +2x_2\leqslant 4\\ x_1\geqslant 0,\quad x_2\geqslant 0\end{cases}$$

（1）写出（P）的（KT）条件；

（2）利用图解法求（P）的最优解，并验证其满足（KT）条件.

8. 考虑线性规划

$$(\mathrm{P})\begin{cases}\min\ \boldsymbol{C}^{\mathrm{T}}\boldsymbol{x}\\ \boldsymbol{A}\boldsymbol{x}\geqslant\boldsymbol{b}\end{cases}$$

若 $\bar{\boldsymbol{x}}\in\boldsymbol{E}^n$，$\bar{\boldsymbol{u}}\in\boldsymbol{E}^m$ 满足下面的条件

$$\begin{cases}\boldsymbol{C}^{\mathrm{T}}-\bar{\boldsymbol{u}}^{\mathrm{T}}\boldsymbol{A}=\boldsymbol{O}\\ \boldsymbol{A}\bar{\boldsymbol{x}}\geqslant\boldsymbol{b},\quad \bar{\boldsymbol{u}}\geqslant\boldsymbol{0}\\ \bar{\boldsymbol{u}}^{\mathrm{T}}(\boldsymbol{A}\bar{\boldsymbol{x}}-\boldsymbol{b})=\boldsymbol{0}\end{cases}$$

则 $\bar{x}$, $\bar{u}$ 分别为（P）和（P）的对偶规划的最优解. 试用库恩-塔克定理证明上述结论.

9. 求下列函数在

$$x^0=\begin{pmatrix}1\\2\\3\\4\end{pmatrix}$$

点的梯度：

(1) $f(\boldsymbol{x})=\sin(x_1+x_2+x_3+x_4)$

(2) $f(\boldsymbol{x})=(8x_1-1)^2+6x_1x_2-x_1+x_3(x_4-1)$

(3) $f(\boldsymbol{x})=e^{x_1}\sin(x_2+x_3+x_4)$

(4) $f(\boldsymbol{x})=\cos x_1+\cos x_2+\cos x_3+\cos x_4$

(5) $f(\boldsymbol{x})=(2x_1-1)^2+(x_2-1)^2+4(2x_3-1)^2+{x_4}^2$

10. 用最速下降法求解无约束极值问题：

$$\min_{\boldsymbol{x}}[(x_1-1)^2+(x_2-2)^2+(x_3-3)^2+(x_4-4)^2]$$

11. 用最速下降法求解无约束极值问题：

$$\min_{\boldsymbol{x}\in \boldsymbol{E}^2}[5{x_1}^2+4{x_2}^2]$$

（要求：初始点 $\boldsymbol{x}^1=(1,1)^{\mathrm{T}}$，迭代一步.）

12. 用最速下降法求解无约束极值问题：

$$\min_{\boldsymbol{x}\in \boldsymbol{E}^n}\sum_{k=1}^{n}(x_k-k)^2$$

（要求：初始点 $\boldsymbol{x}^1=(0,0,\cdots,0)^{\mathrm{T}}\in\boldsymbol{E}^n$.）

13. 用罚函数方法求非线性规划的最优解：

$$\begin{cases}\min x \quad (x\text{ 为单变量})\\ 0\leqslant x\leqslant 2\end{cases}$$

14. 用罚函数方法求非线性规划的最优解：

$$\begin{cases}\min [{x_1}^2+2{x_2}^2+3{x_3}^2]\\ x_1+x_2+x_3=4\end{cases}$$

15. 用罚函数方法求非线性规划的最优解：

$$\begin{cases}\min (x_1+x_2)\\ x_1-{x_2}^2\geqslant 0\end{cases}$$

第 5 章 Chapter 5 多目标规划*

5.1 多目标规划的一般形式和特点

在前几章中讨论的规划问题都是单目标问题，也就是只通过一个性能指标的大小来衡量方案的好坏. 然而，在实际生活中，确定一个问题的方案优劣，常常要考虑多个目标. 例如，我们在制定生产计划时，既要求产量高，又要求质量好，还要求成本低. 再如，在选择一个新工厂的厂址时，我们要考虑的有生产成本、运输费用、基建投资、国防条件、污染等多种因素. 特别是有些指标之间又往往不是那么协调，使得确定最优方案时决策者难以做出最后决断.

例 1（采购问题）　设市场上有甲、乙、丙三种糖果，每斤的价格如表 5—1 所示：

表 5—1

种类	甲	乙	丙
元/斤（单价）	3	2	1
斤（采购量）	x_1	x_2	x_3

今要筹办一桩婚事，计划花掉（买糖果）的总钱数不得超过 50 元，总的糖果斤数不得少于 12 斤，甲种糖果的斤数不能少于 7 斤. 问如何确定最佳的采购方案.

对于该问题的约束条件是不难确定的. 设 x_1，x_2，x_3 分别为甲、乙、丙三种糖果的采购量. 于是依题意，x_1，x_2，x_3 应满足条件

$$\begin{cases} 3x_1+2x_2+x_3\leqq 50 \\ x_1+x_2+x_3\geqq 12 \\ x_1\geqq 7 \\ x_1\geqq 0,\ x_2\geqq 0,\ x_3\geqq 0 \end{cases}$$

当我们考虑以什么作为衡量“最佳方案”的标准时，会有以下几种目标：

(1) 花钱总数最小，即

$$f_1(x_1, x_2, x_3)=3x_1+2x_2+x_3 \to \min$$

(2) 买糖的总斤数最大，即

$$f_2(x_1, x_2, x_3)=x_1+x_2+x_3 \to \max$$

(3) 甲种糖的斤数最大，即

$$f_3(x_1, x_2, x_3)=x_1 \to \max$$

可见，该问题可以用多目标问题来描述.

正像线性规划和非线性规划那样，我们可以假定每个目标都是以求最小值为目的. 于是，多目标规划的一般形式可以写为：

$$(\mathrm{VP})\begin{cases} V-\min\ (f_1(\boldsymbol{x}),f_2(\boldsymbol{x}),\cdots,f_p(\boldsymbol{x})), \quad \boldsymbol{x}=(x_1,x_2,\cdots,x_n)^{\mathrm{T}} \\ g_i(\boldsymbol{x})\geqq 0, \quad i=1,2,\cdots,m \\ h_j(\boldsymbol{x})=0, \quad j=1,2,\cdots,l \end{cases}$$

其中 $p\geqq 2$，符号 $V-\min$ 表示对 p 个目标函数

$$f_1(\boldsymbol{x}),f_2(\boldsymbol{x}),\cdots,f_p(\boldsymbol{x})$$

求最小，以示区别于单目标时求最小.

多目标规划有什么特点呢？可先看一下由图 5—1 给出的两个目标的例子.

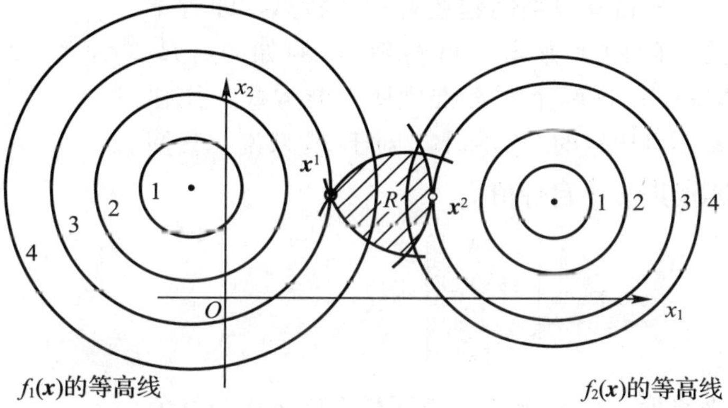

图 5—1

由图可以看出 $\boldsymbol{x}^1$ 为单目标规划（即非线性规划）

$$(\mathrm{P}_1) \quad \min_{x\in R} f_1(\boldsymbol{x})$$

的最优解，但是它对于以 $f_2(\boldsymbol{x})$ 为目标的规划问题

$$(\mathrm{P}_2) \quad \min_{x\in R} f_2(\boldsymbol{x})$$

来说，却是最坏的可行解. 另一方面，由图 5—1 也可看出 $\boldsymbol{x}^2$ 是 (P_2) 的最优解，但是它对于问题 (P_1) 来说却是最坏的可行解. 这个例子说明多目标规划的目标之间可能不是一致的，甚至会是彼此矛盾的.

我们再看一下图 5—2 及图 5—3，其中图 5—2 是两个变量的例子，图 5—3 为单变量的例子.

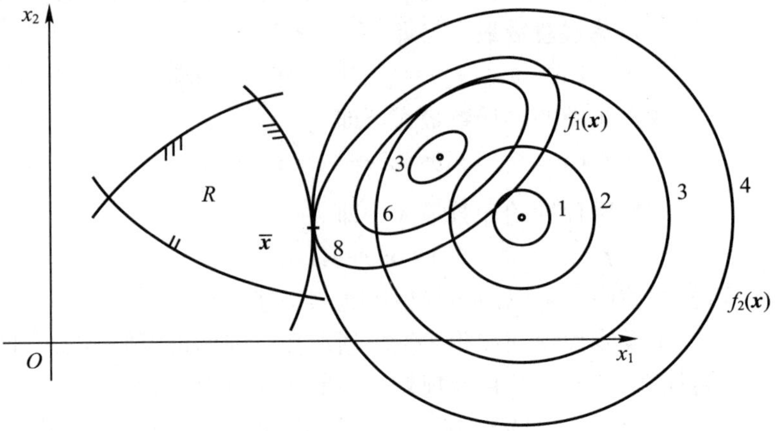

图 5—2

在这两个例子中，可行解 $\bar{\boldsymbol{x}}$ 对两个目标来说都是最优解. 我们称具有这样性质的 $\bar{\boldsymbol{x}}$ 为绝对最优解，也即 $\bar{\boldsymbol{x}}$ 对每个目标来说都是最优解. 不难理解，多目标规划的绝对最优解往往是不存在的（例如图 5—1).

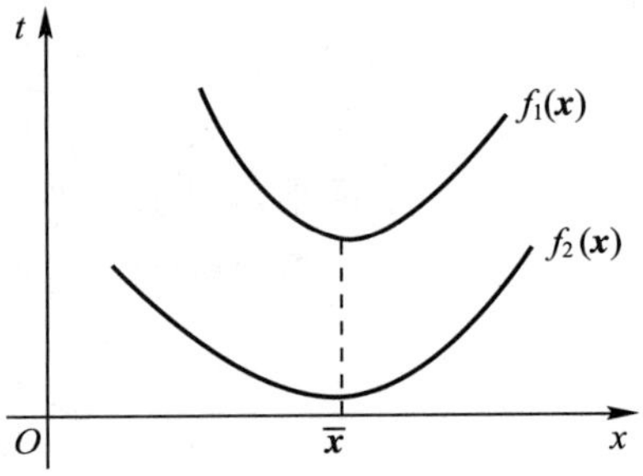

图 5—3

多目标规划问题还有一个特点，即对于给定的两个方案（可行解），例如 $\boldsymbol{x}^1 \in R$，$\boldsymbol{x}^2 \in R$，这两个方案谁优些、谁劣些，往往是不可比较的. 实际上，对于 $\boldsymbol{x}^1$ 来说，我们需要用 p 个目标值

$$\boldsymbol{F}^1 = \begin{pmatrix} f_1(\boldsymbol{x}^1) \\ f_2(\boldsymbol{x}^1) \\ \vdots \\ f_p(\boldsymbol{x}^1) \end{pmatrix}$$

来衡量；对 $\boldsymbol{x}^2$ 来说，也同样需用 p 个目标值

$$\boldsymbol{F}^2 = \begin{pmatrix} f_1(\boldsymbol{x}^2) \\ f_2(\boldsymbol{x}^2) \\ \vdots \\ f_p(\boldsymbol{x}^2) \end{pmatrix}$$

来衡量. 比较 $\boldsymbol{x}^1$ 与 $\boldsymbol{x}^2$ 的优劣，则需要比较两个 p 维向量 $\boldsymbol{F}^1$ 与 $\boldsymbol{F}^2$. 我们知道，两个向量往往是不能比较大小的. 例如，以下两个向量

$$\begin{pmatrix} 1 \\ 0 \end{pmatrix} \qquad \begin{pmatrix} 0 \\ 1 \end{pmatrix}$$

就不能比较谁大谁小.

总之，多目标规划问题中目标之间往往是不一致的，甚至是相互矛盾的；最理想的情况是：找到一个可行解，使其对每个目标都是最优的. 但是，这样

的可行解（即绝对最优解）往往是不存在的。最根本的问题是：可行解（即方案）之间用多个目标去判断优劣，由于是用多个目标值去比较，相当于比较两个向量的大小，而向量之间往往是不能进行比较的.

5.2 什么是多目标规划的“最优解”——有效解

由以上的讨论可知，对多目标规划问题需要引进新的概念，在新概念之下定义多目标问题的解. 为此，引进一个符号“$\leq$”①. 设 $\boldsymbol{a}$ 与 $\boldsymbol{b}$ 为两个 p 维向量，即

$$\boldsymbol{a}=\begin{pmatrix}a_1\\a_2\\\vdots\\a_p\end{pmatrix},\ \boldsymbol{b}=\begin{pmatrix}b_1\\b_2\\\vdots\\b_p\end{pmatrix}$$

设向量 $\boldsymbol{a}$ 与向量 $\boldsymbol{b}$ 具有关系：

$$\boldsymbol{a}\leq\boldsymbol{b}$$

这意味着向量 $\boldsymbol{a}$ 的每个分量都要小于或等于向量 $\boldsymbol{b}$ 的对应分量，并且 $\boldsymbol{a}$ 至少有一个分量要严格地小于向量 $\boldsymbol{b}$ 对应的分量. 用数学符号表示，即有

(1) 对于 $i=1, 2, \cdots, p$ 均有 $a_i\leqq b_i$；

(2) 至少存在某 $i_0(1\leqq i_0\leqq p)$，有 $a_{i_0}<b_{i_0}$.

现在，利用符号“$\leq$”来考察方案 $\bar{\boldsymbol{x}}$ 的优劣. 若存在另一个方案 $\bar{\boldsymbol{y}}$ 满足

$$\begin{pmatrix}f_1(\bar{\boldsymbol{y}})\\f_2(\bar{\boldsymbol{y}})\\\vdots\\f_p(\bar{\boldsymbol{y}})\end{pmatrix}\leq\begin{pmatrix}f_1(\bar{\boldsymbol{x}})\\f_2(\bar{\boldsymbol{x}})\\\vdots\\f_p(\bar{\boldsymbol{x}})\end{pmatrix} \tag{5.1}$$

则方案 $\bar{\boldsymbol{x}}$ 比方案 $\bar{\boldsymbol{y}}$ 劣. 这是因为方案 $\bar{\boldsymbol{y}}$ 的 p 个目标值都不比方案 $\bar{\boldsymbol{x}}$ 的对应目标值差（即对所有的 $i=1, 2, \cdots, p$ 均有 $f_i(\bar{\boldsymbol{y}})\leqq f_i(\bar{\boldsymbol{x}})$），并且至少有一个目标值要好（即至少存在某个 i_0，有 $f_{i_0}(\bar{\boldsymbol{y}})<f_{i_0}(\bar{\boldsymbol{x}})$）. 此时，我们称 $\bar{\boldsymbol{x}}$ 为劣解. 显然，若不存在 $\bar{\boldsymbol{y}}\in R$，满足式（5.1），则方案 $\bar{\boldsymbol{x}}$ 不为劣解，于是可得如下的定义.

定义 1　设 $\bar{\boldsymbol{x}}\in R$，若不存在 $\boldsymbol{x}\in R$ 满足

$$\begin{pmatrix}f_1(\boldsymbol{x})\\f_2(\boldsymbol{x})\\\vdots\\f_p(\boldsymbol{x})\end{pmatrix}\leq\begin{pmatrix}f_1(\bar{\boldsymbol{x}})\\f_2(\bar{\boldsymbol{x}})\\\vdots\\f_p(\bar{\boldsymbol{x}})\end{pmatrix}$$

则称 $\bar{\boldsymbol{x}}$ 为多目标规划问题（VP）的非劣解（或称有效解，也称 Pareto 解）. 多目标规划（VP）的有效解全体记为 R_{pa}^*.

---

① 在本章中，符号“$\geq$”与“$\geqq$”，“$\leq$”与“$\leqq$”的含义是不同的. $\boldsymbol{a}\leq\boldsymbol{b}$ 表示对于 $i=1, 2, \cdots, p$，均有 $a_i\leqq b_i$，并且至少存在某 $i_0(1\leqq i_0\leqq p)$，有 $a_{i_0}<b_{i_0}$. $\boldsymbol{a}<\boldsymbol{b}$ 表示对于 $i=1, 2, \cdots, p$，均有 $a_i<b_i$.

例 2 求多目标规划

$$(VP)\begin{cases} V-\min\ (f_1(x), f_2(x)) & (x\ 为单变量) \\ x \geqq 0 \end{cases}$$

的有效解集合 R_{pa}^*，其中

$$f_1(x)=(x-1)^2+1$$
$$f_2(x)=(x-3)^2+1$$

解： 对问题（VP）可以画出图形，见图 5—4.

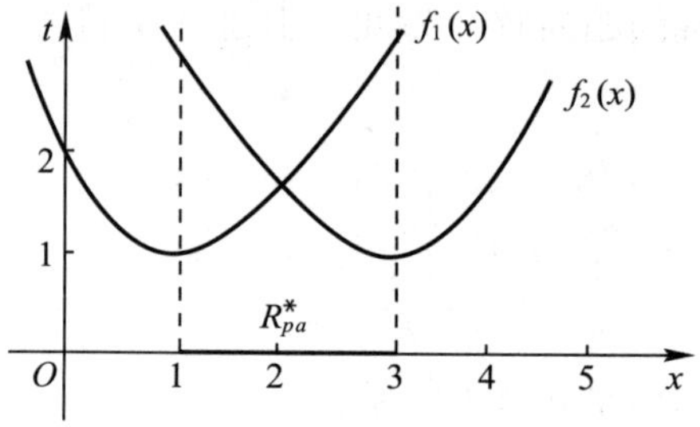

图 5—4

当 $0 \leqq x < 1$ 时，由图形可知

$$f_1(x) > f_1(1)$$
$$f_2(x) > f_2(1)$$

即也有

$$\begin{pmatrix} f_1(1) \\ f_2(1) \end{pmatrix} \leq \begin{pmatrix} f_1(x) \\ f_2(x) \end{pmatrix}$$

因此，当 $0 \leqq x < 1$ 时，x 为劣解；当 $x > 3$ 时，有

$$f_1(x) > f_1(3)$$
$$f_2(x) > f_2(3)$$

即也有

$$\begin{pmatrix} f_1(3) \\ f_2(3) \end{pmatrix} \leq \begin{pmatrix} f_1(x) \\ f_2(x) \end{pmatrix}$$

因此，当 $x > 3$ 时，x 为劣解；当 $1 \leqq x \leqq 3$ 时，我们找不到一个 $\hat{x} \geqq 0$，使得

$$\begin{pmatrix} f_1(\hat{x}) \\ f_2(\hat{x}) \end{pmatrix} \leq \begin{pmatrix} f_1(x) \\ f_2(x) \end{pmatrix}$$

因此 x 为有效解，即

$$R_{pa}^* = \{x \mid 1 \leqq x \leqq 3\}$$

例 3 求多目标规划

$$(VP)\begin{cases} V-\min(f_1(x), f_2(x)) & (x\ 为单变量) \\ 0 \leqq x \leqq 2 \end{cases}$$

的有效解集 R_{pa}^*，其中

$$f_1(x)=x^2-2x$$
$$f_2(x)=-x$$

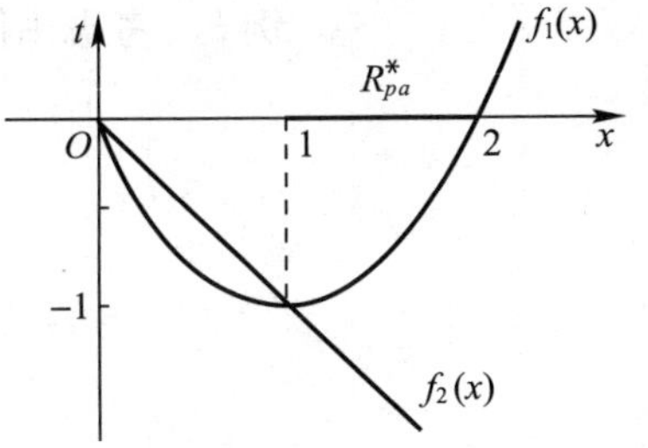

图 5—5

解：对问题（VP）画出图形，见图 5—5. 当 $0\leqq x<1$ 时，由图可知

$$f_1(1)<f_1(x)$$
$$f_2(1)<f_2(x)$$

即也有

$$\begin{pmatrix} f_1(1) \\ f_2(1) \end{pmatrix} \leq \begin{pmatrix} f_1(x) \\ f_2(x) \end{pmatrix}$$

因此，当 $0\leqq x<1$ 时，x 为劣解；当 $1\leqq x\leqq 2$ 时，找不到一个 $\hat{x}\in[0, 2]$，使得

$$\begin{pmatrix} f_1(\hat{x}) \\ f_2(\hat{x}) \end{pmatrix} \leq \begin{pmatrix} f_1(x) \\ f_2(x) \end{pmatrix}$$

因此 x 为有效解，即

$$R_{pa}^*=\{x|1\leqq x\leqq 2\}$$

例 4 考虑由图 5—6 给出的两个目标的问题，其中 $\boldsymbol{x}=(x_1, x_2)^{\mathrm{T}}$. 从图中不难看出，$\bar{\boldsymbol{x}}\in R_{pa}^*$，这是因为我们找不到另一个可行解，满足

$$\begin{pmatrix} f_1(\boldsymbol{x}) \\ f_2(\boldsymbol{x}) \end{pmatrix} \leq \begin{pmatrix} f_1(\bar{\boldsymbol{x}}) \\ f_2(\bar{\boldsymbol{x}}) \end{pmatrix}$$

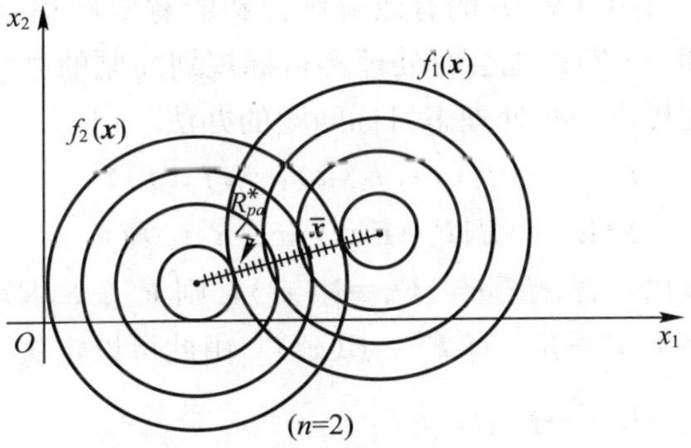

图 5—6

下面再给出一个比有效解更弱的、被称为弱有效解的定义.

定义 2 设 $\bar{\boldsymbol{x}}\in R$，若不存在 $\boldsymbol{x}\in R$，满足

$$\begin{pmatrix} f_1(\boldsymbol{x}) \\ f_2(\boldsymbol{x}) \\ \vdots \\ f_p(\boldsymbol{x}) \end{pmatrix} < \begin{pmatrix} f_1(\bar{\boldsymbol{x}}) \\ f_2(\bar{\boldsymbol{x}}) \\ \vdots \\ f_p(\bar{\boldsymbol{x}}) \end{pmatrix}$$

则称 $\bar{\boldsymbol{x}}$ 为多目标问题（VP）的弱有效解（或称弱 Pareto 解）. 多目标问题（VP）的弱有效解全体记为 R_{wp}^*. 不难看出有 $R_{pa}^*\subset R_{wp}^*\subset R$.

例 5 考虑由图 5—7 给出的具有两个目标、一个变量的例子，$x\in \boldsymbol{E}^1$.

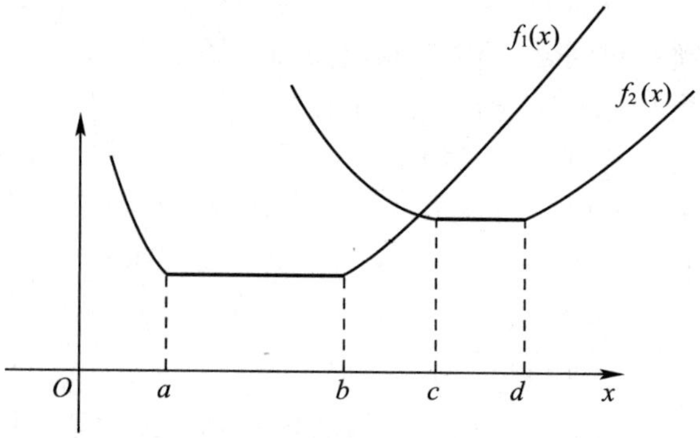

图 5—7

不难看出，此时

$$R_{pa}^* = \{x \mid b \leqslant x \leqslant c\}$$

$$R_{wp}^* = \{x \mid a \leqslant x \leqslant d\}$$

5.3 像集*

对于多目标规划问题，有别于单目标问题的是需要研究像集. 像集的研究有助于找出（VP）的有效解集合和弱有效解集合（特别是对于两个目标的情况，即 $p=2$）；也会对处理多目标规划问题的办法给出几何解释；更会对像集的研究提供一些处理多目标问题的办法. 记

$$\boldsymbol{F}(x) = (f_1(x), f_2(x), \cdots, f_p(x))^{\mathrm{T}}$$

$$\boldsymbol{F}(R) = \{\boldsymbol{F} \mid \boldsymbol{F} = \boldsymbol{F}(x), x \in R\} \subset \boldsymbol{E}^p$$

可以看出：若 $x^0 \in R$，$\boldsymbol{F}^0 = \boldsymbol{F}(x^0)$，则 $\boldsymbol{F}^0 \in \boldsymbol{F}(R)$；反之，若 $\boldsymbol{F}^0 \in \boldsymbol{F}(R)$，则至少存在某 $x^0 \in R$，有 $\boldsymbol{F}^0 = \boldsymbol{F}(x^0)$. 由此可以定义一个由 R 到 $\boldsymbol{F}(R)$ 的映象 $\boldsymbol{F}$：

$$R \xrightarrow{\boldsymbol{F}} \boldsymbol{F}(R)$$

（在数学上，称满足上述性质的映象 $\boldsymbol{F}$ 是“映上”（或称“满射”）的，但不是“一对一”的）. 我们称 $\boldsymbol{F}(R)$ 为多目标规划（VP）的像集.

例 6 考虑问题（$n=1$，$p=2$）

$$(\mathrm{VP})\begin{cases} V-\min\ (f_1(x), f_2(x)), & x \in \boldsymbol{E}^1 \\ x \in R = \{x \mid 0 \leqq x \leqq 1\} \end{cases}$$

其中

$$f_1(x) = (x-2)x, \quad f_2(x) = -x$$

记

$$f_1 = (x-2)x, \quad f_2 = -x$$

求出像集，也就是需要求出当 $x \in [0, 2]$ 时，f_1 与 f_2 之间的函数关系. 当我们

将 x 看做参数时，上式可看做以 x 为参数时的 f_1 与 f_2 之间的函数关系. 由 $f_2=-x$，得出 $x=-f_2$，代入 $f_1=(x-2)x$，得到

$$f_1=f_2(f_2+2)$$

并且由

$$f_1(0)=0,\quad f_2(0)=0$$
$$f_1(1)=-1,\quad f_2(1)=-1$$
$$f_1(2)=0,\quad f_2(2)=-2$$

知

$$0\xrightarrow{\boldsymbol{F}}(0,0)^{\mathrm{T}},1\xrightarrow{\boldsymbol{F}}(-1,-1)^{\mathrm{T}},2\xrightarrow{\boldsymbol{F}}(0,-2)^{\mathrm{T}}$$

并且

$$\boldsymbol{F}(R)=\{(f_1,f_2)^{\mathrm{T}}\mid f_1=f_2(f_2+2),f_2\in[0,-2]\}$$

多目标规划（VP）的几何图形及像集分别由图 5—8 和图 5—9 给出.

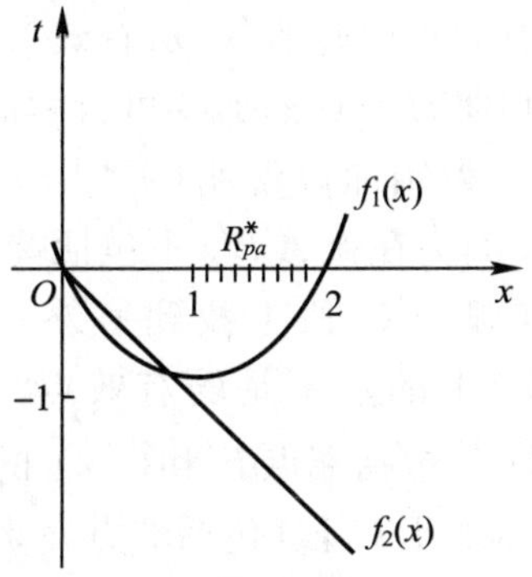

图 5—8

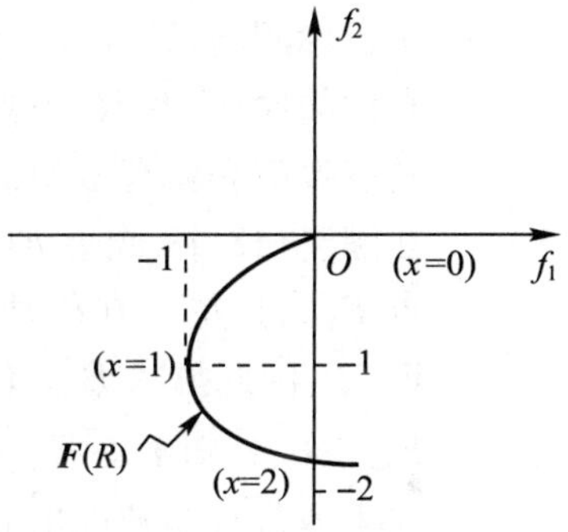

图 5—9

对于像集 $\boldsymbol{F}(R)$，也可以定义绝对最优点、有效点和弱有效点，在像空间中，我们考虑如下的多日标问题

$$(\overline{\mathrm{VP}})\begin{cases}V-\min \boldsymbol{F}, & \boldsymbol{F}=(f_1,f_2,\cdots,f_p)^{\mathrm{T}}\\ \boldsymbol{F}\in\boldsymbol{F}(R)\end{cases}$$

有如下的定义 3 和定义 4.

定义 3　设 $\overline{\boldsymbol{F}}\in\boldsymbol{F}(R)$. 若不存在 $\boldsymbol{F}\in\boldsymbol{F}(\boldsymbol{R})$ 满足 $\boldsymbol{F}\leq\overline{\boldsymbol{F}}$，则称 $\overline{\boldsymbol{F}}$ 为（$\overline{\mathrm{VP}}$）的有效点，（$\overline{\mathrm{VP}}$）的有效点的集合记为 E_{pa}^*.

定义 4　设 $\overline{\boldsymbol{F}}\in\boldsymbol{F}(R)$. 若不存在 $\boldsymbol{F}\in\boldsymbol{F}(R)$ 满足 $\boldsymbol{F}<\overline{\boldsymbol{F}}$，则称 $\overline{\boldsymbol{F}}$ 为（$\overline{\mathrm{VP}}$）的弱有效点，（$\overline{\mathrm{VP}}$）的弱有效点的集合记为 E_{wp}^*.

正如 5.2 节讨论的那样，可以完全类似地证明如下的关系式成立：

$$E_{pa}^*\subset E_{wp}^*\subset\boldsymbol{F}(R)$$

例 7　设

$$\boldsymbol{F}(R)=\{(f_1,f_2)^{\mathrm{T}}\mid 4\leqq f_1+f_2\leqq 12,\quad f_1\geqq 0,\quad f_2\geqq 0\}$$

由图 5—10 可见

$$E_{pa}^*=\{(f_1,f_2)^{\mathrm{T}}\mid f_1+f_2=4,\quad f_1\geqq 0,\quad f_2\geqq 0\}$$

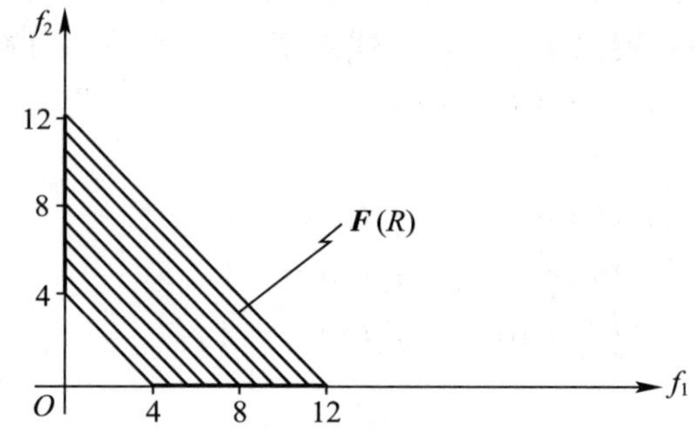

图 5—10

现在用几个简单的例子说明在多目标问题中研究像集的目的.

（Ⅰ）**研究像集的目的之一**（特别是对于两个目标的情况，即 $p=2$）：能够找出（VP）的有效解集 R_{pa}^* 和弱有效解集 R_{wp}^*. 如果我们已经求得像集 $\boldsymbol{F}(R)$，对于多目标问题（VP），找出有效点和弱有效点比较容易. 从有效点和弱有效点出发，它们的原像（在 R 中映射到有效点和弱有效点的那些可行解的集合）即为（VP）的有效解和弱有效解. 我们仍以例 6 为例加以说明（见图 5—11 和图 5—12）. 在图5—12 中，像集 $\boldsymbol{F}(R)$ 为弧 $A'C'$. 因为在弧 $A'B'$（不包括端点 B'）上的任何一点 $\boldsymbol{F}$，向其左下方移动时，总可以在弧 $B'C'$ 段上找到另外一点 $\overline{\boldsymbol{F}}\in\boldsymbol{F}(R)$，有 $\overline{\boldsymbol{F}}<\boldsymbol{F}$，因此弧 $A'B'$（不包括端点 B'）上的点不是弱有效点，即 $\boldsymbol{F}\overline{\in}E_{wp}^*$. 再由 $E_{pa}^*\subset E_{wp}^*$，知 $\boldsymbol{F}\overline{\in}E_{pa}^*$. 然而，在弧 $B'C'$（包括端点 B' 和 C'）上的任何一点 $\overline{\boldsymbol{F}}$，在其左下方都找不到像集 $\boldsymbol{F}(R)$ 中的点，因此 $B'C'$ 段（包括端点 B' 和 C'）为有效点（因此也为弱有效点）.

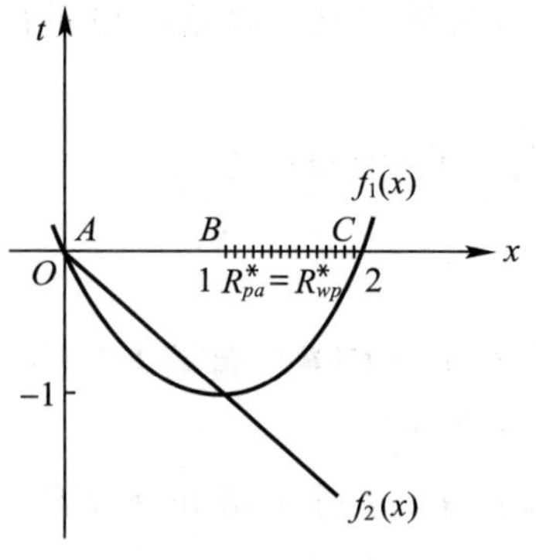

图 5—11

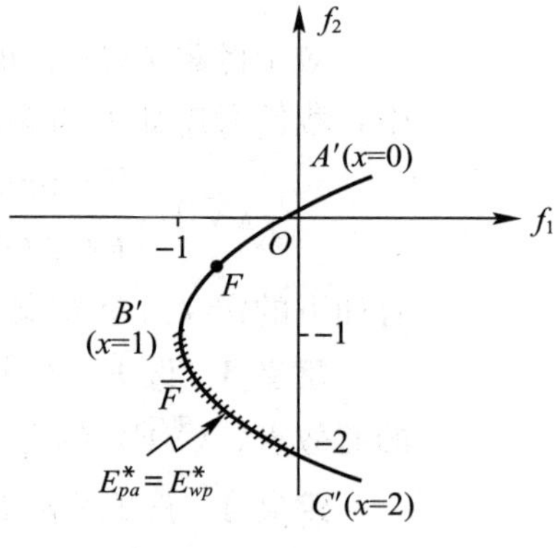

图 5—12

我们再观察一下弧 $B'C'$ 的原像. 由于（B 和 C 在图 5—11 中）

$$B\xrightarrow{\boldsymbol{F}}B',\quad C\xrightarrow{\boldsymbol{F}}C'$$

进而可知，在图 5—11 中的区间 $[B, C]$ 的像是图 5—12 中的弧 $B'C'$，即

$$[B,C]\xrightarrow{\boldsymbol{F}}\text{弧 } B'C'$$

因此 $[B, C]$ 是弧 $B'C'$ 的原像，区间 $[B, C]$ 正是（VP）的有效解集（正如图 5—11 所示）.

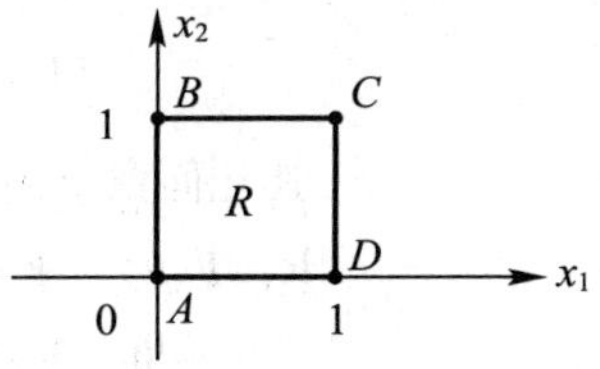

图 5—13

例 8　考虑线性多目标问题

$$(\text{VP})\begin{cases} V-\min\ (x_1+2x_2, -x_1-x_2) \\ 0\leqq x_1\leqq 1,\quad 0\leqq x_2\leqq 1 \end{cases}$$

由图 5—13，有

$$R=\left\{\begin{pmatrix} x_1 \\ x_2 \end{pmatrix} \middle| 0\leqq x_1\leqq 1,\quad 0\leqq x_2\leqq 1\right\}$$

$$=\left\{\begin{pmatrix} 0 \\ 0 \end{pmatrix}\alpha_1+\begin{pmatrix} 1 \\ 0 \end{pmatrix}\alpha_2+\begin{pmatrix} 0 \\ 1 \end{pmatrix}\alpha_3+\begin{pmatrix} 1 \\ 1 \end{pmatrix}\alpha_4 \middle| \sum_{i=1}^{4}\alpha_i=1,\ \alpha_i\geqq 0,\ i=1,2,3,4\right\}$$

而

$$\boldsymbol{F}(\boldsymbol{x})=\begin{pmatrix} f_1(\boldsymbol{x}) \\ f_2(\boldsymbol{x}) \end{pmatrix}=\begin{pmatrix} 1 & 2 \\ -1 & -1 \end{pmatrix}\begin{pmatrix} x_1 \\ x_2 \end{pmatrix}$$

故像集

$$\boldsymbol{F}(R)=\left\{\begin{pmatrix} f_1 \\ f_2 \end{pmatrix}=\begin{pmatrix} 1 & 2 \\ -1 & -1 \end{pmatrix}\left[\begin{pmatrix} 0 \\ 0 \end{pmatrix}\alpha_1+\begin{pmatrix} 0 \\ 1 \end{pmatrix}\alpha_2+\begin{pmatrix} 1 \\ 1 \end{pmatrix}\alpha_3+\begin{pmatrix} 1 \\ 0 \end{pmatrix}\alpha_4 \middle| \sum_{i=1}^{4}\alpha_i=1, \alpha_i\geqq 0,\quad i=1,2,3,4\right]\right\}$$

$$=\left\{\begin{pmatrix} 0 \\ 0 \end{pmatrix}\alpha_1+\begin{pmatrix} 2 \\ -1 \end{pmatrix}\alpha_2+\begin{pmatrix} 3 \\ -2 \end{pmatrix}\alpha_3+\begin{pmatrix} 1 \\ -1 \end{pmatrix}\alpha_4 \middle| \sum_{i=1}^{4}\alpha_i=1,\quad \alpha_i\geqq 0,\quad i=1,2,3,4\right\}$$

如图 5—14 所示，在像空间中，有效点为：$A'D'$ 和 $D'C'$，类似于例 6 中的分析（见图 5—11 和图 5—12），可知 $A'D'$ 的原像 AD 和 $D'C'$ 的原像 DC 为 Pareto 解.

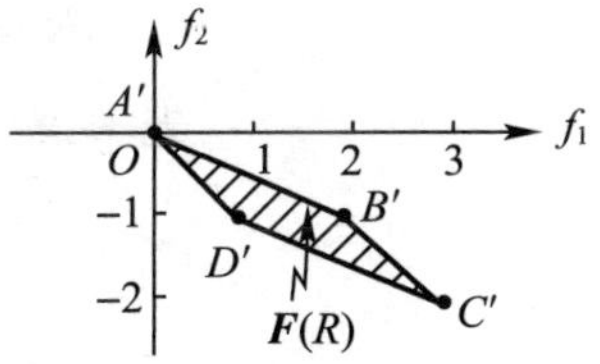

图 5—14

（Ⅱ）**研究像集的目的之二**：对一些处理多目标问题的办法给出几何解释. 我们考虑下面的具有两个目标的问题，$x_j(j=1, 2, \cdots, n)$ 为第 j 种产品的数量，并且

总投资额最小：$\min f_1(\boldsymbol{x})$，$f_1(\boldsymbol{x})=\sum\limits_{j=1}^{n}c_jx_j$，$c_j(j=1, 2, \cdots, n)$ 为成本

总收益最大：$\max f_2(\boldsymbol{x})$，$f_2(\boldsymbol{x})=\sum\limits_{j=1}^{n}a_jx_j$，$a_j(j=1, 2, \cdots, n)$ 为收益

以“乘除法”作为处理多目标问题的一种办法，是考虑利率最大为目的，即

$$(\text{P})\qquad \max_{x\in R}\frac{f_2(\boldsymbol{x})}{f_1(\boldsymbol{x})}=\max_{x\in R}\frac{\sum\limits_{j=1}^{n}a_jx_j}{\sum\limits_{j=1}^{n}c_jx_j}$$

从像空间来看，对应的是

$$(\bar{\mathrm{P}})\quad \max_{\boldsymbol{F}\in \boldsymbol{F}(R)} \frac{f_2}{f_1}$$

其几何意义由图 5—15 所示，图中 $\bar{\boldsymbol{F}}$ 为（$\bar{\mathrm{P}}$）的最优点，$\bar{\boldsymbol{F}}$ 的原像 $\bar{\boldsymbol{x}}$（$\bar{\boldsymbol{x}}$ 满足：$\bar{\boldsymbol{x}}\in R$，$\boldsymbol{F}(\bar{\boldsymbol{x}})=\bar{\boldsymbol{F}}$）为（P）的最优解.

（Ⅲ）**研究像集的目的之三**（也是最主要的目的）：可以提供一些处理多目标问题的办法，我们以下例来说明.

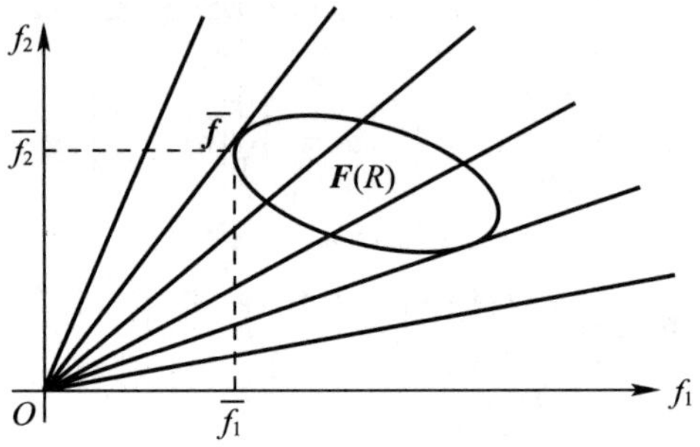

图 5—15

例 9（“理想点法”）　为了简单，我们只讨论两个目标的情况（更一般的情况详见后续章节）：

$$(\mathrm{VP})\begin{cases} V-\min\,(f_1(\boldsymbol{x}),f_2(\boldsymbol{x})), & \boldsymbol{x}\in \boldsymbol{E}^n \\ g_i(\boldsymbol{x})\geqq 0, & i=1,2,\cdots,m \end{cases}$$

令

$$f_1=\min_{\boldsymbol{x}\in R} f_1(\boldsymbol{x}),\quad f_2=\min_{\boldsymbol{x}\in R} f_2(\boldsymbol{x})$$

其中

$$R=\{\boldsymbol{x}\,|\,g_i(\boldsymbol{x})\geqq 0,\quad i=1,2,\cdots,m\}$$

先考虑一种最理想的情况，如图 5—16 所示.

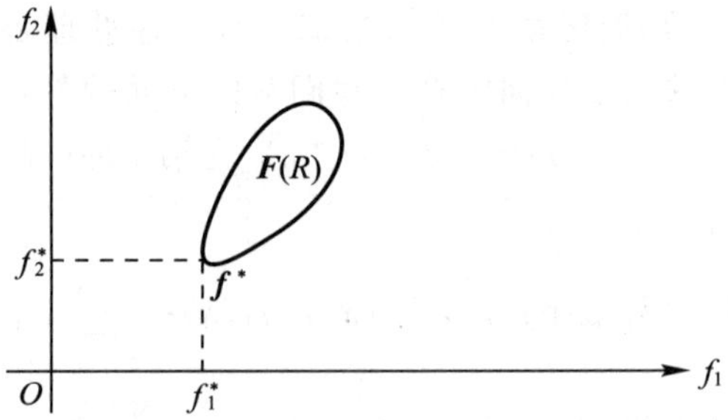

图 5—16

此时 $\boldsymbol{F}^*\in \boldsymbol{F}(R)$，并且满足

$$f_1^*=\min_{\boldsymbol{F}\in \boldsymbol{F}(R)} f_1,\quad f_2^*=\min_{\boldsymbol{F}\in \boldsymbol{F}(R)} f_2$$

记

$$\boldsymbol{F}^* = (f_1^*, f_2^*)^{\mathrm{T}}$$

由于 $\boldsymbol{F}^* \in \boldsymbol{F}(R)$，故存在 $\boldsymbol{x}^* \in R$，有

$$\boldsymbol{F}(\boldsymbol{x}^*) = (f_1(\boldsymbol{x}^*), f_2(\boldsymbol{x}^*))^{\mathrm{T}} = \boldsymbol{F}^*$$

并且对任意 $\boldsymbol{x} \in R$，记

$$\boldsymbol{F} = (f_1, f_2)^{\mathrm{T}} = \boldsymbol{F}(\boldsymbol{x}) = (f_1(\boldsymbol{x}), f_2(\boldsymbol{x}))^{\mathrm{T}}$$

则

$$(f_1, f_2)^{\mathrm{T}} \in \boldsymbol{F}(R)$$

因此有

$$f_1(\boldsymbol{x}) = f_1 \geqq f_1^* = f_1(\boldsymbol{x}^*)$$

$$f_2(\boldsymbol{x}) = f_2 \geqq f_2^* = f_2(\boldsymbol{x}^*)$$

即对任意 $\boldsymbol{x} \in R$ 有

$$\boldsymbol{F}(\boldsymbol{x}) \geqslant \boldsymbol{F}(\boldsymbol{x}^*)$$

可见，$\boldsymbol{x}^* \in R_{ab}^*$，因此我们在像空间称 $\boldsymbol{F}^*$ 为“理想点”（即（VP）的绝对最优解对应的点）.

一般来说，多目标规划（VP）的绝对最优解不一定存在，正如图 5—17 所示，$\boldsymbol{F}^* \overline{\in} \boldsymbol{F}(R)$. 由图 5—17 可以看出，像集 $\boldsymbol{F}(R)$ 中与理想点 $\boldsymbol{F}^*$ 最近的点似乎是可取的，即求如下问题的解 $\bar{\boldsymbol{F}}$：

$$(\bar{\mathrm{P}}) \quad \min_{\boldsymbol{F} \in \boldsymbol{F}(R)} \sqrt{(f_1 - f_1^*)^2 + (f_2 - f_2^*)^2}$$

如图 5—17 所示.

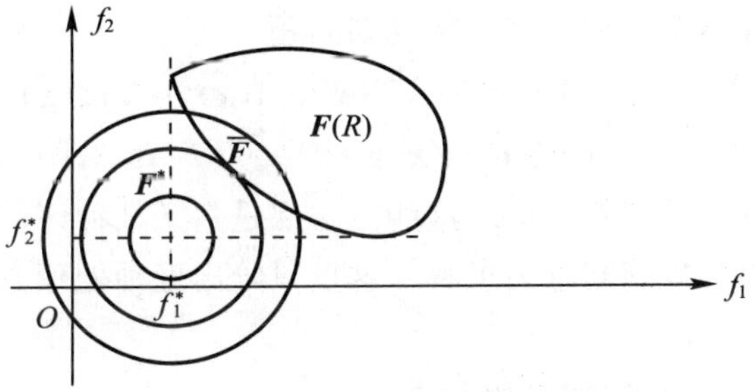

图 5—17

现在，借助上面的分析求出 $\bar{\boldsymbol{F}}$ 的原像. 考虑规划问题

$$(\mathrm{P}) \quad \min_{\boldsymbol{x} \in R} \sqrt{(f_1(\boldsymbol{x}) - f_1^*)^2 + (f_2(\boldsymbol{x}) - f_2^*)^2}$$

这里，(P) 与 $(\bar{\mathrm{P}})$ 的不同在于：在 $(\bar{\mathrm{P}})$ 中，令 $f_1 = f_1(\boldsymbol{x})$，$f_2 = f_2(\boldsymbol{x})$，并且将在 $(\bar{\mathrm{P}})$ 中变量 $\boldsymbol{F}$ 限制在 $\boldsymbol{F}(R)$ 中求最小，变为在 (P) 中变量 $\boldsymbol{x}$ 限制在 R 中求最小. 问题 (P) 是一个非线性规划，它的几何解释如图 5—18 所示，有如下定理（证明略）.

定理 1　设像空间中的问题 $(\bar{\mathrm{P}})$ 的最优解为 $\bar{\boldsymbol{F}}$，其中

$$(\bar{\mathrm{P}}) \min_{\boldsymbol{F} \in \boldsymbol{F}(R)} \sqrt{(f_1 - f_1^*)^2 + (f_2 - f_2^*)^2} = \min_{\boldsymbol{F} \in \boldsymbol{F}(R)} \| \boldsymbol{F} - \boldsymbol{F}^* \|$$

并且 $\bar{\boldsymbol{x}} \in R$，有

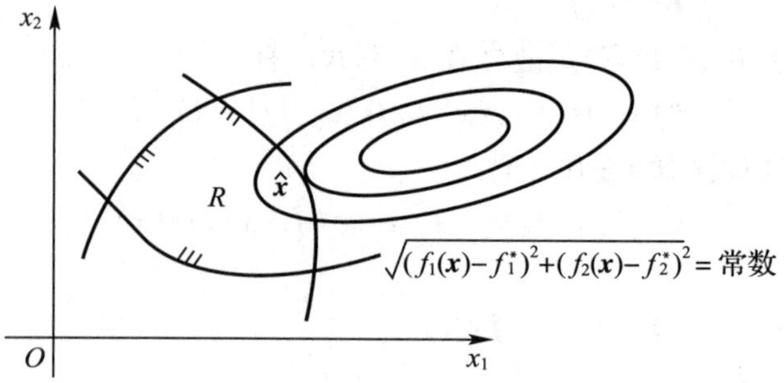

图 5—18

$$\boldsymbol{F}(\bar{\boldsymbol{x}})=\bar{\boldsymbol{F}}$$

与（$\bar{\text{P}}$）相对应的非线性规划问题为：

$$(\text{P})\quad \min_{x\in R}\sqrt{(f_1(\boldsymbol{x})-f_1^*)^2+(f_2(\boldsymbol{x})-f_2^*)^2}=\min_{x\in R}\|\boldsymbol{F}(\boldsymbol{x})-\boldsymbol{F}^*\|$$

设其最优解为 $\hat{\boldsymbol{x}}$，并且 $\hat{\boldsymbol{F}}=\boldsymbol{F}(\hat{x})$，则如下结论成立：

（1）$\bar{\boldsymbol{x}}$ 为（P）的最优解；

（2）$\hat{\boldsymbol{F}}$ 为（$\bar{\text{P}}$）的最优解.

5.4 评价函数方法

在本节中将对多目标规划问题

$$(\text{VP})\begin{cases}V-\min\ (f_1(\boldsymbol{x}),f_2(\boldsymbol{x}),\cdots,f_p(\boldsymbol{x})), & \boldsymbol{x}\in\boldsymbol{E}^n\\ \boldsymbol{x}\in R=\{\boldsymbol{x}\,|\,g_i(\boldsymbol{x})\geqq 0,\ i=1,2,\cdots,m,\ h_j(\boldsymbol{x})=0,\ j=1,2,\cdots,l\}\end{cases}$$

给出一些处理的方法．这些方法都是基于某种评价意义，把多目标规划问题化为单目标规划问题去求解．这里只给出五种处理方法.

（一）线性加权和方法

事先我们对 p 个目标 $f_1(\boldsymbol{x})$，$f_2(\boldsymbol{x})$，…，$f_p(\boldsymbol{x})$ 的重要性，通过邀请一批对这个问题有经验、有专门研究的“老手”（如专家、教授、技术人员、干部、工人等）发表意见，最终确定出一组权系数

$$\lambda_1\geqq 0,\quad \lambda_2\geqq 0,\quad \cdots,\quad \lambda_p\geqq 0$$

并且满足

$$\sum_{i=1}^{p}\lambda_i=1$$

令评价函数为：

$$h(\boldsymbol{x})=\sum_{i=1}^{p}\lambda_i f_i(\boldsymbol{x})$$

求规划问题

$$\begin{cases} \min h(\boldsymbol{x}) = \sum_{i=1}^{p} \lambda_i f_i(\boldsymbol{x}) \\ \boldsymbol{x} \in R \end{cases}$$

的最优解 $\bar{x}$. 可以证明：当 $\lambda_1>0$，$\lambda_2>0$，…，$\lambda_p>0$ 时，$\bar{x}$ 为（VP）的有效解，即

$$\bar{x} \in R_{pa}^*$$

（二）平方和加权法

先对每一个目标估计一个尽量好的希望值，例如对于第 i 个目标 $f_i(\boldsymbol{x})$ 给出一个估计值 f_i^0，它满足条件：

$$\min_{x \in R} f_i(\boldsymbol{x}) \geqq f_i^0, \quad i=1,2,\cdots,p$$

再对 p 个目标 $f_1(\boldsymbol{x})$，$f_2(\boldsymbol{x})$，…，$f_i(\boldsymbol{x})$，…，$f_p(\boldsymbol{x})$ 给出一组权系数：

$$\lambda_1, \lambda_2, \cdots, \lambda_i, \cdots, \lambda_p$$

其中

$$\lambda_i > 0, \quad i = 1,2,\cdots,p$$

$$\sum_{i=1}^{p} \lambda_i = 1$$

令评价函数为：

$$h(\boldsymbol{x}) = \sum_{i=1}^{p} \lambda_i (f_i(\boldsymbol{x}) - f_i^0)^2$$

求非线性规划问题

$$\begin{cases} \min h(\boldsymbol{x}) = \sum_{i=1}^{p} \lambda_i (f_i(\boldsymbol{x}) - f_i^0)^2 \\ \boldsymbol{x} \in R \end{cases}$$

的最优解 $\bar{x}$. 可以证明：$\bar{x}$ 为（VP）的有效解，即

$$\bar{x} \in R_{pa}^*$$

平方和加权法体现了通常所说的“自报公议”的原则. 即让那些强调目标 $f_i(\boldsymbol{x})$ 重要者预先给出最优值 $\min\limits_{x \in R} f_i(\boldsymbol{x})$ 的一个尽可能好的估计 f_i^0，然后，通过“公议”（例如请“老手”评议）给出一组表明各目标重要性的权系数 λ_1，λ_2，…，λ_p.

（三）理想点法

先求 p 个单目标规划的最优值，记

$$f_i^* = \min_{x \in R} f_i(\boldsymbol{x}), \quad i=1,2,\cdots,p$$

这样，我们得到了一个点

$$\boldsymbol{F}^* = \begin{pmatrix} f_1^* \\ f_2^* \\ \vdots \\ f_p^* \end{pmatrix}$$

它是各目标的理想值的点，称为理想点（因为多目标规划的绝对最优解往往是不存在的，可见，$\boldsymbol{F}^*$ 只不过是理想值而已）. 令评价函数为：

$$h(\boldsymbol{x})=\|\boldsymbol{F}(\boldsymbol{x})-\boldsymbol{F}^*\|$$

其中

$$\boldsymbol{F}(\boldsymbol{x})=\begin{pmatrix} f_1(\boldsymbol{x}) \\ f_2(\boldsymbol{x}) \\ \vdots \\ f_p(\boldsymbol{x}) \end{pmatrix}$$

而 $\|\cdot\|$ 为欧氏模（距离），即

$$h(\boldsymbol{x})=\|\boldsymbol{F}(\boldsymbol{x})-\boldsymbol{F}^*\|=\sqrt{\sum_{i=1}^{P}(f_i(\boldsymbol{x})-f_i^*)^2}$$

求非线性规划问题

$$\begin{cases}\min h(\boldsymbol{x})=\|\boldsymbol{F}(\boldsymbol{x})-\boldsymbol{F}^*\| \\ \boldsymbol{x}\in R\end{cases}$$

的最优解 $\bar{\boldsymbol{x}}$. 可以证明：$\bar{\boldsymbol{x}}$ 为（VP）的有效解，即

$$\bar{\boldsymbol{x}}\in R_{pa}^*$$

（四）"min-max"法（"最小—最大"法）

在对策论的研究中，选取最优策略的一种思想是在最不利的情况下选取最有利的"策略"，即所谓"最小—最大"的原则. 借用这一思想，我们可得到评价函数

$$h(\boldsymbol{F})=\max_{1\leqq j\leqq p} f_j$$

再求规划问题

$$(\mathrm{P})\quad \min_{\boldsymbol{x}\in R} h(\boldsymbol{F}(\boldsymbol{x}))=\min_{\boldsymbol{x}\in R}\{\max_{1\leqq j\leqq p} f_j(\boldsymbol{x})\}$$

的最优解 $\bar{\boldsymbol{x}}$. 可以证明 $\bar{\boldsymbol{x}}$ 为（VP）的弱有效解.

这里，$\max\limits_{1\leqq j\leqq p} f_j(\boldsymbol{x})$ 是变量 $\boldsymbol{x}$ 的函数，当 $n=1$ 时如图 5—19 所示.

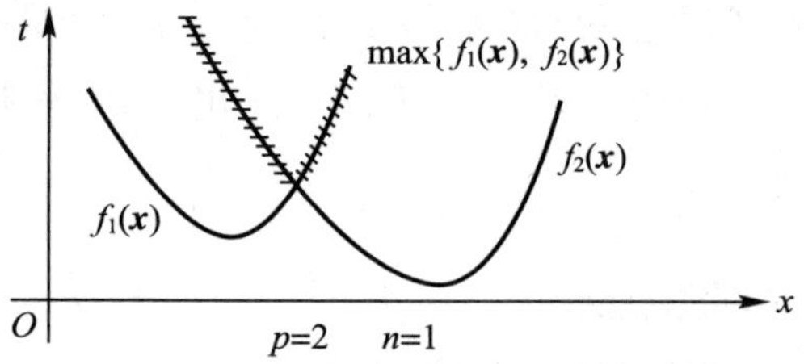

图 5—19

对于问题（P），可以用增加一个变量 x_{n+1} 和 p 个约束条件的方法，将它化为一个等价的通常形式的数学规划：

$$(\mathrm{P}')\begin{cases}\min x_{n+1} \\ f_j(\boldsymbol{x})\leqq x_{n+1}, \quad j=1,2,\cdots,p \\ g_i(\boldsymbol{x})\geqq 0, \quad i=1,2,\cdots,m\end{cases}$$

问题（P）和（P′）之间的关系是：若 $\bar{\boldsymbol{x}}=(\bar{x}_1,\bar{x}_2,\cdots,\bar{x}_n)^{\mathrm{T}}$ 及 $\bar{x}_{n+1}$ 为（P′）的最优解，则 $\bar{\boldsymbol{x}}$ 为（P）的最优解；反之，若 $\bar{\boldsymbol{x}}$ 为（P）的最优解，令

$$\bar{x}_{n+1}=\max_{1\leq j\leq p} f_i(\bar{\boldsymbol{x}})$$

则 $\bar{\boldsymbol{x}}=(\bar{x}_1,\bar{x}_2,\cdots,\bar{x}_n)^{\mathrm{T}}$ 及 $\bar{x}_{n+1}$ 为（P′）的最优解（证明是初等的）.

（五）乘除法

考虑具有 p 个目标的多目标问题，其中 $\boldsymbol{x}\in R$，并且

$$f_i(\boldsymbol{x})>0,\quad i=1,2,\cdots,p$$

在上述 p 个目标当中，有一些目标希望越小越好，另一些目标希望越大越好. 不失一般性，设（$p>s\geqq 1$）

$$f_1(\boldsymbol{x}),f_2(\boldsymbol{x}),\cdots,f_s(\boldsymbol{x})$$

要求越小越好；而目标

$$f_{s+1}(\boldsymbol{x}),f_{s+2}(\boldsymbol{x}),\cdots,f_p(\boldsymbol{x})$$

要求越大越好. 此时令评价函数为：

$$h(\boldsymbol{F})=\frac{\prod_{j=1}^{s} f_j}{\prod_{j=s+1}^{p} f_j}$$

再求规划问题

$$\min_{x\in R} h(\boldsymbol{F}(\boldsymbol{x}))=\min_{x\in R}\frac{\prod_{j=1}^{s} f_j(\boldsymbol{x})}{\prod_{j=s+1}^{p} f_j(\boldsymbol{x})}$$

的最优解 $\bar{\boldsymbol{x}}$. 可以证明 $\bar{\boldsymbol{x}}$ 为（VP）的有效解.

5.5　福利经济学中的埃奇渥斯盒状图*

在福利经济学中，Pareto 最优的概念起着十分重要的作用. 本节中，我们给出福利经济学中论述 Pareto 最优的一个范例——**“埃奇渥斯盒状图”**. 福利经济学中，用埃奇渥斯盒状图研究两种既定数量的产品在两个消费者之间的分配问题，然后推广到一般情况，给出交换的 Pareto 最优条件. 同样的方法可以研究两种既定的生产要素（例如劳动、资金）在两个生产者之间的分配情况，即所谓生产的 Pareto 最优条件. 交换的 Pareto 最优条件和生产的 Pareto 最优条件的研究方法几乎是平行的. 在搞数学的人看来，使用埃奇渥斯盒状图是一种天才的创造.

以下，我们仅以两人两种商品的交换为背景讨论交换过程中的 Pareto 最优条件. 假设有两个人，他们都拥有一定数量的两种商品，如表 5—2 所示.

表 5—2

商品 \ 人	1	2	总和
1	a_{11}	a_{12}	a_1
2	a_{21}	a_{22}	a_2

其中

a_{ij} = 第 j 个人拥有第 i 种商品的数量， $i=1,2$； $j=1,2$

$a_i=a_{i1}+a_{i2}$ = 第 i 种商品的总量， $i=1,2$

两个商品交换者的商品交换必须在双方都有利或者至少不被损害的情况下才能够进行. 这就需要有一个体现商品交换者对于两种不同数量的商品，表明自己满足程度的数与其对应. 这里用效用函数表示不同的商品量对商品交换者来说的满足程度. 令

$U_1(x_1,x_2)$， $U_2(x_1,x_2)$

分别为商品交换者 1 和商品交换者 2 的效用函数，其中 x_1 表示第一种商品的数量，x_2 表示第二种商品的数量.

如果从多目标规划的角度看，显然有如下的多目标问题

$$(\mathrm{VP})\begin{cases} V-\max\left[f_1(x_{11},x_{21}),f_2(x_{12},x_{22})\right] \\ x_{11}+x_{12}=a_1 \\ x_{21}+x_{22}=a_2 \\ f_1(x_{11},x_{21})\geqq f_1(a_{11},a_{21}) \\ f_2(x_{12},x_{22})\geqq f_2(a_{12},a_{22}) \\ x_{ij}\geqq 0,\ i=1,2;\ j=1,2 \end{cases}$$

其中

$f_1(x_{11},x_{21})=U_1(x_{11},x_{21})$

$f_2(x_{21},x_{22})=U_2(x_{12},x_{22})$

x_{ij} = 第 j 个人拥有第 i 种商品的数量， $i=1,2$； $j=1,2$

由 $U_1(x_{11},x_{21})$ 和 $U_2(x_{12},x_{22})$ 可得到它们的等效用曲线（即 $f_1(x_{11},x_{21})$ 和 $f_2(x_{12},x_{22})$ 的等高线），由图 5—20 和图 5—21 给出. 图中，愈偏离原点 O_1（或 O_2）的等效用曲线效用值愈大.

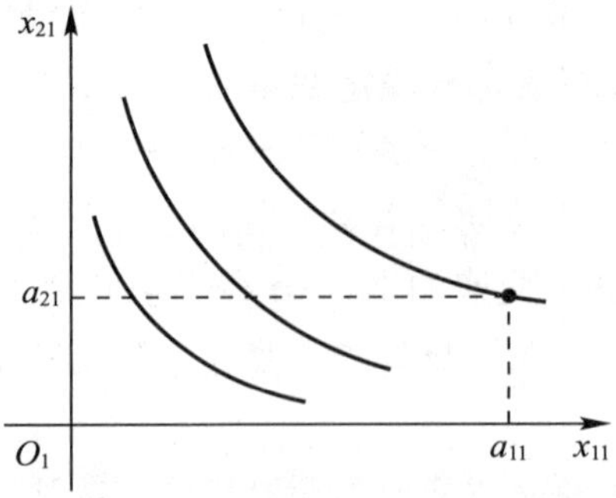

图 5—20

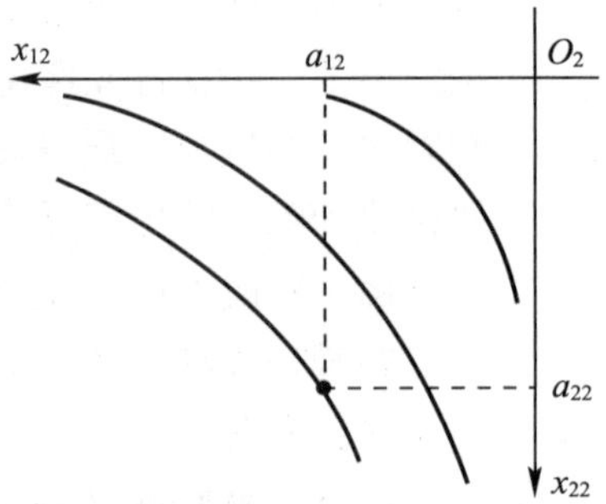

图 5—21

埃奇渥斯盒状图是将上述两个图画在一个“盒子”当中，其中“盒子”长为 $a_{11}+a_{12}$，“盒子”宽为 $a_{21}+a_{22}$（即两个商品交换者具有商品 1 的总和 a_1 为盒子的长；具有商品 2 的总和 a_2 为盒子的宽）．于是，盒子中的每一个点，都表示商品交换者 1 和 2 拥有两种商品的数量，而该点所在的等效用线的数值分别表示两个商品交换者的效用函数值．图 5—22 中的点 W 表示商品交换者所具有的商品 1 和商品 2 的数量．Pareto 给出了以下原则进行交换（即“Pareto 最优条件”）：如果每个人都不能在不损害他人利益的前提下增加自己的利益，那么就认为他们已处于最优状态．由图 5—22 可知，当前的状态（即点 W）并不是最优状态．实际上，图 5—22 中斜线构成的“梭形区域”中的任意一个点，都可能使商品交换者的效用值增大，也就是比当前的状态有所改进．我们称该“梭形区域”为“互利区”，即多目标规划（VP）的约束集合确定的区域．

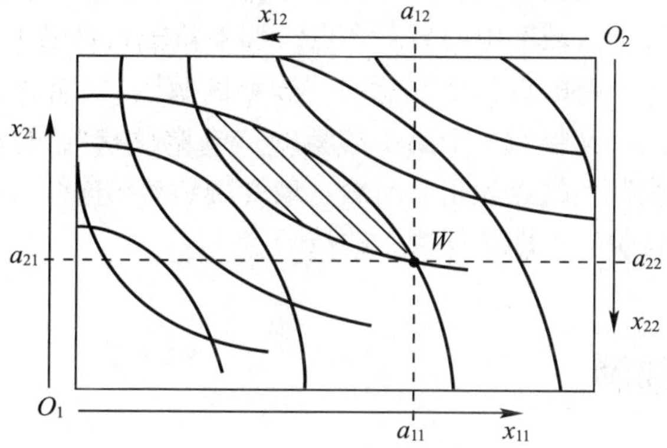

图 5—22

下面我们讨论 Pareto 的有效配置问题，即按照交换的 Pareto 最优条件，确定有效配置的点．当商品交换者之一确定了他的效用值 c 后，我们去确定另一个商品交换者所可能达到的最大的效用值的点，可以用如下的单目标规划来描述：

$$\begin{cases} \max\ f_2(x_{12},x_{22}) \\ x_{11}+x_{12}=a_1 \\ x_{21}+x_{22}=a_2 \\ f_1(x_{11},x_{21})=c \\ x_{ij}\geqq 0,\ i=1,2;\ j=1,2 \end{cases}$$

由上述单目标问题确定的点如图 5—23 所示，其中点 M 即为所求，称点 M 为契约点．在埃奇渥斯盒子中，所有可能的契约点构成了一条曲线 O_1O_2，称为“契约曲线”．可以看出，“契约曲线”上的任意一个点都满足交换的 Pareto 最优条件．由 5.2 节的内容可知，“契约曲线”上的任意一个点都是多目标规划（VP）的Pareto解．

在上述的两个人、两种商品的交换问题中，当两个商品交换者拥有的商品数量确定之后，就在埃奇渥斯盒子中对应了一个点 W，以及相应的“梭形区

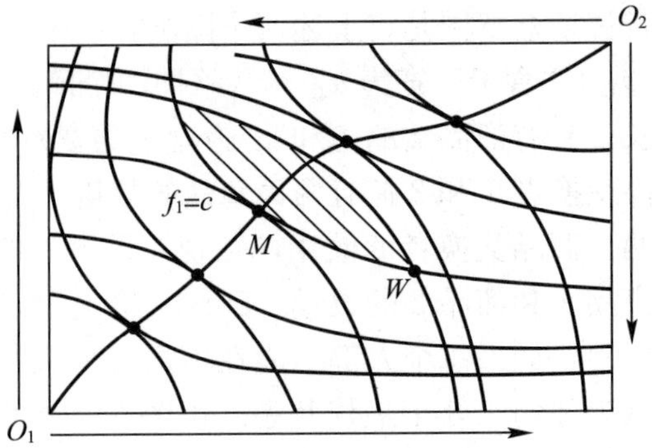

图 5—23

域”（如图 5—23 所示）．此时，由于点 W 不在“梭形区域”内的“契约曲线”上，两个人都有进行商品交换的意向．因此，双方经过讨价还价会把点 W 变成“梭形区域”中的另一个点．如果新的点仍然不在“契约曲线”上，就会形成一个与新的点相应的新的“梭形区域”，双方还会继续进行讨价还价，确定新的点，又得到一个更小的新的“梭形区域”，如此进行，直到最终得到“契约曲线”上的点为止．当然，最终得到契约曲线上的哪个点，要看商品拥有者讨价还价——即“谈判”的技巧．

5.6 目标规划

在这一节中将讨论另一类多目标问题——（线性）“目标规划”．先看一个例子（请注意目标函数的形式）．

例 10 某家具厂只生产两种产品：桌子和椅子．售出一张桌子的利润为 3 元，售出一把椅子的利润为 4 元．又知桌子和椅子需经过两个加工工段：装配工段和精整工段，其中每个桌子和椅子所需工时，以及各工段的生产能力由表5—3给出．

表 5—3

工段	x_1（桌子）	x_2（椅子）	生产能力（工时/天）
装配	4	3	30
精整	1	3	12

如果要求利润最大，这是在第 2 章中讨论过的线性规划问题的模型，不难写出，有

$$(\mathrm{P}_0)\begin{cases}\max\ (3x_1+4x_2)\\4x_1+3x_2\leqq 30\\x_1+3x_2\leqq 12\\x_1\geqq 0,x_2\geqq 0\end{cases}$$

由图解法得到最优解（见图 5—24）：

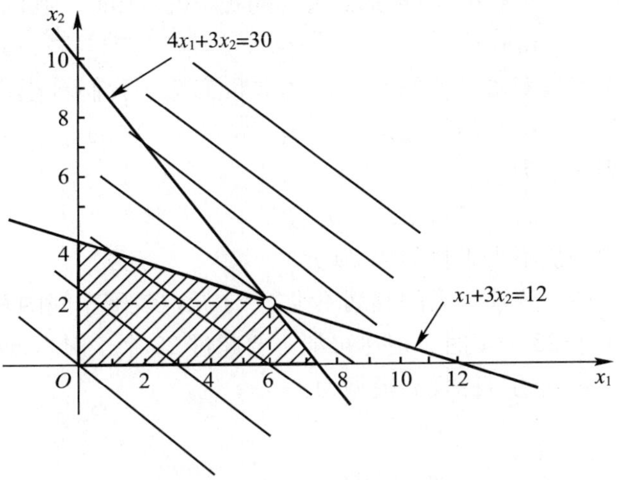

图 5—24

$\bar{x}_1=6$，$\bar{x}_2=2$

相应的最优值为 26. 现在根据三种不同要求建立三种模型.

（1）要求一天的利润达到 20 元，两种产品各应生产多少？

除了假设桌子的生产数量为 x_1，椅子的生产数量为 x_2 之外，还设

d^- = 利润不足 20 元时的差额值（简称为负偏差）

d^+ = 利润超过 20 元时的超出值（简称为正偏差）

建立目标规划模型为：

$$(\mathrm{P}_1)\begin{cases}\min\ (d^-+d^+)\\ 4x_1+3x_2 \leqq 30\\ x_1+3x_2 \leqq 12\\ 3x_1+4x_2+d^--d^+=20\\ x_1\geqq 0,\ x_2\geqq 0,\ d^-\geqq 0,\ d^+\geqq 0\end{cases}$$

在这个问题中的目标函数为：

$$\min\ (d^-+d^+)$$

其原因是负偏差及正偏差都为非负变量，因此，目标值 $(d^-+d^+)\geqslant 0$，如果能求得最优解使得目标值 $\min\ (d^-+d^+)=0$，这只有正偏差及负偏差都为 0，于是就能实现我们希望利润达到 20 元的目的.

（2）要求一天内的利润值不少于 20 元（允许超过 20 元，但尽可能不要少于 20 元），问两种产品应各生产多少？

我们可以建立这样的目标规划模型：

$$(\mathrm{P}_2)\begin{cases}\min\ d^-\\ 4x_1+3x_2 \leqq 30\\ x_1+3x_2 \leqq 12\\ 3x_1+4x_2+d^--d^+=20\\ x_1\geqq 0,\ x_2\geqq 0,\ d^-\geqq 0,\ d^+\geqq 0\end{cases}$$

其中 x_1，x_2，d^-，d^+ 的意义与问题（P_1）相同. 在问题（P_2）中的目标函数为：

$$\min d^-$$

其原因是变量（负偏差）d^- 为非负变量，我们希望目标的最优值 $\min d^-=0$，因为若（P_2）的最优解 $\bar{x}_1$，$\bar{x}_2$，$\bar{d}^-$，$\bar{d}^+$ 中的 $\bar{d}^-=0$，则因为正偏差 $\bar{d}^+\geqq 0$，故利润值为：

$$3\bar{x}_1+4\bar{x}_2=20+d^+\geqq 20$$

即利润值不少于目的值 20 元.

（3）要求一天的利润不少于 23 元，装配车间的总工时不超过 28 工时（允许少于 28 个工时，但尽可能不要超过 28 个工时），问两种产品应各生产多少？

建立的目标规划模型为：

$$(P_3)\begin{cases}\min d^+\\ 3x_1+4x_2 \geqq 23\\ x_1+3x_2 \leqq 12\\ 4x_1+3x_2+d^- -d^+=28\\ x_1\geqq 0,\ x_2\geqq 0,\ d^-\geqq 0,\ d^+\geqq 0\end{cases}$$

其中 x_1，x_2 的意义与前面的几个问题相同，即 x_1 为生产的桌子数，x_2 为生产的椅子数，但是 d^-，d^+ 与前面的问题都不同，在这里

d^-＝装配车间工时不足 28 时的差额值（负偏差）

d^+＝装配车间工时超过 28 时的超出值（正偏差）

问题（P_3）的目标函数为：

$$\min d^+$$

其原因是变量 d^+（正偏差）为非负变量，我们希望目标的最优值 $\min d^+=0$，因为若（P_2）的最优解 $\bar{x}_1$，$\bar{x}_2$，$\bar{d}^-$，$\bar{d}^+$，有 $\bar{d}^+=0$，则因为负偏差 $\bar{d}^-\geqq 0$，故得到装配车间的工时为：

$$4\bar{x}_1+3\bar{x}_2=28-\bar{d}^-\leqq 28$$

即工作时间少于 28.

从上面的例子可以看出目标规划的一个特点，就是把原来的目标函数（性能指标）通过引进正偏差与负偏差转化为约束条件，而用正偏差及负偏差的不同组合形式作为目标规划的目标函数. 一般地，假设有一个性能指标为：

$$f(\boldsymbol{x})=f(x_1,x_2,\cdots,x_n)$$

它的一个给定的目的值为 f_0，则令

d^-＝指标 $f(\boldsymbol{x})$ 不足 f_0 时的差额值（负偏差），　$d^-\geqq 0$

d^+＝指标 $f(\boldsymbol{x})$ 超过 f_0 时的超出值（正偏差），　$d^+\geqq 0$

有如下的约束条件：

$$f(\boldsymbol{x})+d^- -d^+=f_0$$

目标规划可以有以下五种目标函数的形式：

（1）要求性能指标 $f(\boldsymbol{x})$ 尽量达到目的值 f_0（即不足 f_0 不好，超过 f_0 也不好），此时目标规划的目标为：

$\min\ (d^- + d^+)$

（2）要求性能指标 $f(\boldsymbol{x})$ 的值不少于目的值 f_0（即允许超过 f_0，但尽可能不要少于 f_0），此时目标规划的目标为：

$\min\ d^-$

（3）要求性能指标 $f(\boldsymbol{x})$ 的值不超过目的值 f_0（即允许少于 f_0，但尽可能不要超过 f_0），此时目标规划的目标为：

$\min\ d^+$

以下两种情况（4）与（5）是我们前面几章中研究过的普通规划问题的提法，这里只不过是用目标规划的语言做了统一处理.

（4）要求性能指标 $f(\boldsymbol{x})$ 的值越大越好，此时目标规划的目标为：

$\min\ (d^- - d^+)$

（实际上，由 $f(\boldsymbol{x}) = f_0 - (d^- - d^+)$ 可知，要求 $\max f(\boldsymbol{x})$ 等价于 $\min(d^- - d^+)$.）

（5）要求性能指标 $f(\boldsymbol{x})$ 的值越小越好，此时目标规划的目标为：

$\min\ (d^+ - d^-)$

（实际上，由 $f(\boldsymbol{x}) = f_0 + (d^+ - d^-)$ 可知，要求 $\min f(\boldsymbol{x})$ 等价于 $\min\ (d^+ - d^-)$.）

以上是为了便于说明目标规划的性质，所以暂时借用单个目标来讨论. 现在根据对单个目标的目标规划的五种形式来讨论多目标的情况.

例 11　在例 10 中，有如下两个要求：第一，要求一天内的利润达到 20 元；第二，在利润尽可能达到 20 元的前提下，装配车间剩余的工时越多越好（即在完成全厂利润 20 元的前提下，尽量早下班），问如何安排桌子与椅子的生产数？

解：假设 x_1 为生产桌子的数量，x_2 为生产椅子的数量，且设

d_1^- = 利润不足 20 元时的差额值(负偏差)

d_1^+ = 利润超过 20 元时的超出值(正偏差)

d_2^- = 装配车间工时不足 30 时的差额值(负偏差)

d_2^+ = 装配车间工时超过 30 时的超出值(正偏差)

依题意，约束条件为：

$$\begin{cases} 3x_1 + 4x_2 + d_1^- - d_1^+ = 20 \\ 4x_1 + 3x_2 + d_2^- \quad d_2^+ = 30 \\ 4x_1 + 3x_2 \leqq 30 \\ x_1 + 3x_2 \leqq 12 \\ x_1 \geqq 0,\ x_2 \geqq 0,\ d_1^- \geqq 0,\ d_1^+ \geqq 0,\ d_2^- \geqq 0,\ d_2^+ \geqq 0 \end{cases}$$

第一等级目标为（记为 f_1）：

$\min\ (d_1^- + d_1^+)$

第二等级目标为（记为 f_2）：

$$\min\ (d_2^+ - d_2^-)$$

我们引进表示等级顺序的记号 P_1 及 P_2，记号

$$\min\ [P_1(d_1^- + d_1^+) + P_2(d_2^+ - d_2^-)]$$

表示两个等级的目标，第一个等级的目标为 $\min\ (d_1^- + d_1^+)$，第二个等级的目标为 $\min\ (d_2^+ - d_2^-)$. 于是，问题可以写成

$$\begin{cases} \min\ [P_1(d_1^- + d_1^+) + P_2(d_2^+ - d_2^-)] \\ 3x_1 + 4x_2 + d_1^- - d_1^+ = 20 \\ 4x_1 + 3x_2 + d_2^- - d_2^+ = 30 \\ 4x_1 + 3x_2 + y_1 = 30 \\ x_1 + 3x_2 + y_2 = 12 \\ x_1 \geqq 0,\ x_2 \geqq 0,\ d_1^- \geqq 0,\ d_1^+ \geqq 0,\ d_2^- \geqq 0,\ d_2^+ \geqq 0,\ y_1 \geqq 0,\ y_2 \geqq 0 \end{cases}$$

这一问题可以用单纯形方法求解，目标规划的单纯形表如表 5—4 所示.

表 5—4

C_B		目标									常数
		f_1	0	0	1	1	0	0	0	0	
		f_2	0	0	0	0	−1	1	0	0	
f_2	f_1	x_B \\ x_j	x_1	x_2	d_1^-	d_1^+	d_2^-	d_2^+	y_1	y_2	
0	1	d_1^-	[3]	4	1	−1	0	0	0	0	20
−1	0	d_2^-	4	3	0	0	1	−1	0	0	30
0	0	y_1	4	3	0	0	0	0	1	0	30
0	0	x_2	1	3	0	0	0	0	0	1	12
检验数		f_1	3	4	0	−2	0	0	0	0	20
		f_2	−4	−3	0	0	0	0	0	0	−30

由于有两个等级的目标，所以相应的目标函数的系数行（列）以及检验数行都为两排，分别用 f_1 和 f_2 区分开来.

在第一等级目标的检验数中，相应于变量 x_1 的检验数为 3，大于 0，故可将 x_1 引到基变量中去. 由于

$$\theta = \min\left\{\frac{20}{3}, \frac{30}{4}, \frac{30}{4}, \frac{12}{1}\right\} = \frac{20}{3}$$

故用 x_1 替换出 d_1^-. 进行单纯形迭代后得到如表 5—5 所示的单纯形表，其中第二级目标的检验数也要做相应的变动.

由于第一个等级的检验数都小于或等于 0，故对第一个等级的目标而言已得到最优解. 我们观察第二等级的检验数，相应于变量 x_2 的检验数为 $\frac{7}{3}$，但变量 x_2 相应于第一等级目标的检验数为 0，此时把 x_2 引入基变量中. 由于

$$\theta = \min\left\{\frac{20}{3} \Big/ \frac{4}{3}, \frac{16}{3} \Big/ \frac{5}{3}\right\} = \frac{16}{5}$$

表 5—5

C_B 目标 f_1			0	0	1	1	0	0	0	0	常数
f_2			0	0	0	0	−1	1	0	0	
f_2	f_1	x_B \ x_j	x_1	x_2	d_1^-	d_1^+	d_2^-	d_2^+	y_1	y_2	
0	0	x_1	1	$\frac{4}{3}$	$\frac{1}{3}$	$-\frac{1}{3}$	0	0	0	0	$\frac{20}{3}$
−1	0	d_2^-	0	$-\frac{7}{3}$	$-\frac{4}{3}$	$\frac{4}{3}$	1	−1	0	0	$\frac{10}{3}$
0	0	y_1	0	$-\frac{7}{3}$	$-\frac{4}{3}$	$\frac{4}{3}$	0	0	1	0	$\frac{10}{3}$
0	0	y_2	0	$\boxed{\frac{5}{3}}$	$-\frac{1}{3}$	$\frac{1}{3}$	0	0	0	1	$\frac{16}{3}$
检验数		f_1	0	0	−1	−1	0	0	0	0	0
		f_2	0	$\frac{7}{3}$	$\frac{4}{3}$	$-\frac{4}{3}$	0	0	0	0	$-\frac{10}{3}$

故用 x_2 替换变量 y_2. 进行单纯形迭代后得到表 5—6 所示的单纯形表，其中第二等级的检验数要做相应的变动.

表 5—6

C_B 目标 f_1			0	0	1	1	0	0	0	0	常数
f_2			0	0	0	0	−1	1	0	0	
f_2	f_1	x_B \ x_j	x_1	x_2	d_1^-	d_1^+	d_2^-	d_2^+	y_1	y_2	
0	0	x_1	1	0	$\frac{3}{5}$	$-\frac{3}{5}$	0	0	0	$-\frac{4}{5}$	$\frac{12}{5}$
−1	0	d_2^-	0	0	$-\frac{9}{5}$	$\frac{9}{5}$	1	−1	0	$\frac{7}{5}$	$\frac{54}{5}$
0	0	y_1	0	0	$-\frac{9}{5}$	$\frac{9}{5}$	0	0	1	$\frac{7}{5}$	$\frac{54}{5}$
0	0	x_2	0	1	$-\frac{1}{5}$	$\frac{1}{5}$	0	0	0	$\frac{3}{5}$	$\frac{16}{5}$
检验数		f_1	0	0	−1	−1	0	0	0	0	0
		f_2	0	0	$\frac{9}{5}$	$-\frac{9}{5}$	0	0	0	$-\frac{7}{5}$	$-\frac{54}{5}$

对第二等级目标的检验数来说，有一个变量 d_1^- 的检验数为 $\frac{9}{5}$，大于 0；但是相应于 d_1^- 的第一等级目标的检验数为 −1，它不为 0，所以不能再进行单纯形迭代了. 此时得到目标规划的最优解

$$\bar{x}_1=\frac{12}{5},\quad \bar{x}_2=\frac{16}{5}$$

$$\bar{d}_1^-=0,\quad \bar{d}_1^+=0$$

$$\bar{d}_2^-=\frac{54}{5},\quad \bar{d}_2^+=0$$

$$\bar{y}_1=\frac{54}{5},\quad \bar{y}_2=0$$

这个结果说明，最优方案为：生产桌子$\frac{12}{5}$张，生产椅子$\frac{16}{5}$把，这个最优方案可以达到利润的要求值 20 元（因 $\bar{d}_1^-=\bar{d}^+=0$），装配车间剩余工时为$\frac{54}{5}$（因 $\bar{d}_2^-=\frac{54}{5}$）.

例 12 我们仍以例 10 为例. 这里不但对利润有所要求，而且对产值也有所要求，其有关数据由表 5—7、表 5—8 给出.

表 5—7

工段 \ 产品	x_1（桌子）	x_2（椅子）	生产能力
装配	4	3	30
精整	1	3	12

表 5—8

产品	（桌子）	（椅子）	目的值
利润	3	4	20
产值	80	23	300

要求：第一，总利润不能少于 20 元，总产值也不能少于 300 元，并且产值的重要性是利润的 2 倍，即认为产值少 1 元相当于利润少 2 元；第二，由于椅子的销路相对而言不如桌子，故生产椅子的数目不能多于 3 把. 问如何安排生产？

解：假设

d_1^-＝利润不足 20 元时的差额值（负偏差）

d_1^+＝利润超过 20 元时的超出值（正偏差）

d_2^-＝产值不足 300 元时的差额值（负偏差）

d_2^+＝产值超过 300 元时的超出值（正偏差）

d_3^-＝椅子产量不足 3 把时的差额值（负偏差）

d_3^+＝椅子产量超过 3 把时的超出值（正偏差）

依题意，约束条件为：

$$\begin{cases} 3x_1+4x_2+d_1^--d_1^+=20 \\ 80x_1+23x_2+d_2^--d_2^+=300 \\ x_2+d_3^--d_3^+=3 \\ 4x_1+3x_2\leqq 30 \\ x_1+3x_2\leqq 12 \\ x_i\geqq 0,\ d_j^-\geqq 0,\ d_j^+\geqq 0,\ i=1,2;\ j=1,2,3 \end{cases}$$

第一等级目标为（记为 f_1）：

$$\min\ (d_1^- + 2d_2^-)$$

第二等级目标为（记为 f_2）：

$$\min\ d_3^+$$

这里需要说明的是，在第一等级目标中将 d_1^- 与 d_2^- 用 1∶2 线性加权和作为目标函数，是因为“利润不少于 20 元”与“产值不少于 300 元”的要求在同一等级中，但二者的重要性是 1∶2. 最后，可将问题统一写为：

$$\begin{cases} \min\ [P_1(d_1^- + 2d_2^-)^+ + P_2(d_3^+)] \\ 3x_1 + 4x_2 + d_1^- - d_1^+ = 20 \\ 80x_1 + 23x_2 + d_2^- - d_2^+ = 300 \\ x_2 + d_3^- - d_3^+ = 3 \\ 4x_1 + 3x_2 + y_1 = 30 \\ x_1 + 3x_2 + y_2 = 12 \\ x_i \geqq 0,\ d_j^- \geqq 0,\ d_j^+ \geqq 0,\ y_i \geqq 0,\ i=1,2;\ j=1,2,3 \end{cases}$$

有如表 5—9 所示的单纯形表.

表 5—9

C_B f_2	C_B f_1	目标 / x_j / x_B	x_1	x_2	d_1^-	d_1^+	d_2^-	d_2^+	d_3^-	d_3^+	y_1	y_2	常数
		f_1	0	0	1	0	2	0	0	0	0	0	
		f_2	0	0	0	0	0	0	0	1	0	0	
0	1	d_1^-	3	4	1	−1	0	0	0	0	0	0	20
0	2	d_2^-	80	23	0	0	1	−1	0	0	0	0	300
0	0	d_3^-	0	1	0	0	0	0	1	−1	0	0	3
0	0	y_1	4	3	0	0	0	0	0	0	1	0	30
0	0	y_2	1	3	0	0	0	0	0	0	0	1	12
检验数		f_1	163	50	0	−1	0	−2	0	0	0	0	620
		f_2	0	0	0	0	0	0	0	−1	0	0	0

通过类似于例 11 中的单纯形迭代，最终将得到目标规划的最优解.

由上面的两个例子可以看出，目标规划方法是根据问题本身提出的要求（目的），引入相应的正、负偏差以及约束条件，再根据重要性次序把目标分为若干等级（在同一个等级中可以有一个以上的目标）. 对于在同一等级中的几个目标，根据重要程度给出表示重要性的比例（或一组权系数），进行加权和，得到这一等级的最终目标函数，列出单纯形表，从高一等级目标到低一等级目标逐一进行单纯形迭代，最终得到目标规划的最优解（详细迭代规则见例 10）.

□ 习 题

1. 多目标规划问题有什么特点？请举例说明.

2. 求由图 5—25 给出的多目标问题的有效解集合，其中 x 为单变量，约束集合 $R=\{x \mid x \geqq 0\}$.

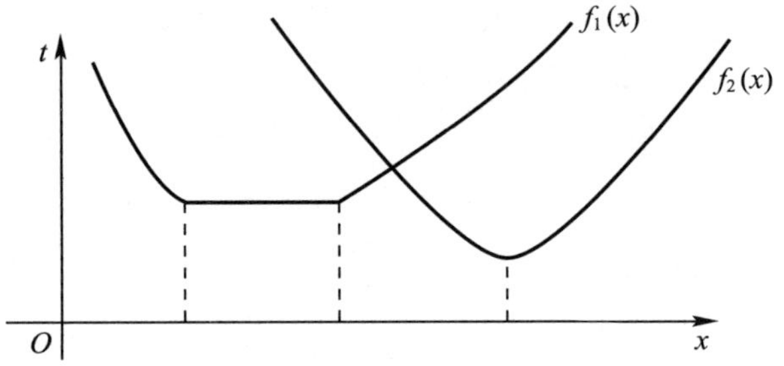

图 5—25

3. 求由图 5—26 给出的多目标问题的有效解集合，其中 x 为单变量，约束集合 $R=\{x \mid x \geqq 0\}$.

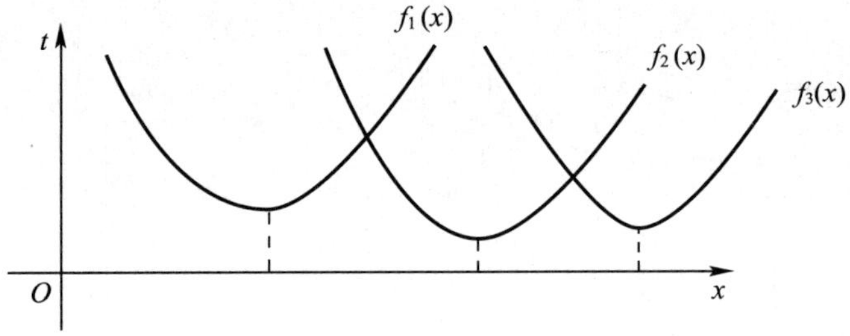

图 5—26

4. 在图 5—27 中标出有效解集合 R_{pa}^*，弱有效解集合 R_{wp}^*.

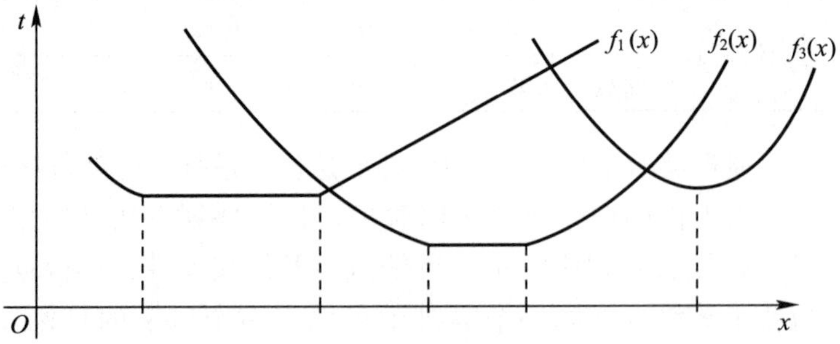

图 5—27

5. 求如下多目标规划（VP）的像集，有效点，有效解，以及局部有效解.

$$(\mathrm{VP})\begin{cases}V-\min\ (\sin x, \cos x)\\0\leqq x\leqq 2\pi\end{cases}$$

6. 考虑多目标问题（$\boldsymbol{x}\in\boldsymbol{E}^2$）

$$(\mathrm{VP})\begin{cases}V-\min\ (f_1(\boldsymbol{x}), f_2(\boldsymbol{x}))\\0\leqq x_1\leqq 1,\quad 0\leqq x_2\leqq 1\end{cases}$$

其中

$$f_1(\boldsymbol{x})=x_1$$

$$f_2(\boldsymbol{x})=x_1{}^2+(x_2-3)^2$$

画出图形，在此基础上求出像集 $\boldsymbol{F}(R)$，R_{pa}^* 和 R_{wp}^*.

7. 考虑多目标问题（$\boldsymbol{x}\in\boldsymbol{E}^2$）

$$(\mathrm{VP})\begin{cases}V-\min\ (f_1(\boldsymbol{x}), f_2(\boldsymbol{x}))\\0\leqq x_1\leqq 1,\quad 0\leqq x_2\leqq 1\end{cases}$$

其中　$f_1(\boldsymbol{x})=x_1$，　$f_2(\boldsymbol{x})=x_1+x_2$

画出图形，在此基础上求出像集 $\boldsymbol{F}(R)$ 和 R_{pa}^*，R_{wp}^*.

8. 考虑有两个厂商和两种生产要素，两种生产要素总量分别为 a_1 和 a_2（为简单化，不妨设 $a_1=a_2=a$），厂商的生产函数为：

$$f_1(x_{11}, x_{12})=x_{11}x_{12}$$

$$f_2(x_{21}, x_{22})=x_{21}x_{22}$$

其中 $x_{ij}(i=1, 2; j=1, 2)$ 为厂商 i 拥有第 j 种生产要素的数量，使用埃奇渥斯盒状图求生产要素分配的 Pareto 条件.

9. 求例 12 中给出的目标规划问题的最优解.

10. 某工厂的生产能力为每天 500 工时，用于生产两种产品：甲和乙. 由于需求量有限，每天只有 200 件产品甲和 400 件产品乙可以卖出. 又知制造产品甲及产品乙一件所需时间分别为 2 工时和 1 工时. 出售一件产品甲可得收益 10 元，而每售一件产品乙可得收益 5 元.

厂长按重要程度的顺序列出以下目标：

第一，避免出现生产能力闲置.

第二，尽可能多地卖出产品. 考虑到每件产品甲的收益是产品乙的 2 倍，所以他对出售产品甲的关心双倍于对出售产品乙的关心.

第三，减少加班生产.

问应如何安排生产方案.

第 6 章 动态规划

Chapter 6

6.1 动态规划的基本思想（“最优化原理”）和最短路线问题

动态规划是解决多阶段决策过程的最优化问题的一种方法. 所谓多阶段决策过程是指这样的一类决策问题，由于它的特殊性，我们可以按时间、空间等标识把它分为很多阶段，每一个阶段都需做出决策，使得整个过程达到最优. 我们以最短路线问题为例，说明动态规划的特点及求解方法.

例 1（最短路线问题） 由 A 地到 D 地要铺设一条煤气管道，其中需经过两级中间站. 第一级中间站分别为 B_1 和 B_2，第二级中间站分别为 C_1，C_2，C_3. 两站之间有连线的就表示可铺设管道，没有连线的就表示不能铺设管道. 连线中间的数字表示两点间铺设管道的长度. 在图 6—1 中，例如：$B_1 \xrightarrow{3} C_1$ 表示由 B_1 到 C_1 可铺设管道，相应的管道长度为 3. 我们的问题是确定一条由 A 到 D 的铺设管道的路线，使得总的管道长度最小（以后简称距离最短）.

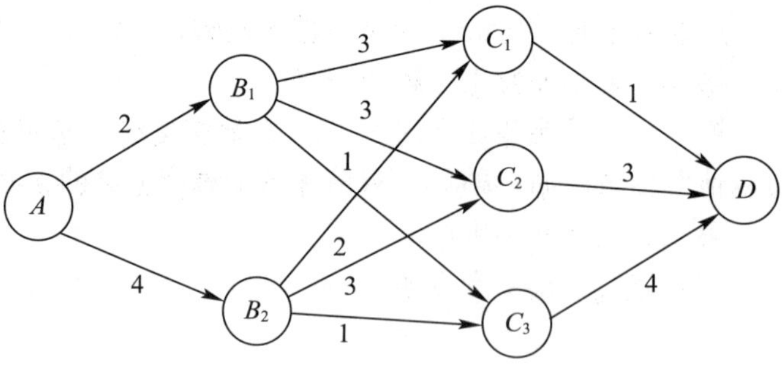

图 6—1

首先引入几个概念和符号：

1. 正整数 n 表示由某点（例如 A 地，B_i 地，C_j 地等，$i=1$，2；$j=1$，2，3）到 D 地所有的阶段数. 例如由 A 到 D 的阶段数为 3，由 B_2 到 D 的阶段数为 2，由 C_2 到 D 的阶段数为 1，等等.

2. s 表示到目前为止所处的位置，称为状态，例如 s 可以是 A，$B_i(i=1,2)$，$C_j(j=1,2,3)$，D.

3. 决策变量 $x_n(s)$ 表示当处于状态 s，还有 n 个阶段时（即由 s 地到 D 地还有 n 个阶段），下一步可选取的地点. 例如，决策变量 $x_2(B_1)$ 表示已处于 B_1 点，还有 2 个阶段到 D 时下一步可选择的地点. 可见，决策变量 $x_2(B_1)$ 可取 C_1，C_2 及 C_3.

4. 函数 $f_n(s)$ 表示处于状态 s，还有 n 个阶段到终点 D 时，采取最优策略后的最短管道长度. 显然，我们的问题是求 $f_3(A)$.

5. $d(s, x_n(s))$ 表示由地点 s 到下一个地点 $x_n(s)$ 的管道长度. 例如 $d(B_1, C_3)=1$，$d(C_2, D)=3$，等等.

整个计算过程分为三个阶段，我们从最后一个阶段开始计算.

第一阶段　显然，有

$$f_1(C_1)=1,\ f_1(C_2)=3,\ f_1(C_3)=4$$

第二阶段　求 $f_2(B_1)$. 从 B_1 铺管道有三种走向：

(1) $B_1 \to C_1$. 此时管道已由 B_1 铺到 C_1(处于状态 C_1)，还剩一个阶段到达终点 D，由 C_1 到 D 的最短管道长度为 $f_1(C_1)$，所以若选此路线（$B_1 \to C_1$），最短管道长度为：

$$d(B_1,C_1)+f_1(C_1)=3+1=4$$

(2) $B_1 \to C_2$. 类似于情况 (1) 的讨论，可得选此路线的最短管道长度为：

$$d(B_1,C_2)+f_1(C_2)=3+3=6$$

(3) $B_1 \to C_3$. 类似地，得到最短管道长度为：

$$d(B_1,C_3)+f_1(C_3)=1+4=5$$

由 $f_2(B_1)$ 的含义，可得到由 B_1 开始经过 2 个阶段到终点 D 的最短管道长度为：

$$f_2(B_1)=\min\begin{Bmatrix} d(B_1,C_1)+f_1(C_1) \\ d(B_1,C_2)+f_1(C_2) \\ d(B_1,C_3)+f_1(C_3) \end{Bmatrix} \tag{6.1}$$

$$=\min\begin{Bmatrix} 4 \\ 6 \\ 5 \end{Bmatrix}$$

$$=4 \quad (\text{最短管道铺设路线为 } B_1 \to C_1 \to D)$$

再求 $f_2(B_2)$. 类似于求 $f_2(B_1)$ 的方法，有

$$f_2(B_2)=\min\begin{Bmatrix} d(B_2,C_1)+f_1(C_1) \\ d(B_2,C_2)+f_1(C_2) \\ d(B_2,C_3)+f_1(C_3) \end{Bmatrix} \tag{6.2}$$

$$=\min\begin{Bmatrix} 2+1 \\ 3+3 \\ 1+4 \end{Bmatrix}$$

$$=3 \quad (\text{最短管道铺设路线为 } B_2 \to C_1 \to D)$$

第三阶段 求 $f_3(A)$. 从 A 铺管道有两种走向：

(1) $A\to B_1$. 此时管道已由 A 铺到 B_1，还剩 2 个阶段到达终点 D. 由 B_1 到终点 D 的最短管道长度为 $f_2(B_1)$，所以若选此路线（$A\to B_1$）时的最短管道长度为：

$$d(A,B_1)+f_2(B_1)=2+4=6$$

(2) $A\to B_2$. 类似于情况（1），可得选此路线（$A\to B_2$）时的最短管道长度为：

$$d(A,B_2)+f_2(B_2)=4+3=7$$

于是

$$\begin{aligned} f_3(A)&=\min\begin{Bmatrix} d(A,B_1)+f_2(B_1) \\ d(A,B_2)+f_2(B_2) \end{Bmatrix} \qquad (6.3) \\ &=\min\{6,7\} \\ &=6 \quad (\text{最短管道铺设路线为 } A\to B_1\to C_1\to D) \end{aligned}$$

从上面的煤气管道铺设问题（也称其为最短路线问题）的求解过程可以看到，我们利用了一系列递推关系式（6.1）、（6.2）、（6.3）. 这些递推关系式是根据动态规划的最优化原理得出来的.

最优化原理 一个多阶段的决策过程的最优策略具有这样的性质，即无论初始状态和初始决策如何，其今后诸决策对以第一个决策所形成的状态作为初始状态而言，必须构成最优策略.

我们结合例 1 来说明最优化原理. 在例 1 中最优路线为：

$$A\to B_1\to C_1\to D$$

在最优路线中的某一阶段通过点 P（例如在第一个阶段通过的点 B_1，在第二个阶段通过的点 C_1），则这一路线中由点 P（作为初始状态）到终点 D 的子路线，必定是由 P 点到终点 D 的所有可能选择的路线中的距离最短的路线（可以想象到，如果不是这样，那么从 P 点到终点有另一距离更短的子路线存在，把它和原来的最短路线在 P 点以前那部分联结起来，就会构成一条比原来的路线距离更短的路线）. 在我们的例子中，子路线

$$B_1\to C_1\to D$$

是图 6—2 所示的子问题的最短路线；子路线 $C_1\to D$ 显然是图 6—3 所示的子问题的最短路线.

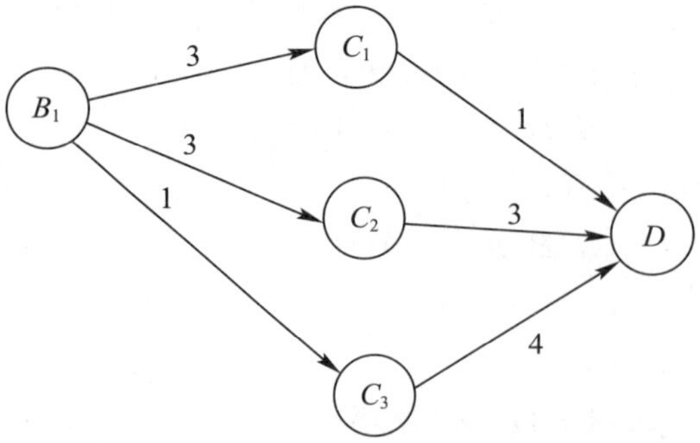

图 6—2

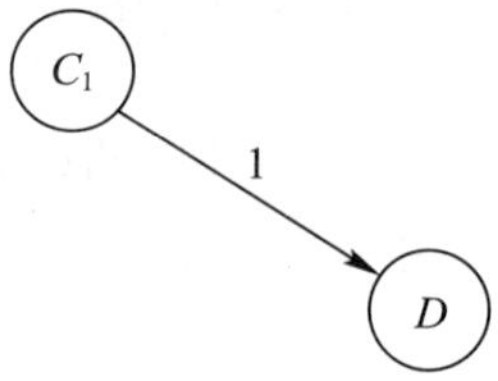

图 6—3

动态规划的最优化原理是十分重要的，利用这一原理可以对很多问题建立起递推关系式，进行递推求解. 在以下几节中，我们再讲授几个例子，以进一步说明它的强大功效.

6.2 投资分配问题

现有数量为 a(万元) 的资金，计划分配给 n 个工厂，用于扩大再生产. 假设

x_i＝分配给第 i 个工厂的资金(万元)

$g_i(x_i)$＝第 i 个工厂得到 x_i(万元)的资金后所得到的利润(万元)

我们的问题是：如何确定各工厂的资金数，使总的利润达到最大.

不难看出，这可化为一个规划问题

$$\begin{cases} \max \sum_{i=1}^{n} g_i(x_i) \\ \sum_{i=1}^{n} x_i \leqslant a \\ x_i \geqslant 0, \ i=1,2,\cdots,n \end{cases}$$

为了把它化为动态规划的形式进行求解，令

$f_k(x)$＝把数量为 x 的资金分配给前 k 个工厂所得到的最大总利润

可以看出，我们的问题是求 $f_n(a)$.

由动态规划的最优化原理可得到投资分配问题的递推关系式. 当 $k=1$ 时，$f_1(x)$ 表示以数量为 x 的资金分配给第一个工厂时的最人利润. 因为只给一个工厂，故

$$f_1(x)=g_1(x) \tag{6.4}$$

下面考虑当 $1<k\leqslant n$ 时，$f_k(x)$ 的递推关系式. 设想先分配给第 k 个工厂数量为 y(万元) 的资金（其中 $0\leqslant y\leqslant x$)，此时还剩 $x-y$(万元) 的资金需分配给前 $k-1$ 个工厂，如果采取最优策略，得到的最大利润为 $f_{k-1}(x-y)$，因此总利润为：

$$g_k(y)+f_{k-1}(x-y)$$

根据动态规划的最优化原理，有

$$f_k(x)=\max_{0\leqslant y\leqslant x}\{g_k(y)+f_{k-1}(x-y)\} \tag{6.5}$$

其中 $k=2, 3, \cdots, n$.

如果 a 万元的资金以“万元”作为分配单位，则式（6.5）中的变量 y 只取非负整数 0，1，2，…，x. 于是式（6.5）变为：

$$f_k(x)=\max_{y=0,1,\cdots,x}\{g_k(y)+f_k(x-y)\} \tag{6.6}$$

例 2 设国家拨给 60 万元的投资，用于扩建三个工厂．每个工厂扩建后的利润与投资额的大小有关，投资额与利润的对应关系如表 6—1 所示．

表 6—1 单位：万元

投资 x / 利润	0	10	20	30	40	50	60
$g_1(x)$	0	20	50	65	80	85	85
$g_2(x)$	0	20	40	50	55	60	65
$g_3(x)$	0	25	60	85	100	110	115

第一阶段 求 $f_1(x)$．显然有

$$f_1(x)=g_1(x)$$

于是得到表 6—2．

表 6—2

x	0	10	20	30	40	50	60
$f_1(x)$	0	20	50	65	80	85	85
最优策略	0	10	20	30	40	50	60

第二阶段 求 $f_2(x)$．此时需要研究对第一个、第二个工厂如何进行投资分配，以取得最大的总利润．

由式（6.6）有（注意：这里投资金额的分配是以 10 万元作为单位，故 y 取离散值 0，10，20，…，60）

$$f_2(60)=\max_{y=0,10,\cdots,60}\{g_2(y)+f_1(60-y)\}$$

$$=\max\begin{Bmatrix} g_2(0)+f_1(60) \\ g_2(10)+f_1(50) \\ g_2(20)+f_1(40) \\ g_2(30)+f_1(30) \\ g_2(40)+f_1(20) \\ g_2(50)+f_1(10) \\ g_2(60)+f_1(0) \end{Bmatrix}$$

$$=\max\begin{Bmatrix} 0+85 \\ 20+85 \\ 40+80 \\ 50+65 \\ 55+50 \\ 60+20 \\ 65+0 \end{Bmatrix}=120$$

最优策略为（40，20），即对第一个工厂投资 40（万元），对第二个工厂投资 20（万元）．此时最大利润为 120（万元）．

类似地有

$$f_2(50)=\max_{y=0,10,\cdots,50}\{g_2(y)+f_1(50-y)\}$$

$$=\max\begin{Bmatrix}g_2(0)+f_1(50)\\g_2(10)+f_1(40)\\g_2(20)+f_1(30)\\g_2(30)+f_1(20)\\g_2(40)+f_1(10)\\g_2(50)+f_1(0)\end{Bmatrix}$$

$$=\max\begin{Bmatrix}0+85\\20+80\\40+65\\50+50\\55+20\\60+0\end{Bmatrix}=105$$

最优策略为（30，20），最大利润为 105.

$$f_2(40)=\max_{y=0,10,\cdots,40}\{g_2(y)+f_1(40-y)\}$$

$$=\max\begin{Bmatrix}g_2(0)+f_1(40)\\g_2(10)+f_1(30)\\g_2(20)+f_1(20)\\g_2(30)+f_1(10)\\g_2(40)+f_1(0)\end{Bmatrix}$$

$$=\max\begin{Bmatrix}0+80\\20+65\\40+50\\50+20\\55+0\end{Bmatrix}=90$$

最优策略为（20，20），最大利润为 90.

$$f_2(30)=\max_{y=0,10,20,30}\{g_2(y)+f_1(30-y)\}$$

$$=\max\begin{Bmatrix}g_2(0)+f_1(30)\\g_2(10)+f_1(20)\\g_2(20)+f_1(10)\\g_2(30)+f_1(0)\end{Bmatrix}$$

$$=\max\begin{Bmatrix}0+65\\20+50\\40+20\\50+0\end{Bmatrix}=70$$

最优策略为（20，10），最大利润为 70.

$$f_2(20)=\max_{y=0,10,20}\{g_2(y)+f_1(20-y)\}$$
$$=\max\begin{Bmatrix}g_2(0)+f_1(20)\\g_2(10)+f_1(10)\\g_2(20)+f_1(0)\end{Bmatrix}$$
$$=\max\begin{Bmatrix}0+50\\20+20\\40+0\end{Bmatrix}=50$$

最优策略为（20，0），最大利润为 50.

$$f_2(10)=\max_{y=0,10}\{g_2(y)+f_1(10-y)\}$$
$$=\max\begin{Bmatrix}g_2(0)+f_1(10)\\g_2(10)+f_1(0)\end{Bmatrix}=\max\begin{Bmatrix}0+20\\20+0\end{Bmatrix}=20$$

最优策略为（10，0）或（0，10），最大利润为 20.

$$f_2(0)=0$$

最优策略为（0，0），最大利润为 0.

于是得到表 6—3.

表 6—3

x	0	10	20	30	40	50	60
$f_2(x)$	0	20	50	70	90	105	120
最优策略	（0，0）	（10，0）或（0，10）	（20，0）	（20，10）	（20，20）	（30，20）	（40，20）

第三阶段 求 $f_3(x)$. 此时需要研究对第一个、第二个及第三个工厂如何进行投资分配，以取得最大的总利润.

由式（6.6）有

$$f_3(60)=\max_{y=0,10,\cdots,60}\{g_3(y)+f_2(60-y)\}$$
$$=\max\begin{Bmatrix}g_3(0)+f_2(60)\\g_3(10)+f_2(50)\\g_3(20)+f_2(40)\\g_3(30)+f_2(30)\\g_3(40)+f_2(20)\\g_3(50)+f_2(10)\\g_3(60)+f_2(0)\end{Bmatrix}$$
$$=\max\begin{Bmatrix}0+120\\25+105\\60+90\\85+70\\100+50\\110+20\\115+0\end{Bmatrix}=155$$

最优策略为（20，10，30），最大利润为 155. 也就是说当国家拨给 60 万元投资时，我们对第一个工厂投资 20 万元，对第二个工厂投资 10 万元，对第三个工厂投资 30 万元，会得到最大利润 155 万元.

6.3 “背包”问题

有一个徒步旅行者，有 n 种物品供他选择装入背包中. 已知每种物品的重量及使用价值（这里的“使用价值”是指一件物品对旅行者来说所带来好处的数量指标，即效用），由表 6—4 给出.

表 6—4

物　品	1	2	…	j	…	n
重量(公斤/件)	a_1	a_2	…	a_j	…	a_n
每件使用价值	c_1	c_2	…	c_j	…	c_n

又知这位旅行者所能承受的重量不能超过 a 公斤，问他应如何选择这 n 种物品的件数，使得使用价值最大?

假设旅行者选取第 j 种物品的数量为 $x_j(j=1, 2, \cdots, n)$ 件（非负整数），该问题可化为如下形式的整数线性规划问题

$$(\mathrm{P})\begin{cases}\max \sum_{j=1}^{n} c_j x_j \\ \sum_{j=1}^{n} a_j x_j \leqslant a \\ x_j \geqslant 0(\text{整数}), \quad j=1,2,\cdots,n\end{cases}$$

这一问题是可以用第 3 章中叙述的方法求解的，然而考虑到这一模型的特殊结构，也可以用动态规划方法求解. 令

$$f_k(y)=\text{总重量不超过 } y \text{ 公斤,“背包”中只装前 } k \text{ 种物品时的最大使用价值} \tag{6.7}$$

其中 $y\geqslant 0$，$k=1, 2, \cdots, n$. 显然，我们的问题是求 $f_n(a)$.

如果在式（6.7）中，把 k 理解为阶段数，把 y 理解为状态——“背包”中可装进物品的总重量为 y 公斤的那种状态，那么利用动态规划的最优化原理可得出递推关系式. 实际上，我们设想先装第 k 种物品，其数量为 x_k 件（$0\leqslant a_k x_k\leqslant y$，$x_k$ 为整数)，于是旅行者装前 $k-1$ 种物品的重量就不能超过（$y-a_k x_k$）公斤. 在处于状态（$y-a_k x_k$）的情况下，只装前 $k-1$ 种物品的最大使用价值为 $f_{k-1}(y-a_k x_k)$，所以，总的使用价值为：

$$c_k x_k + f_{k-1}(y-a_k x_k)$$

由动态规划最优化原理，有

$$f_k(y)=\max_{\substack{0\leqslant x_k\leqslant \frac{y}{a_k} \\ x_k \text{整数}}} \{c_k x_k + f_{k-1}(y-a_k x_k)\} \tag{6.8}$$

其中 $2\leqslant k\leqslant n$. 当 $k=1$ 时，显然有

$$f_1(y)=c_1\left[\frac{y}{a_1}\right]\quad\left(x_1=\left[\frac{y}{a_1}\right]\right)\tag{6.9}$$

其中$\left[\frac{y}{a_1}\right]$表示不超过 $\frac{y}{a_1}$ 的最大的整数（详见例 3）.

例 3 求下面的“背包”问题的最优解：

$$\begin{cases}\max\ (8x_1+5x_2+12x_3)\\ 3x_1+2x_2+5x_3\leqslant 5,\\ x_1\geqslant 0,\ x_2\geqslant 0,\ x_3\geqslant 0,\text{都为整数}\end{cases}$$

解：有如下的表 6—5：

表 6—5

物品	1	2	3
重量（a_j）	3	2	5
每件使用价值	8	5	12

并且 $a=5$. 我们的问题是求 $f_3(5)$，由式（6.8），有

$$\begin{aligned}f_3(5)&=\max_{\substack{0\leqslant x_3\leqslant\frac{5}{a_3}\\ x_3\text{整数}}}\{12x_3+f_2(5-5x_3)\}\\&=\max_{\substack{0\leqslant x_3\leqslant\frac{5}{5}\\ x_3\text{整数}}}\{12x_3+f_2(5-5x_3)\}\\&=\max_{x_3=0,1}\{12x_3+f_2(5-5x_3)\}\\&=\max\{\underset{(x_2=0)}{0+f_2(5)},\underset{(x_3=1)}{12+f_2(0)}\}\end{aligned}$$

可见，为了算出 $f_3(5)$，事先需求出 $f_2(5)$ 及 $f_2(0)$.

$$\begin{aligned}f_2(5)&=\max_{\substack{0\leqslant x_2\leqslant\frac{5}{a_2}\\ x_2\text{整数}}}\{5x_2+f_1(5-2x_2)\}\\&=\max_{\substack{0\leqslant x_2\leqslant\frac{5}{2}\\ x_2\text{整数}}}\{5x_2+f_1(5-2x_2)\}\\&=\max_{\substack{0\leqslant x_2\leqslant 2\\ x_2\text{整数}}}\{5x_2+f_1(5-2x_2)\}\\&=\max\{\underset{(x_2=0)}{0+f_1(5)},\underset{(x_2=1)}{5+f_1(3)},\underset{(x_2=2)}{10+f_1(1)}\}\end{aligned}$$

$$\begin{aligned}f_2(0)&=\max_{\substack{0\leqslant x_2\leqslant\frac{0}{a_2}\\ x_2\text{整数}}}\{5x_2+f_1(0-2x_2)\}\\&=\max_{\substack{0\leqslant x_2\leqslant 0\\ x_2\text{整数}}}\{5x_2+f_1(0-2x_2)\}\\&=0+f_1(0)\\&=f_1(0)\qquad(x_2=0)\end{aligned}$$

可以看出，为了算出 $f_2(5)$ 及 $f_2(0)$，事先需要算出

$$f_1(5), f_1(3), f_1(1), f_1(0)$$

由式（6.9），有

$$f_1(5)=c_1\left[\frac{5}{a_1}\right]$$

$$=8\times\left[\frac{5}{3}\right]=8\times 1=8$$

相应地有 $x_1=\left[\frac{5}{3}\right]=1\left(这里，\left[\frac{5}{3}\right]表示不超过\frac{5}{3}的最大整数，因此是 1\right)$. 类似地可得

$$f_1(3)=c_1\left[\frac{3}{a_1}\right]$$

$$=8\times\left[\frac{3}{3}\right]=8\times 1=8$$

相应地有 $x_1=\left[\frac{3}{3}\right]=1$.

$$f_1(1)=c_1\left[\frac{1}{a_1}\right]$$

$$=8\times\left[\frac{1}{3}\right]=8\times 0=0$$

相应地有 $x_1=\left[\frac{1}{3}\right]=0$.

从而

$$\begin{aligned}f_2(5)&=\max\{0+f_1(5), 5+f_1(3), 10+f_1(1)\}\\&=\max\{0+8, 5+8, 10+0\}\\&=13\qquad (x_1=1,\ x_2=1)\end{aligned}$$

$$\begin{aligned}f_2(0)&=f_1(0)\\&=0\qquad (x_1=0,\ x_2=0)\end{aligned}$$

最后得到

$$\begin{aligned}f_3(5)&=\max\{0+f_2(5), 12+f_2(0)\}\\&=\max\{0+13, 12+0\}\\&=13\qquad (x_1=1,\ x_2=1,\ x_3=0)\end{aligned}$$

即最优解为：

$$\bar{x}_1=1,\ \bar{x}_2=1,\ \bar{x}_3=0$$

相应的最优值为 13.

6.4　多阶段生产安排问题

有某种原料，可用于两种方式的生产，原料用于生产后，除产生一定的收益外，还可以收回一部分. 生产信息由表 6—6 给出.

表 6—6

生　产	方式Ⅰ	方式Ⅱ
收益函数	$g_1(x)$	$g_2(x)$
回收函数	a_1x	a_2x

其中 x 为该原料的投入量，$g_1(x)$ 与 $g_2(x)$ 分别为第Ⅰ种生产方式和第Ⅱ种生产方式的收益函数，a_1 为按第Ⅰ种生产方式生产时的原料回收率（$0<a_1<1$），a_2 为按第Ⅱ种生产方式生产时的原料回收率（$0<a_2<1$）.

今有原料 $\bar{x}$ 吨，计划进行 n 个阶段的生产，问每个阶段如何分别确定两种生产方式原料的投入量，使得总收益最大？

为了用动态规划求解，令

$f_k(x)$＝资源数量为 x，进行 k 个阶段的生产，采取最优决策安排生产时所得的最大总收益（$k=1,2,\cdots,n$）

我们把目前所具有的原料数 x（即投入量）作为状态，k 作为阶段数. 设想在第一个阶段将数量为 y 的原料用于第Ⅰ种方式生产，那么用于第Ⅱ种方式生产的原料数量为 $x-y$，第一个阶段生产后的总收益为：

$$g_1(y)+g_2(x-y)$$

回收的原料数量为：

$$a_1y+a_2(x-y)$$

如果在以后的 $k-1$ 个阶段采取最优决策安排生产，最大收益将为：

$$f_{k-1}(a_1y+a_2(x-y))$$

于是这 k 个阶段的总收益将为：

$$[g_1(y)+g_2(x-y)]+f_{k-1}((a_1-a_2)y+a_2x)$$

根据动态规划的最优化原理，得到

$$f_k(x)=\max_{0\leqslant y\leqslant x}\{g_1(y)+g_2(x-y)+f_{k-1}((a_1-a_2)y+a_2x)\} \qquad (6.10)$$

其中 $k=2,3,\cdots,n$.

当 $k=1$ 时，显然有

$$f_1(x)=\max_{0\leqslant y\leqslant x}\{g_1(y)+g_2(x-y)\} \qquad (6.11)$$

我们的问题是求出 $f_n(\bar{x})$ 及相应的最优策略.

例 4　在多阶段生产安排问题中，设收益函数分别为：

$$g_1(x)=0.6x\text{（万元）}$$

$$g_2(x)=0.5x\text{（万元）}$$

回收率分别为：

$$a_1=0.1,\ a_2=0.4$$

生产阶段数为：

$$n=3$$

现在的原料数量为：

$$\bar{x}=100\text{（吨）}$$

由式（6.11）

$$\begin{aligned} f_1(x) &= \max_{0\leqslant y\leqslant x}\{g_1(y)+g_2(x-y)\} \\ &= \max_{0\leqslant y\leqslant x}\{0.6y+0.5(x-y)\} \\ &= \max_{0\leqslant y\leqslant x}\{0.5x+0.1y\} \end{aligned}$$

这里的 x 可以看成是（暂时）固定的，变量是 y；求最大，是将变量 y 限制在区间 $[0, x]$ 中. 于是

$$\begin{aligned} f_1(x) &= 0.5x+\max_{0\leqslant y\leqslant x}\{0.1y\} \\ &= 0.5x+0.1x \\ &= 0.6x \quad (\text{最优解 } y=x) \end{aligned}$$

我们在这里求得的是一个关于投入量 x 的函数 $f_1(x)=0.6x$. 就是说，当投入量是 x，且若只进行一个阶段生产时，最优策略是把全部原料都投入第一种生产方式，所得最大收益是 $0.6x$(万元).

由已得到的 $f_1(x)=0.6x$，利用式（6.10）可得

$$\begin{aligned} f_2(x) &= \max_{0\leqslant y\leqslant x}\{g_1(y)+g_2(x-y)+f_1((a_1-a_2)y+a_2x)\} \\ &= \max_{0\leqslant y\leqslant x}\{0.6y+0.5(x-y)+[0.6((0.1-0.4)y+0.4x)]\} \\ &= \max_{0\leqslant y\leqslant x}\{0.5x+0.1y+[0.6(-0.3y+0.4x)]\} \\ &= \max_{0\leqslant y\leqslant x}\{0.5x+0.1y+[-0.18y+0.24x]\} \\ &= \max_{0\leqslant y\leqslant x}\{0.74x-0.08y\} \\ &= 0.74x+\max_{0\leqslant y\leqslant x}\{-0.08y\} \\ &= 0.74x+(-0.08)\times 0 \\ &= 0.74x \quad (\text{最优解 } y=0) \end{aligned}$$

就是说，当投入量是 x 时，若只进行两个阶段的生产，最优策略是：在第一个阶段对生产方式Ⅰ不投入任何原料（即把全部原料投入生产方式Ⅱ），两个阶段生产的最大收益为 $0.74x$.

最后利用得到的表达式 $f_2(x)=0.74x$，求 $f_3(x)$ 的表达式（函数形式）. 由式（6.10）得

$$f_3(x)=\max_{0\leqslant y\leqslant x}\{g_1(x)+g_2(x-y)+f_2((a_1-a_2)y+a_2x)\}$$

在计算 $f_2(x)$ 时，我们已经得到

$$(a_1-a_2)y+a_2x=-0.3y+0.4x$$

$$g_1(x)+g_2(x-y)=0.5x+0.1y$$

于是

$$\begin{aligned} f_2((a_1-a_2)y+a_2x) &= 0.74(-0.3y+0.4x) \\ &= -0.222y+0.296x \end{aligned}$$

故

$$\begin{aligned} f_3(x) &= \max_{0\leqslant y\leqslant x}\{0.5x+0.1y+(-0.222y+0.296x)\} \\ &= \max_{0\leqslant y\leqslant x}\{0.796x-0.122y\} \\ &= 0.796x+\max_{0\leqslant y\leqslant x}\{-0.122y\} \end{aligned}$$

$=0.796x+(-0.122)\times 0$

$=0.796x$ （最优解 $y=0$）

就是说，当投入量是 x，若只进行三个阶段的生产，最优策略是：在第一个阶段对生产方式Ⅰ不投入任何原料（即将全部原料投入生产方式Ⅱ），三个阶段的最大收益是 $0.796x$.

由此得到

$f_3(\bar{x})=0.796\bar{x}=0.796(100)=79.6$（万元）

相应的最优策略是

第一阶段把全部原料投入生产方式Ⅱ

第二阶段把全部原料投入生产方式Ⅱ

第三阶段把全部原料投入生产方式Ⅰ

（实际上，当第一阶段把全部原料 100 吨投入生产方式Ⅱ时，收益及回收的原料分别为：

收益 $=0.5(100)=50$（万元）

回收 $=0.4(100)=40$（吨）

当第二阶段把 40 吨原料全部投入生产方式Ⅱ时，收益及回收的原料分别为：

收益 $=0.5(40)=20$（万元）

回收 $=0.4(40)=16$（吨）

当第三阶段把 16 吨原料全部投入生产方式Ⅰ时，收益为：

收益 $=0.6(16)=9.6$（万元）

于是，三个阶段的总收益为：

$50+20+9.6=79.6$（万元）

我们这里计算的总收益值与 $f_3(\bar{x})$ 是一致的.）

□ 习　题

1. 求由 A 地到 E 地的最短路线（见图 6—4）.

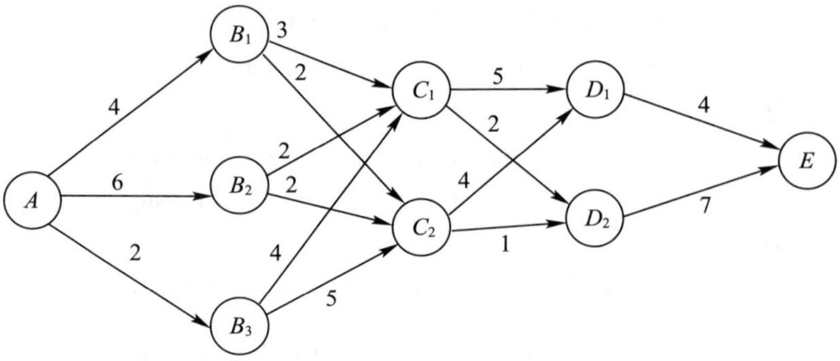

图 6—4

2. 求由 A 地到 D 地的最短路线（见图 6—5）.

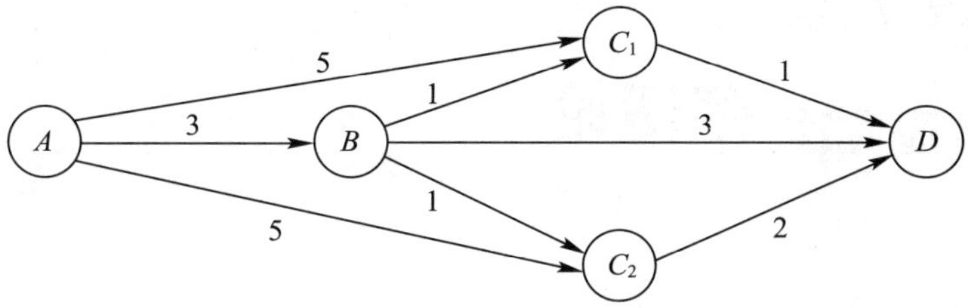

图 6—5

3. 求投资分配问题的最优策略，其中 $a=50$（投资总额），投资函数由表 6—7 给出.

表 6—7

投资 x / 利润	0	10	20	30	40	50
$g_1(x)$	0	21	40	52	80	85
$g_2(x)$	0	15	36	50	73	100
$g_3(x)$	0	25	60	65	68	70

4. 有一艘可装三种货物的货船，每种货物一件的重量及价值如表 6—8 所示：

表 6—8

货　物	重量（吨/件）	价值（元）
1	4	30
2	12	80
3	8	65

已知该船的载重量不超过 20 吨，问对货船如何装载时可使价值最大?

5. 求如下整数规划问题的最优解：

$$\begin{cases} \max\ (3x_1+x_2+6x_3+2x_4) \\ 2x_1+x_2+5x_3+7x_4\leqslant 15 \\ x_1\geqslant 0,\ x_2\geqslant 0,\ x_3\geqslant 0,\ x_4\geqslant 0,\text{都为整数} \end{cases}$$

6. 求多阶段生产安排问题的最优策略，其中收益函数为：

$$g_1(x)=8x,\ g_2(x)=5x$$

相应的回收率为：

$$a_1=0.7,\ a_2=0.9$$

阶段数 $n=5$.

7. 在例 4 中，如果阶段数 $n=4$，即进行四个阶段生产时，最优策略如何?

第 7 章 存储论

Chapter 7

7.1 为什么要研究存储论

在实际工作中，企业为了保证生产的连续性和均衡性，需要存储一定数量的物资（原材料、在制品和成品）. 如果存储的数量过多，不仅要占用大量的仓库面积，还可能由于长期积压而使物资损坏变质，造成浪费. 如果存储的数量过少，会使生产停工待料，使企业因开工不足造成损失. 于是就涉及应该存储多少数量的物资以及何时补充存储的问题.

上面所提到的企业，具有广泛的含义，它可以是公司、工厂、商店、血库等. 就商店而言，应该以何种方式存储某种商品，才能既满足顾客对此种商品的需求，又使商店不至于花费太多的资金存储这种商品. 如果商品存储过多，会造成商品积压，影响资金周转；如果存储过少，就会造成缺货现象，失去销售机会而减少利润. 在了解顾客需求量的前提下，隔多长时间、以何种方式进一次货，及每批进多少货，就是商店所面临的问题. 这也正是存储论所要解决的问题.

在所有存储问题中，都涉及进货的方式问题. 在一个存储周期内，货物是以某种速度进入存储，还是整批进入存储，这是进货（或称补充）的两种方式. 当供应源来自企业外部时，一般来说是进货一次进入存储. 例如，商店的存储随着商品的销售而减少，当存储减到某一确定数量时，就要向供应源订购一定数量的货物，这一定数量的货物是一次性进入商店的，则称这种存储的进货能力（补充量）是无限的. 有时供应源来自企业内部，例如汽车制造厂，为了保证生产一定数量的汽车，必须生产相应数量的发动机，当每台发动机生产出来时，就可以提供给总装配线，而不是等待订货量全部完成再提供. 如果以一定的速度供应，一直到所有的订货量全部交付为止，则称这种存储的进货能力是有限的.

本章的目的就是根据进货的两种方式，把存储分成两类来建立存储模型. 为了便于叙述，可将存储问题看成是由下面的三个部分组成的：进货（也称补充)，存储，需求.

7.2 存储的基本概念

为保证商店的合理存储，就要求商店必须控制进货的时间及进货量来维持其正常运行，使供求关系更合理.

1. 需求. 对存储来说，需求就是输出. 最基本的需求模式是确定的，本章所有例题都采用这种模式. 在这种情况下，某一种货物的未来需求都是已知的. 如汽车制造厂总装车间是在确定了每年组装汽车的数量后，再向发动机车间提出生产相应的发动机数量的，对于发动机的需求就是确定的.

2. 进货（补充）. 存储由于需求而不断减少，所以在一定的时候必须进货，即对存储进行补充.

我们说过，存储论要解决的问题，是如何使得存储更合理. 而这种合理性体现在既能满足顾客的需求，又能使得总的存储费用达到最小. 故必须对存储的有关费用项目进行研究.

3. 订购费. 订购费指的是进一次货所需要的固定费用. 如果供应源来自企业外部，它就包括采购人员工资、差旅费、手续费等. 如果供应源来自企业内部，例如工厂，它就包括更换模具、夹具，设备的调整及检验所需的费用.

4. 购进费. 购进费指的是货物本身的价格、运费等，它与进货多少有关. 值得一提的是，当需求量一定时，无论分几批进货，也无论每批的数量是多少，总的购进费是一个常数. 如果货物单价加上单位运费为 K，每批数量为 Q，则每批货物的购进费为 KQ. 但我们假设一共分 n 批进货才能恰好满足需求量 D，即 $nQ=D$，则总的购进费为 $nKQ=KD$，这与 n 和 Q 都无关，只与 K 和 D 有关. 假设货物单价与单位运费之和 K 是不随时间变化的，则总的购进费与存储决策是无关的. 在以后的讨论中，如无特别说明，就不考虑这项费用了.

5. 保管费. 它由以下各项费用组成：保险费、报废费、仓库租金、照明费、取暖费及保养费、存储物资的资金利息等.

6. 短缺费. 它指的是当需求不能被满足时所引起的损失. 例如，失去销售机会的损失，停工待料的损失，为补足拖欠订货所发生的额外成本支出，以及由于对顾客（如厂矿企业）延期交货而付给的罚金等.

为了建立模型方便，我们给出如下记号：

R——年总需求量

n——使年总存储费用最少的进货次数（进货周期数）

Q——使年总存储费用最少的每次进货量，也称批量

I——单位货物的年保管费

S——订购费

A——单位货物的年短缺费

C——一年的总存储费

在这里，之所以按“一年”的时间来处理存储问题，仅仅是为了公式的推导方便. 可以把一段时间，如一个月、一周、一日看做“一年”来处理，后面会给出这方面的例子.

7.3 第一类存储模型

模型Ⅰ 进货能力无限，不允许缺货

在这个模型中，假设存储的进货能力是无限的，也就是全部订货量一次供应，而且假设每种物品的短缺费无穷大，即不允许缺货. 短缺费为无穷大并非不现实，如医院的血库存储，实际上确实存在无穷大的短缺费用，因为血液的短缺可能会造成丧失生命的恶果. 在工业中，如某一生产经营活动短缺基本原材料也属于这种情况，因为短缺基本原材料会导致生产和工厂经营的损失. 很明显，虽然损失不是无限的，但费用太大，以致不允许有存货短缺情况的发生.

为使建立模型的过程简单，除以上假设，我们还作如下假定：

1. 需求是连续、均匀的；
2. 当存储降至零时，可以立即得到补充.

这个模型的变化情况如图 7—1 所示（其中 θ 表示周期）.

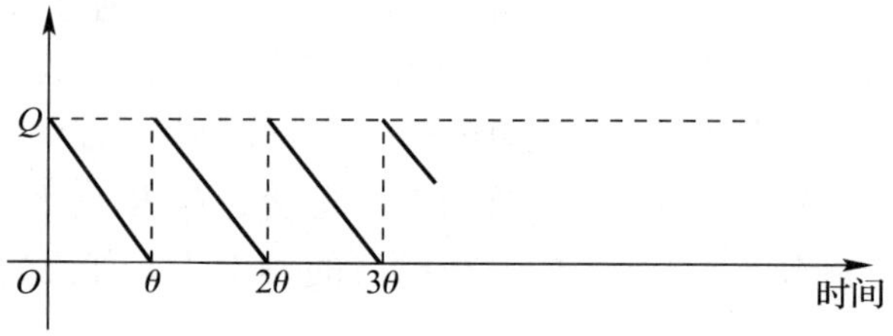

图 7—1

假设在一年中，每隔 θ 时间进一次货，每次订货量为 Q，共进 n 次，则有 $n\theta=1$，$nQ=R$，从而知

$$n=\frac{R}{Q},\ \theta=\frac{Q}{R} \tag{7.1}$$

由于我们考虑的是等时间间隔进货，所以只需把任一周期的存储问题搞清楚，那么整年的存储也就搞清楚了.

让我们考虑第一个周期（0 到 θ 这段时间）的存储过程. 记

$V(t)=t$ 时刻的存储量，$0\leqslant t\leqslant\theta$

因为我们假设在一个周期的开始，所订购的货物全部进入存储，而当一个周期结束时，存储量应降至 0，故有

$$V(0)=Q,\ V(\theta)=0$$

又因为假设需求是连续、均匀的，故知在第一个周期内存储的变化应满足

$$V(t)=Q-tR,\ 0\leqslant t\leqslant\theta \tag{7.2}$$

这样，就得到整个周期的存储量为：

$$\int_0^\theta V(t)\,\mathrm{d}t=\int_0^\theta (Q-tR)\,\mathrm{d}t=Q\theta-\frac{R}{2}\theta^2$$

由微积分知，积分值 $\int_0^\theta V(t)\,\mathrm{d}t$ 恰为曲线 $V(t)$ 在 $[0,\theta]$ 区间下方的面积，如图 7—2 所示. 直观地解释，$V(t)$ 下方的面积就是第一个周期的存储量.

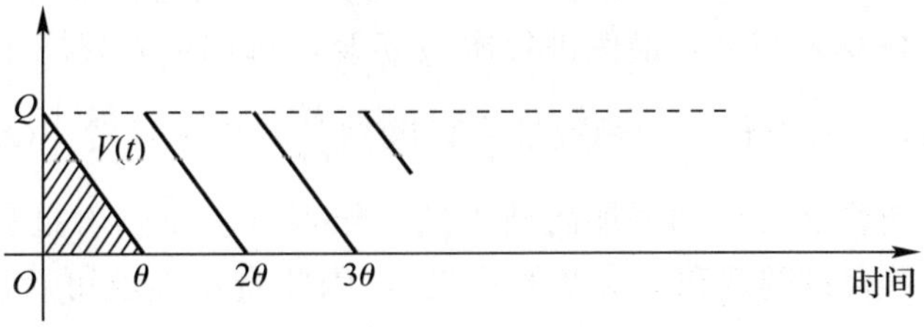

图 7—2

从而得到一个周期内的平均存储量为：

$$\frac{1}{\theta}\int_0^\theta V(t)\,\mathrm{d}t=Q-\frac{R}{2}\theta=Q-\frac{Q}{2}=\frac{Q}{2} \tag{7.3}$$

上面已说过，我们把一年分成 n 个周期，并且每个周期的存储变化都是一样的，这样整年内的平均存储量都是 $\frac{1}{2}Q$. 从而知，一年的保管费为：

$$\frac{1}{2}QI \tag{7.4}$$

又因为共进 n 次货，所以一年的订购费为：

$$nS=\frac{R}{Q}S \tag{7.5}$$

由式（7.4）和式（7.5）知，一年的总存储费为：

$$C(Q)=\frac{R}{Q}S+\frac{1}{2}QI \tag{7.6}$$

下面的任务就是如何确定批量 Q，使总存储费 $C(Q)$ 达到最小. 对 $C(Q)$ 求导：

$$C'(Q)=-\frac{R}{Q^2}S+\frac{1}{2}I$$

令 $C'(\bar{Q})=0$，得

$$\bar{Q}=\sqrt{\frac{2RS}{I}} \tag{7.7}$$

因为

$$C''(Q)=\frac{2SR}{Q^3}>0,\ Q\in(0,R) \tag{7.8}$$

故知 $\bar{Q}$ 是使 $C(Q)$ 达到最小值的点，由式（7.1）得

$$\bar{n}=\frac{R}{\bar{Q}}=\sqrt{\frac{RI}{2S}},\ \bar{\theta}=\frac{\bar{Q}}{R}=\sqrt{\frac{2S}{RI}} \tag{7.9}$$

这样，由式（7.7）、式（7.9）知，在本模型的假设下，若每隔 $\bar{\theta}$ 时间进一次货，每次进货量为 $\bar{Q}$，共进 $\bar{n}$ 次，就既能满足需求，又能使总存储费用达到最小，其值为：

$$\bar{C}=C(\bar{Q})=\sqrt{2RIS} \tag{7.10}$$

式（7.7）就是著名的经济订货量公式，它在存储论中起着重要的作用.

从式（7.7）和式（7.9）可以看出，本模型的实质就是要确定批量 $\bar{Q}$. 一旦 $\bar{Q}$ 确定下来，最优进货次数 $\bar{n}$ 及进货周期 $\bar{\theta}$ 就确定下来了. 由式（7.6）可知，年总存储费用函数是由订购费 $\frac{R}{Q}S$ 与保管费 $\frac{1}{2}QI$ 之和构成的，年订购费是随着批量 Q 的增加而减少的，年保管费是随着批量 Q 的增加而增加的（这正符合订购费和保管费的定义），因此直观地就可看出，要想使总存储费用达到最小，必须使年订购费和年保管费相等. 令

$$\frac{R}{Q}S=\frac{1}{2}QI$$

得

$$Q=\sqrt{\frac{2RS}{I}}$$

这正是我们通过严格数学推导所得到的经济订货量公式（7.7）. 这也可以从存储费、订购费及保管费的变化曲线上看出，如图 7—3 所示.

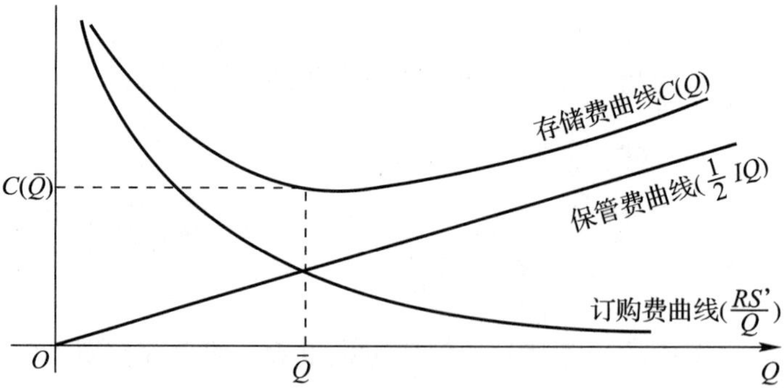

图 7—3

例 1 某公司每年需向一个制造发动机的厂商购买 500 台发动机. 假设该厂商能随时供应. 对于购买发动机的公司来说，若每次订购费为 750 元，每台发动机每年的保管费为 12 元，且不允许缺货，问该公司每年应订货的最优次数是多少？每次应订购多少台？

解： 由题意可知，$S=750$ 元，$R=500$ 台，$I=12$ 元，再由式（7.7）知，

最优批量为：

$$\bar{Q}=\sqrt{\frac{2RS}{I}}=\sqrt{\frac{2\times500\times750}{12}}=250(\text{台})$$

由式（7.9）得

$$\bar{n}=\frac{R}{Q}=\frac{500}{250}=2(\text{次})$$

故知该公司每年订货 2 次，每次进货 250 台为最优方案.

例 2　某商店有一种商品出售，该商品的单位成本为 5 元，每天单位商品保管费为其成本的 0.1%，每次的订购费为 10 元. 已知顾客每日对该商品的需求量是 100 件，如果提供该商品的厂商能力是无限的，并且商店不允许缺货，问商店每年应分几批进货，才能使一年中的保管费、订购费之和最小？

解：因顾客每日对该商品的需求量是 100 件，从而知年需求量为：

$$R=100\times365=36\ 500(\text{件})$$

又知每日单位商品的保管费为 $5\times0.1\%=0.005$ 元，故单位商品的年保管费为：

$$I=0.005\times365=1.825(\text{元})$$

订购费为：

$$S=10(\text{元})$$

由式（7.7）知最优批量为：

$$\bar{Q}=\sqrt{\frac{2RS}{I}}=\sqrt{\frac{2\times36\ 500\times10}{1.825}}\approx632(\text{件})$$

再由式（7.9）知最优次数为：

$$\bar{n}=\frac{R}{Q}=\frac{36\ 500}{632}\approx58(\text{次})$$

从式（7.10）知存储费为：

$$\bar{C}=\sqrt{2RIS}=\sqrt{2\times36\ 500\times1.825\times10}\approx1\ 154(\text{元})$$

故商店应分 58 次进货，这样就能使一年中的保管费、订购费之和最小，其值为 1 154 元.

如果在例 2 中问的是在 N 天之内应分几批进货，那么只需将 N 天内需求量 $R=100\times N$、N 天内的单位保管费 $I=0.005\times N$ 求出来，再根据式（7.7），（7.9），（7.10）求出最优批量、最优次数及最小费用.

模型Ⅱ　进货能力无限，允许缺货

第一个模型假设不允许存储缺货，即物品的短缺费无穷大. 如果某种物品的订购费或保管费很高，但短缺费很低，则企业就希望在一个固定的时期内减少进货次数或减少存储量来降低总的存储费. 如果企业在存储降至零后，再等一段时间进货，并在下次进货时满足缺货时未能得到满足的那部分需求，这部分货物不需入库，而直接满足需求，这样就可以使企业少支付订购费及保管费. 一般来说，当顾客遇到缺货时不受损失，或损失很小，而企业除支付少量的短缺费外，无其他损失，这时发生的缺货现象可能对企业是有利的.

在本模型中，假设缺货时未能得到满足的需求，在收到下批货物时给予满足，因而货物不进入存储. 其他假设与模型Ⅰ相同.

我们的问题仍然是，如果年需求量为 R，问在一年中进几次货及每次进货多少才能使总的存储费达到最小.

同样，在一年中假设每隔 θ 时间进一次货，每次进货量为 Q，共进 n 次货，则有

$$n\theta=1,\ nQ=R$$

从而知

$$n=\frac{R}{Q},\ \theta=\frac{Q}{R} \tag{7.11}$$

像模型Ⅰ的推导过程一样，先考虑第一个周期. 设初始存储量为 G（$Q>G$，这是因为当进数量为 Q 的货物时，有一部分货物不需入库，而直接满足上次未能得到满足的需求，这个量就应该是 $Q-G$），经过 θ_1 时间存储量为 0，即

$$V(0)=G,\ V(\theta_1)=0$$

记

$$R(t)=\text{由 0 到 } t \text{ 这段时间的需求量}$$

则有

$$R(0)=0,\ R(1)=R$$

由于需求是连续、均匀的，故有

$$R(t)=tR,\ 0\leqslant t\leqslant 1 \tag{7.12}$$

从而知由 0 到 t 这段时间的存储量为：

$$V(t)=\begin{cases} G-Rt, & 0\leqslant t\leqslant \theta_1 \\ 0, & \theta_1\leqslant t\leqslant \theta \end{cases} \tag{7.13}$$

由于 $V(\theta_1)=0$，代入式（7.13）得

$$\theta_1=\frac{G}{R} \tag{7.14}$$

在 θ_1 到 θ 这段时间内，短缺货物的过程就是需求货物的过程，故缺货速度应等于需求速度. 时刻 θ_1 的缺货量为 0，时刻 θ 的缺货量为 $Q-G$. 若记

$$A(t)=\text{从 } \theta_1 \text{ 到 } t \text{ 期间内的缺货量},\ \theta_1\leqslant t\leqslant \theta$$

则有

$$A(\theta_1)=0,\ A(\theta)=Q-G$$

从而知

$$A(t)=R(t-\theta_1),\ \theta_1\leqslant t\leqslant \theta$$

由式（7.14）知

$$A(t)=Rt-G,\ \theta_1\leqslant t\leqslant \theta \tag{7.15}$$

存储及短缺情况如图 7—4 所示.

在 θ 时间内存储量为：

$$\int_0^{\theta} V(t)\mathrm{d}t=\int_0^{\theta_1}(G-Rt)\mathrm{d}t=G\theta_1-\frac{1}{2}R\theta_1^2=\frac{1}{2}G\theta_1$$

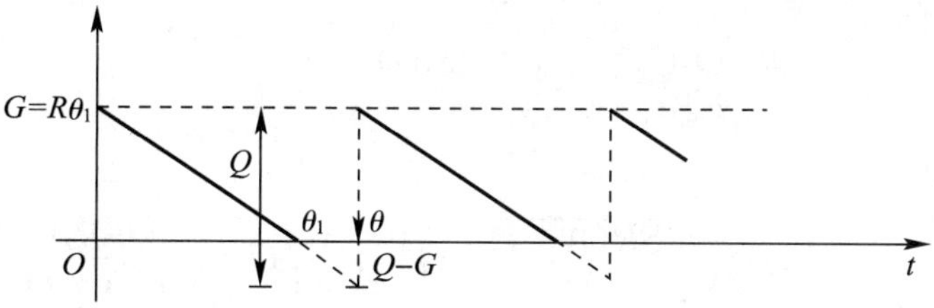

图 7—4

故知 θ 时间内的平均存储量为：

$$\frac{1}{\theta}\int_0^{\theta} V(t)\mathrm{d}t=\frac{1}{2}G\frac{\theta_1}{\theta}$$

在 θ 时间内的短缺量为：

$$\int_{\theta_1}^{\theta} A(t)\mathrm{d}t=\int_{\theta_1}^{\theta}(Rt-G)\mathrm{d}t=\frac{1}{2}R(\theta^2-\theta_1^2)-G(\theta-\theta_1)$$

故知 θ 时间内的平均短缺量为：

$$\frac{1}{\theta}\int_{\theta_1}^{\theta} A(t)\mathrm{d}t=\frac{1}{2}R\left(\theta-\frac{\theta_1^2}{\theta}\right)-G\left(1-\frac{\theta_1}{\theta}\right)$$

从而有

$$\text{年平均存储量}=\frac{1}{2}G\frac{\theta_1}{\theta} \tag{7.16}$$

$$\text{年平均短缺量}=\frac{1}{2}R\left(\theta-\frac{\theta_1^2}{\theta}\right)-G\left(1-\frac{\theta_1}{\theta}\right) \tag{7.17}$$

由式（7.11），（7.14）知

$$\theta=\frac{Q}{R},\ \theta_1=\frac{G}{R}$$

代入式（7.16），（7.17），得

$$\text{年保管费}=\frac{1}{2}\cdot\frac{G^2}{Q}I$$

$$\text{年短缺费}=\frac{1}{2Q}(Q-G)^2A$$

$$\text{年订购费}=nS=\frac{R}{Q}S$$

这样就得到年总存储费为：

$$C(Q,G)=\frac{1}{2}\cdot\frac{G^2}{Q}I+\frac{1}{2Q}(Q-G)^2A+\frac{R}{Q}S$$

下面确定批量 Q 及初始存储量 G，使总存储费最小．对 $C(Q, G)$ 分别求关于 Q 和 G 的偏导数：

$$\frac{\partial C(Q,G)}{\partial Q}=-\frac{G^2I}{2Q^2}+\frac{A}{2}\left[\frac{2(Q-G)Q-(Q-G)^2}{Q^2}\right]-\frac{R}{Q^2}S$$

$$\frac{\partial C(Q,G)}{\partial G}=\frac{G}{Q}I-\frac{(Q-G)A}{Q}$$

令

$$\frac{\partial C(Q,G)}{\partial Q}=0,\ \frac{\partial C(Q,G)}{\partial G}=0$$

得

$$\bar{Q}=\sqrt{\frac{2SR(A+I)}{AI}},\ \bar{G}=\frac{A}{A+I}\bar{Q}=\sqrt{\frac{2SRA}{I(A+I)}} \tag{7.18}$$

由式（7.11）知

$$\bar{n}=\sqrt{\frac{AIR}{2S(A+I)}},\ \bar{\theta}=\sqrt{\frac{2S(A+I)}{RIA}} \tag{7.19}$$

可以验证，$(\bar{Q},\bar{G})$ 就是使年总存储费达到最小的点，此时最小存储费为：

$$\bar{C}=C(\bar{Q},\bar{G})=\sqrt{\frac{2SRIA}{A+I}} \tag{7.20}$$

若我们设想不允许缺货，即 $A=+\infty$，在式（7.18），（7.19）和（7.20）中令 $A\to+\infty$，此时

$$\frac{A}{A+I}\to 1,\ \frac{A+I}{A}\to 1$$

故有

$$\bar{Q}=\bar{G}=\sqrt{\frac{2SR}{I}},\ \bar{n}=\sqrt{\frac{IR}{2S}},\ \bar{\theta}=\sqrt{\frac{2S}{IR}},\ \bar{C}=\sqrt{2SIR}$$

这与不允许缺货模型中的式（7.7），（7.9），（7.10）完全一致.

将式（7.19）与式（7.9）比较可以发现，允许缺货模型求出的最优周期为不允许缺货模型所求出周期的$\sqrt{\frac{A+I}{A}}$倍，而$\frac{A+I}{A}>1$；从而可知，当允许缺货时，两次进货的间隔时间长了，自然订购次数就少了，故订购费也减少了.

由于 $\bar{Q}$ 是进货量，$\bar{G}$ 是最大存储量，从而知

$$\bar{Q}-\bar{G}=\sqrt{\frac{2SR(A+I)}{AI}}-\sqrt{\frac{2SRA}{I(A+I)}}=\sqrt{\frac{2SIR}{A(A+I)}}$$

为任意一个周期内的最大缺货量.

例 3 已知每年需求量 $R=1\,600$ 件，订购费 $S=5$ 元，每年的单位商品保管费 $I=0.1$ 元，每年的单位短缺费 $A=0.5$ 元，求 $\bar{Q}$，$\bar{G}$，$\bar{C}$.

解： 利用式（7.18），（7.20）得

$$\bar{Q}=\sqrt{\frac{2SR(A+I)}{AI}}=\sqrt{\frac{2\times5\times1\,600\times(0.5+0.1)}{0.5\times0.1}}\approx438(\text{件})$$

$$\bar{G}=\frac{A}{A+I}\bar{Q}=\frac{0.5}{0.5+0.1}\times438\approx365(\text{件})$$

$$\bar{C}=\sqrt{\frac{2SAIR}{A+I}}=\sqrt{\frac{2\times5\times0.5\times0.1\times1\,600}{0.5+0.1}}\approx36.51(\text{元})$$

故知 $\bar{Q}\approx438$（件），$\bar{G}\approx365$（件），$\bar{C}\approx36.51$（元）.

7.4　第二类存储模型

模型Ⅲ　进货能力有限，不允许缺货

在 7.3 节中，我们讨论的是以进货能力无限的方式来补充存储的问题. 但是，我们知道，存储的进货（补充）通常是某种生产活动的结果，当产品生产出来后，就可以交给仓库，因而进货量低于订货量. 这方面的例子在 7.1 节关于汽车发动机的举例中已经谈过.

在本节所研究的，是以第二种方式进货的存储模型. 在这个模型中，假设进货能力是有限的，也就是每期的订货量分若干次进入存储，直至达到订货量为止. 另外，还假设每种物品的短缺费无穷大，即不允许缺货. 这样，我们可以想象，在进货的同时，存储也还要满足需求，也就是说进货与需求是同时进行的，等到进货量达到订货量时，以后就只有需求了. 从而知道，进货速度一定要大于需求速度（关于两速度相等的情况，对于研究存储问题没有多大意义）.

除上面的假设外，我们再作如下假定：

1. 需求是连续、均匀的；
2. 进货是连续、均匀的；
3. 当存储降至零时，可以立即得到补充.

这个模型的存储变化情况如图 7—5 所示.

现在的问题是，如果一年的需求量为 R，一年的进货量为 P（进货能力），问在一年中进几次货及每次进货多少才能使年总存储费达到最小. 这里假设 P 大于 R.

设一年中每隔 θ 时间进一次货，每次进货量为 Q，共进 n 次货，则有 $n\theta=1$，$nQ=R$，从而知

$$n=\frac{R}{Q},\ \theta=\frac{Q}{R} \tag{7.21}$$

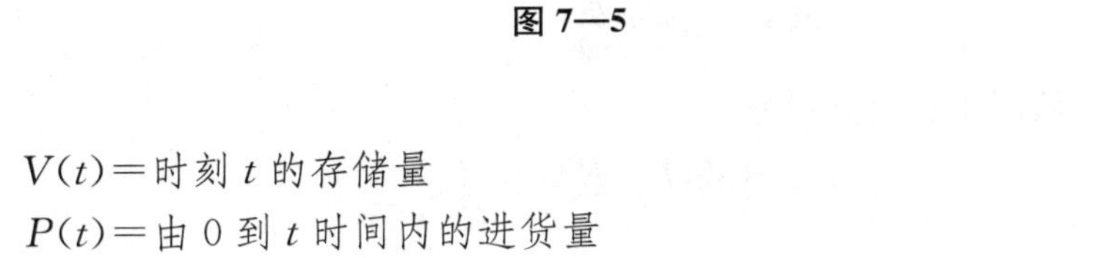

图 7—5

记

$V(t)$＝时刻 t 的存储量

$P(t)$＝由 0 到 t 时间内的进货量

$R(t)$=由 0 到 t 时间内的需求量

由假设知

$$P(0)=0,\ P(1)=P$$

$$R(0)=0,\ R(1)=R$$

又因为进货、需求速度都是连续、均匀的，故有

$$P(t)=Pt,\ R(t)=Rt$$

考虑第一个周期的存储变化情况．假定每个周期的进货量为 Q，进货量从 0 至 Q 需要一定时间．但我们知道，进货速度比需求速度快，所以在 0 到 θ 这个周期内一定存在某一时刻，使得在这个时刻进货的数量达到 Q，而需求仍在继续．不妨设此时刻为 θ_1，从而知

$$P(\theta_1)=Q=R(\theta)$$

即

$$P\theta_1=Q=R\theta \tag{7.22}$$

如图 7—5 所示．

由上面的讨论知

$$V(t)=\begin{cases}P(t)-R(t),\ 0\leqslant t\leqslant\theta_1\\P(\theta_1)-R(t),\ \theta_1\leqslant t\leqslant\theta\end{cases}$$

由式（7.22）知，$P(\theta_1)=Q$，从而知第一周期的存储公式为：

$$V(t)=\begin{cases}(P-R)t,\ 0\leqslant t\leqslant\theta_1\\Q-Rt,\ \theta_1\leqslant t\leqslant\theta\end{cases} \tag{7.23}$$

θ 时间内的平均存储量为：

$$\begin{aligned}&\frac{1}{\theta}\int_0^\theta V(t)\mathrm{d}t\\&=\frac{1}{\theta}\left[\int_0^{\theta_1}(P-R)t\mathrm{d}t+\int_{\theta_1}^{\theta}(Q-Rt)\mathrm{d}t\right]\\&=\frac{1}{2}(P-R)\frac{\theta_1^2}{\theta}+Q\left(1-\frac{\theta_1}{\theta}\right)-\frac{R}{2}\left(\theta-\frac{\theta_1^2}{\theta}\right)\end{aligned}$$

由式（7.22）可知，$\theta_1=\dfrac{Q}{P}$，$\theta=\dfrac{Q}{R}$，代入上式，得

$$\theta\text{ 时间内平均存储量}=\frac{1}{2}\cdot\frac{Q(P-R)}{P}$$

因各周期的存储情况一样，故可知

$$\text{年平均存储量}=\frac{1}{2}\cdot\frac{Q(P-R)}{P}$$

$$\text{年保管费}=\frac{1}{2}\cdot\frac{Q(P-R)}{P}I$$

$$\text{年订购费}=nS=\frac{R}{Q}S$$

从而年总存储费为：

$$C(Q)=\frac{1}{2}\frac{Q(P-R)}{P}I+\frac{R}{Q}S \tag{7.24}$$

为了求使存储费达到最小值的点，对 $C(Q)$ 求导：

$$C'(Q)=\frac{1}{2}\frac{P-R}{P}I-\frac{R}{Q^2}S$$

令 $C'(\bar{Q})=0$，解得

$$\bar{Q}=\sqrt{\frac{2PRS}{(P-R)I}} \tag{7.25}$$

因为

$$C''(Q)=\frac{2R}{Q^3}S>0, \quad Q\in(0,R)$$

从而知 $\bar{Q}$ 是使 $C(\bar{Q})$ 达到最小值的点，此时最小费用为：

$$\bar{C}=C(\bar{Q})=\sqrt{\frac{2R(P-R)SI}{P}} \tag{7.26}$$

由式（7.21）可得最优进货次数及最优周期分别为：

$$n=\frac{R}{Q}=\sqrt{\frac{R(P-R)I}{2PS}}, \quad \bar{\theta}=\sqrt{\frac{2PS}{R(P-R)I}} \tag{7.27}$$

在式（7.25），（7.27）中，令 $P\to+\infty$(即进货能力无限)，得

$$\bar{Q}=\sqrt{\frac{2RS}{I}}, \quad \bar{n}=\sqrt{\frac{RI}{2S}}, \quad \bar{\theta}=\sqrt{\frac{2S}{RI}}$$

这与 7.3 节模型中的式（7.7），（7.9）中的三个公式完全一致.

例 4　某汽车制造厂设有汽车总装配线，发动机由本厂的发动机车间提供. 该车间每月能生产发动机 50 台，而总装配线每月只需 25 台. 如果发生存储短缺，费用就要超出；厂部规定，决不能发生短缺情况. 已知每次订购费（洽谈、签合同等项开支）为 6 元，而管理费为每年每台 12 元. 试问如何制定年存储计划，才既能满足总装配线的需要，又使总存储费达到最小?

解：由题意知

发动机车间的生产能力：$P=50$ 台/月$=600$ 台/年

总装配车间的需求量：$R=25$ 台/月$=300$ 台/年

每次进货的订购费：$S=6$ 元

保管费：$I=12$ 元/台/年

由式（7.25）得

$$\bar{Q}=\sqrt{\frac{2PRS}{(P-R)I}}=\sqrt{\frac{2\times600\times300\times6}{(600-300)\times12}}\approx25(\text{台})$$

由式（7.27）得

$$\begin{aligned}\bar{\theta}&=\sqrt{\frac{2PS}{R(P-R)I}}\\&=\sqrt{\frac{2\times600\times6}{300\times(600-300)\times12}}\approx0.081(\text{年})\\&=0.081\times12(\text{月})\approx1(\text{月})\end{aligned}$$

$$\bar{n}=\frac{1}{\theta}=\frac{1}{0.081}\approx12(\text{次})$$

再由式（7.26）得

$$\bar{C}=\sqrt{\frac{2R(P-R)SI}{P}}=\sqrt{\frac{2\times 300\times(600-300)\times 6\times 12}{600}}$$

$$\approx 147(\text{元})$$

故知，若每月总装配车间进一次货，批量为 25 台，则既能满足总装配线上的需求，又使年总存储费最小，其值约为 147 元.

□ 习 题

1. 设有一商店出售某种商品，它的单位成本为 300 元，其保管费每年为成本费的 17%，此种商品每次的订购费为 20 元，顾客对此种商品的年需求量为 400 单位，且知需求速度是连续、均匀的. 如果不允许缺货，问该商店每年应订货的最优次数是多少？每次的订购量为多少？

2. 设某工厂每年需用某种原料 1 800 吨，不允许缺货. 设每吨每月的保管费为 60 元，每次订购费为 200 元，试求最优批量及每年最低的总存储费.

3. 某厂每月需甲产品 100 件，每月生产 500 件，每批装配费为 5 元，每月每件产品保管费为 0.4 元，问每次生产批量为多少才能使月保管费与装配费之和为最低？

4. 设某企业每月需要一种机械零件 100 件，已知此种零件的单件月保管费为 0.40 元，每批的订购费为 5 元，若允许缺货，试求最优批量 $\bar{Q}$ 及初始存储量 $\bar{G}$.

第 8 章 决策论

Chapter 8

8.1 概论

决策是人们生活中最常见的一种综合活动，是为了达到特定的目标，运用科学的理论和方法，分析主客观条件，提出各种不同的方案，并从中选取最优方案的过程. 例如，某人今晚要请客，客人们说有时间就来，没有时间就不来. 这样，主人就要考虑饭菜做多少的问题. 若做的饭菜多于来人所需的量，就会造成浪费；若做的饭菜少于来人所需的量，就会造成客人吃不饱或吃不好的尴尬局面. 到底做多少，这是主人所要做的决策. 再如，第 7 章讲的存储过程就是决策的过程. 在生产过程中，有必要采购和存储一定量的原材料，以满足生产的需要. 为保证生产的需要，应当订购多少数量，这是一个重要的问题，需要做出决策. 作为一个部门的决策者，如何根据本部门生产中所出现的复杂多变的情况，从全局出发，应用科学的决策理论与方法，集中各方面的意见和建议，及时做出科学的决策，这是很重要的.

如前所述，决策是为了达到某个特定的目标，而从各种不同的方案中选取最优方案的活动. 所以，决策工作的**第一步**就是确定目标. 如果一个人要购买的商品品种多样，他将选择哪一品种的商品呢？这要看购买者的具体情况. 如果买这种商品是为了送给别人作为结婚礼物，他可能选取包装优劣作为目标，包装越漂亮越好；如果他本身并不太讲究商品的外表，并且买此种商品是为自己使用，那么他就有可能以价格和质量为目标，价格越低廉、质量越高越好. 在工业生产中，最低成本、最大利润、最高生产率或最短完成时间都是典型的决策目标. 例如，在第 7 章介绍的存储论中，目标就是总存储费最低.

决策工作的**第二步**是拟定各种可行方案，考虑影响各种方案实施的自然因素及各种方案在自然因素影响下所产生的效果. 以商店食品的存储而言，每月是进 20 箱食品，还是进 30 箱乃至更多的食品，这就是要确定的方案。而影响进货量的自然因素就是顾客对此种商品的需求量. 需求量可以是每月 20 箱、30 箱，也可能是更多箱. 方案是决策者可以控制的，而自然因素是不能为决策者所控制的．在某些情况下，各种自然因素出现的可能性（即概率）是可以知道的．如顾客对某种商品的需求量，可以通过以往商店出售这种商品的统计资料近似地确定．但在有些情况下，自然因素的可能性是无法知道的．如果出售的是一种新商品，那么就没有历史数据来确定它的各种需求量出现可能性的大小了．

如果决策目标是使商店的总存储费最小，又假定顾客对某种商品的需求量是每月 36 箱，商店所采用的方案是每月进货 40 箱，并且通过计算，知道这时的总存储费是 336 元，那么，这 336 元就是每月 36 箱需求量这个自然因素对于进货量为每月 40 箱这个方案的影响效果．这种效果是可以确定的，举例如下．

例 1 设某种商品的需求量是未知的，但根据历史资料可以判断，各月的需求量为 36，40，44，48，56 或 60 箱，并且需求速度是连续、均匀的．商店所关心的主要问题是总存储费越小越好．

记

I＝每箱的月保管费＝1 元

A＝每箱的月短缺费＝10 元

C_1＝每箱购价＝5 元

C＝每月总存储费

Q＝每月订购的箱数(决策者能够控制)

R＝每月需求的箱数(决策者不能控制)

一般来说，某月可能出现的情况有：(1) 订购的箱数超过需求的箱数；(2) 订购的箱数等于需求的箱数；(3) 订购的箱数少于需求的箱数．

由第 7 章的内容可知，总存储费是由购进费、订购费、保管费及短缺费组成的．订购费只与订购的次数有关，而与订购的数量无关，在这个问题中，每月只订购一次，故订购费是固定的，这样就可以不考虑此项费用了．

下面分别讨论前述三种情况的总存储费．

(1) 订购箱数超过需求箱数（当 $Q>R$ 时的情况）．

$$\text{月平均存储量}=\int_0^1 (Q-Rt)\mathrm{d}t = Q-\frac{R}{2}$$

从而知

$$C=C_1Q+\left(Q-\frac{1}{2}R\right)I=6Q-0.5R$$

(2) 订购箱数等于需求箱数（当 $Q=R$ 时的情况）．

$$\text{月平均存储量}=\int_0^1 (Q-Rt)\mathrm{d}t = \frac{Q}{2}$$

从而知

$$C=C_1Q+\frac{1}{2}QI=5.5Q$$

(3) 订购箱数少于需求箱数（当 $Q<R$ 时的情况）．

由于订购箱数少于需求箱数，故知在一个月内一定存在某一时刻 θ_1（$0<$

$\theta_1<1$)，此时的存储量恰好降至零，即有

$$Q=R\theta_1$$

故

$$月平均存储量=\int_0^{\theta_1}(Q-Rt)\mathrm{d}t=Q\theta_1-\frac{R}{2}\theta_1^2=\frac{Q^2}{2R}$$

从而知

$$C=C_1Q+\frac{Q^2}{2R}I+(R-Q)A=10R+0.5\frac{Q^2}{R}-5Q$$

这样，就得到月需求量与月进货量之间各种组合的总存储费，如表 8—1 所示.

表 8—1 单位：元

C \ R / Q	36	40	44	48	56	60
36	198	236	275	313	392	431
40	222	220	258	297	374	413
44	246	244	242	280	357	396
48	270	268	266	264	341	379
56	318	316	314	312	308	346
60	342	340	338	336	332	330

如果具有销售此商品的历史资料，还可以求出各个需求量出现可能性的大小.

决策的**第三步**就是选取最优方案. 选取最优方案要看决策者所用的“选优”原则是什么. 也就是取决于他对“最好的”看法是什么. 从表 8—1 来看，如果决策者知道下月的需求量 R 为 40 箱，那么决策者肯定选进货量 Q 为 40 箱作为最优方案，这时选取任何别的方案所需的总存储费都比进货量为 40 箱的费用大. 这是因为影响决策的自然因素只有一种，故此时选取最优方案的原则，就是在所有的方案中，找总存储费最小的那个方案. 这就是所谓的确定型决策问题. 但是，如果我们不知道下月到底会出现哪种自然因素，而仅仅知道各个自然因素出现的可能性大小（即概率），此时又应该如何选取最优方案呢？这仍然涉及我们的“选优”原则是什么. 如果“选优”原则是在最大可能出现的自然因素前提下，选取总存储费用最小的那个方案. 假设需求量 $R=48$ 箱这个自然因素下月出现的可能性最大，而其他自然因素出现的可能性都比它小，那么，根据“选优”原则，就应该选进货量 $Q=48$ 这个方案作为最优方案. 从上面的分析可以看出，决策者这样做是需担一定风险的，这是因为，如果下月的自然因素出现的不是需求量 $R=48$，而是 $R=60$，显然，他所选择的方案不如进货量 $Q=60$ 这个方案好. 这就是人们常说的风险型决策问题. 还有一种情况，如果既不能确定下月究竟哪个自然因素出现，也不知道下月各种自然因素出现的可能性大小，那么，又应该如何选择最优方案呢？这就属于不确定型决策问题.

从上面的讨论知道，对于同一个目标，决策者“选优”原则不同，导致所选的最优方案不同. 而影响“选优”原则确定的是决策者对各种自然因素出现

的可能性的了解程度. 依此，我们把决策问题分为三类：确定型决策问题、风险型决策问题和不确定型决策问题.

在讨论这三类决策问题前，有必要介绍一下决策论中的基本概念.

在实际生活和生产活动中，对同一个问题，可能出现几种自然情况及几种方案供决策者选择，这就构成了一个决策问题. 出现的几种自然情况，称作自然因素或状态，它是决策者不可控制的，用符号 S_j（$j=1, 2, \cdots, n$）表示. 如表 8—1 中的需求量 R 为 36，40，44，48，56 和 60 箱，就是各种不同的自然因素，它是不能为决策者所控制的. 出现的几种可供选择的方案，称作行动方案（简称方案或决策），记作 A_i（$i=1, 2, \cdots, m$）. 如表 8—1 中的进货量 Q=36，40，44，48，56 和 60 箱就是不同的方案，它是被决策者所控制的. 把各种方案在不同自然因素影响下所产生的效果的数量称作损益值（也有人称它为益损值，它因效果的含义不同而不同，效果可以是费用的数量，也可以是利润的数量），用符号 a_{ij} 表示. 如在表 8—1 中，a_{23} 就表示第二个方案（Q=40 箱）在第三种自然因素（R=44 箱）出现的情况下，总的存储费用（这里，$a_{23}=258$）. p_j（$j=1, 2, \cdots, n$）表示第 j 种自然因素出现的概率（即可能性大小）. 以上各方面的关系可用决策矩阵来表示，如表 8—2 所示.

表 8—2　　决策矩阵

方案 \ 损益值 \ 概率 \ 自然因素	S_1	S_2	$\cdots$	S_j	$\cdots$	S_{n-1}	S_n
	p_1	p_2	$\cdots$	p_j	$\cdots$	p_{n-1}	p_n
A_1	a_{11}	a_{12}	$\cdots$	a_{1j}	$\cdots$	$a_{1,n-1}$	a_{1n}
A_2	a_{21}	a_{22}	$\cdots$	a_{2j}	$\cdots$	$a_{2,n-1}$	a_{2n}
$\vdots$	$\vdots$	$\vdots$		$\vdots$		$\vdots$	$\vdots$
A_i	a_{i1}	a_{i2}	$\cdots$	a_{ij}	$\cdots$	$a_{i,n-1}$	a_{in}
$\vdots$	$\vdots$	$\vdots$		$\vdots$		$\vdots$	$\vdots$
A_m	a_{m1}	a_{m2}	$\cdots$	a_{mj}	$\cdots$	$a_{m,n-1}$	a_{mn}

下面将分别论述三类决策问题，但无论是何种类型，决策问题必须具备下列四个条件：

1. 只有一个明确的决策目标；
2. 至少存在一个自然因素；
3. 至少存在两个可供决策者选择的方案；
4. 不同方案在各种自然因素影响下的损益值可以计算出来.

8.2 确定型决策问题

确定型决策就是指在知道某个自然因素必然发生或对某个自然因素发生有十分把握的前提下所作的决策. 这种问题的决策矩阵中只有一列，即确定型决策除了满足一般决策问题的四个条件外（见 8.1 节），还需加一个条件：只存在一个确定的自然因素.

根据一般的决策矩阵知，确定型的决策矩阵有如表 8—3 所示的形式.

如果方案 A_i 在自然因素 S 的影响下所产生的损益值 $a_i(i=1, 2, \cdots, m)$ 是成本或费用等，"选优"的原则是取损益值最小的方案. 相反，如果损益值是利润或收益，则"选优"的原则是取损益值最大的方案.

例 2　在表 8—1 中，假设自然因素 R 为 40 箱在下月必然发生，则我们得到确定型决策矩阵如表 8—4 所示.

表 8—3

损益值 / 自然因素 / 方案	S
A_1	a_1
A_2	a_2
⋮	⋮
A_i	a_i
⋮	⋮
A_m	a_m

表 8—4　　单位：元

损失值 / R / Q	40
36	236
40	220
44	244
48	268
56	316
60	340

从表 8—4 看出应该选择进货量 Q 等于 40 箱作为最优方案.

从确定型决策矩阵（表 8—3）来看，似乎确定最优方案很简单. 但实际问题往往是很复杂的，可供选择的方案很多. 例如，有 m 个产地、n 个销地的运输问题，目标是运输费用最小，自然因素是满足所有销地的需要. 当 m，n 很大时，运输方案很多，如果再要列出它的决策矩阵是很不经济的，也就是说，由于求出所有方案的损益值所需的计算量太大，这就需要用其他方法来解决（如线性规划方法）.

例 3　设有某类物资，要从发点 A_1，A_2，A_3 运往收点 B_1，B_2，B_3，B_4. 各发点的发货量、各收点的收货量以及从某发点 $A_i(i=1, 2, 3)$ 运往某收点 $B_j(j=1, 2, 3, 4)$ 一吨物资所需运费如表 8—5 所示，问应如何组织运输才能使总运费最少？

这是 2.8 节中介绍过的运输问题，它是确定型决策问题，可以用线性规划中运输问题的表上作业法来求解. 此问题的线性规划模型为：

表 8—5　　运费表　　单位：元

运费 / 收点 / 发点	B_1	B_2	B_3	B_4	发量
A_1	3	6	2	4	70
A_2	5	3	3	4	80
A_3	1	7	5	2	50
收量	40	30	70	60	200

$$
\begin{cases}
\min(3x_{11}+6x_{12}+2x_{13}+4x_{14}+5x_{21}+3x_{22}+3x_{23}+4x_{24}+x_{31}+7x_{32}+5x_{33}+2x_{34}) \\
x_{11}+x_{12}+x_{13}+x_{14}=70 \\
x_{21}+x_{22}+x_{23}+x_{24}=80 \\
x_{31}+x_{32}+x_{33}+x_{34}=50 \\
x_{11}+x_{21}+x_{31}=40 \\
x_{12}+x_{22}+x_{32}=30 \\
x_{13}+x_{23}+x_{33}=70 \\
x_{14}+x_{24}+x_{34}=60 \\
x_{ij}\geqslant 0,\quad i=1,2,3;\quad j=1,2,3,4
\end{cases}
$$

其中 x_{ij}（$i=1$，2，3；$j=1$，2，3，4）为由发点 A_i 到收点 B_j 的物资吨数．求解得 $x_{13}=70$，$x_{22}=30$，$x_{24}=50$，$x_{31}=40$，$x_{34}=10$，其余的变量取值都为 0，如表 8—6 所示．这就是说，如果按表 8—6 来分配物资，就既能满足合同要求，又使得运输费最小，其值为 490 元．

表 8—6 单位：吨

收点 / 物资数 / 发点	B_1	B_2	B_3	B_4	发量
A_1			70		70
A_2		30		50	80
A_3	40			10	50
收量	40	30	70	60	200

8.3 风险型决策问题

风险型决策问题是指决策者根据以往的经验及历史统计资料，可以判明各种自然因素出现的可能性大小（即概率）．通过自然因素出现的概率来作决策，这样做是需冒一定风险的，故称风险型决策．风险型决策除了应具备 8.1 节中所述的决策问题的四个条件外，还需另加一个条件：存在两个或两个以上的自然因素，并可估算所有自然因素出现的概率．

风险型决策矩阵有表 8—7 所示的形式．表 8—7 中的 p_j 表示自然因素 S_j 出现的概率．

下面介绍三种“选优”原则，即三种决策方法．

（一）期望值法

我们知道，如果 ξ 是一个离散型随机变量，可能取的值为 x_1，x_2，…，x_m，

表 8—7　　风险型决策矩阵

方案＼损益值＼自然因素 / 概率	S_1	S_2	…	S_j	…	S_{n-1}	S_n
	p_1	p_2	…	p_j	…	p_{n-1}	p_n
A_1	a_{11}	a_{12}	…	a_{1j}	…	$a_{1,n-1}$	a_{1n}
A_2	a_{21}	a_{22}	…	a_{2j}	…	$a_{2,n-1}$	a_{2n}
⋮	⋮	⋮		⋮		⋮	⋮
A_i	a_{i1}	a_{i2}	…	a_{ij}	…	$a_{i,n-1}$	a_{in}
⋮	⋮	⋮		⋮		⋮	⋮
A_m	a_{m1}	a_{m2}	…	a_{mj}	…	$a_{m,n-1}$	a_{mn}

$P(x_i)$表示当变量 ξ 取 x_i 时的概率，那么 ξ 的期望值（平均值）为 $E(\xi)=\sum_{i=1}^{m}x_i P(x_i)$.

现在我们把每个方案 A_i 看成是离散型随机变量，它所取的值就是方案中所对应的损益值 $a_{ij}(j=1，2，\cdots，n)$；则 A_i 取到 a_{ij} 的概率就应该是 p_j，即 $P(a_{ij})=p_j(j=1，2，\cdots，n)$.

根据上面的讨论，我们知道方案 A_i 的期望值为：

$$E(A_i)=\sum_{j=1}^{n}a_{ij}p_j,\quad i=1,2,\cdots,m$$

期望值法就是决策者根据各个方案的期望值大小来选择最优方案. 如果损益值代表的是损失，如成本、费用等，则选择期望值最小的方案作为最优方案；如果损益值代表的是收益，如利润，则选择期望值最大的方案作为最优方案.

例 4　我们仍以 8.1 节中的商品进货问题为例，设自然因素 R 为 36，40，44，48，56 和 60 箱，出现的概率分别为 0.1，0.1，0.2，0.4，0.1 和 0.1. 为了方便，我们把此问题的决策矩阵用表 8—8 表示.

表 8—8　　风险型进货决策矩阵　　单位：元

进货方案＼损益值＼需求箱数 / 概率	$S_1(36)$	$S_2(40)$	$S_3(44)$	$S_4(48)$	$S_5(56)$	$S_6(60)$
	$p_1(0.1)$	$p_2(0.1)$	$p_3(0.2)$	$p_4(0.4)$	$p_5(0.1)$	$p_6(0.1)$
$A_1(36)$	198	236	275	313	392	431
$A_2(40)$	222	220	258	297	374	413
$A_3(44)$	246	244	242	280	357	396
$A_4(48)$	270	268	266	264	341	379
$A_5(56)$	318	316	314	312	308	346
$A_6(60)$	342	340	338	336	332	330

由表 8—8 可计算各方案的期望值如下：

$$E(A_1)=198\times0.1+236\times0.1+275\times0.2+313\times0.4+392\times0.1+431\times0.1\approx306$$

$$E(A_2)=222\times0.1+220\times0.1+258\times0.2+297\times0.4+374\times0.1+413\times0.1\approx293$$

$$E(A_3)=246\times0.1+244\times0.1+242\times0.2+280\times0.4+357\times0.1+396\times0.1\approx285$$

$$E(A_4)=270\times0.1+268\times0.1+266\times0.2+264\times0.4+341\times0.1+379\times0.1\approx285$$

$$E(A_5)=318\times0.1+316\times0.1+314\times0.2+312\times0.4+308\times0.1+346\times0.1\approx316$$

$$E(A_6)=342\times0.1+340\times0.1+338\times0.2+336\times0.4+332\times0.1+330\times0.1\approx336$$

表 8—8 中的损益值是总存储费，因此，应该选择期望值最小的那个方案. 由上面的期望值计算知道，方案 A_3，A_4 的期望值相等，并且是所有方案中期望值最小的. 而 A_3 和 A_4 到底应该选哪个呢？这就需用另外一个指标来判断.

在使用期望值法作关于求目标极小的决策时，若两个方案的期望值相等，如 $E(A_i)$ 等于 $E(A_j)$，并且对任何其他的方案 $A_k(k\neq i,\ j)$ 都有 $E(A_k)$ 大于 $E(A_i)$，此时就比较这两个方案的损益值上界，即比较 $\max\limits_{1\leqslant k\leqslant n}\{a_{ik}\}$ 和 $\max\limits_{1\leqslant k\leqslant n}\{a_{jk}\}$. 若 $\max\limits_{1\leqslant k\leqslant n}\{a_{ik}\}=\max\limits_{1\leqslant k\leqslant n}\{a_{jk}\}$，则方案 A_i 和 A_j 中的任何一个都可以作为最优方案. 若 $\max\limits_{1\leqslant k\leqslant n}\{a_{ik}\}>\max\limits_{1\leqslant k\leqslant n}\{a_{jk}\}$，则应选取 A_j 作为最优方案，因为在期望值相同的情况下，方案 A_j 的最大损失值要比方案 A_i 的最大损失值小，当然应该选择最大损失值小的作为最优方案. 若使用期望值法作关于目标是求极大的决策时，出现了某两个方案的期望值同时达到最大，如 $E(A_i)=E(A_j)=\max\limits_{1\leqslant k\leqslant m}\{E(A_k)\}$，此时就比较这两个方案收益值的下界，即比较 $\min\limits_{1\leqslant k\leqslant n}\{a_{ik}\}$ 和 $\min\limits_{1\leqslant k\leqslant n}\{a_{jk}\}$，若 $\min\limits_{1\leqslant k\leqslant n}\{a_{ik}\}=\min\limits_{1\leqslant k\leqslant n}\{a_{jk}\}$，则方案 A_i 和 A_j 中的任何一个都可以作为最优方案. 若 $\min\limits_{1\leqslant k\leqslant n}\{a_{ik}\}>\min\limits_{1\leqslant k\leqslant n}\{a_{jk}\}$，则应选择 A_i 作为最优方案.

在我们的例子中

$$E(A_3)=E(A_4)=\min_{1\leqslant k\leqslant 6}\{E(A_k)\}\approx285$$

由表 8—8 知

$$\max_{1\leqslant k\leqslant 6}\{a_{3k}\}=396,\quad \max_{1\leqslant k\leqslant 6}\{a_{4k}\}=379$$

从而知

$$\max_{1\leqslant k\leqslant 6}\{a_{3k}\}>\max_{1\leqslant k\leqslant 6}\{a_{4k}\}$$

故选 A_4 作为最优方案.

例 5 某公司生产某种产品，一直只在本地区销售，而且销售的前景很好. 现在公司想通过向全国销售来增加利润. 经过市场调查，了解到全国和本地区对此产品高需求的概率都是 0.5，中等需求的概率都是 0.25，低需求的概率都是 0.25. 两种销售在各种需求影响下的利润如表 8—9 所示. 现在问，是继续在本地区销售获利大，还是扩大到全国销售获利大.

表 8—9 单位：百万元

需求 / 收益值 / 概率 / 方案	高需求 S_1	中等需求 S_2	低需求 S_3
	0.5	0.25	0.25
全国销售 A_1	6	4	2.5
本地区销售 A_2	4	3.8	3.5

解：由表 8—9 可以计算两种方案的利润期望值：

$$E(A_1)=6\times 0.5+4\times 0.25+2.5\times 0.25=4.625$$

$$E(A_2)=4\times 0.5+3.8\times 0.25+3.5\times 0.25=3.825$$

因为 $E(A_1)>E(A_2)$，故由期望值法知，此产品应该扩大到全国销售为最优方案.

（二）最大可能法

根据概率论的知识，一个事件，其概率越大，发生的可能性就越大，最大可能法就是基于这种思想提出来的. 在所有可能出现的自然因素中，找一个出现概率最大的自然因素，把原来的决策问题化为仅在这个自然因素出现的情况下作决策，选取最优方案. 这样就把风险型决策问题化成了一个确定型决策问题.

例 6 我们仍以例 4（表 8—8）为例. 在这个例子中，自然因素 S_4（需求量为 48 箱）出现的概率为 0.4，比其他任何一个自然因素出现的概率都大，故把原决策问题化为仅在 S_4 出现的情况下的确定型决策问题，这个确定型决策矩阵如表 8—10 所示.

表 8—10 单位：元

自然因素 / 概率 / 方案	S_4
A_1	313
A_2	297
A_3	280
A_4	264
A_5	312
A_6	336

由于我们的目标是求总存储费最小，故从表 8—10 知，当选取方案 A_4，即进货量为 48 箱时，总存储费最小，其值为 264 元.

把风险型决策问题与确定型决策问题联系起来看，我们会发现，确定型决策其实是风险型决策的一个特例，即自然因素出现的概率为 1，而其他自然因素出现的概率为 0 的风险型决策问题.

若我们面临的是这样一种风险型决策问题，即在所有自然因素中，有一个自然因素出现的概率比其他自然因素出现的概率大很多，并且它们相应的损益值差别不很大，那么用最大可能法来处理这个问题是比较有效的. 但如果摆在我们面前的风险型决策问题，其所有自然因素出现的概率都很小，并且很接近，此时再用最大可能法就不太合适了，可以选用其他方法，如期望值法.

（三）决策树法

决策树法实质上是利用各方案在各种自然因素影响下的期望值进行决策的另一种方法——图解法. 之所以称为决策树法是因为它的图形看起来像棵树.

决策树的结构比较简单，它的一般结构如图 8—1 所示.

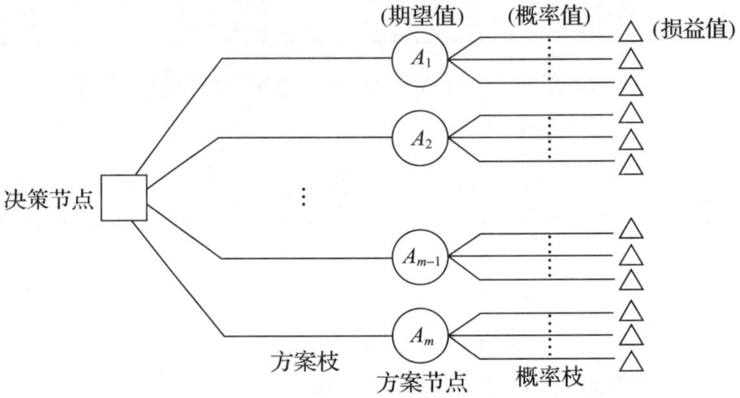

图 8—1

利用决策树进行决策的过程是由右向左，逐步后退. 根据右端的损益值和概率枝上的概率值，计算出同一方案在不同自然因素下的期望损益值，然后根据不同方案的期望损益值的大小来选择最优方案.

下面我们用例子来说明如何利用决策树进行决策.

例 7 用决策树方法对例 5 中的问题进行求解.

(1) 画出决策树，如图 8—2 所示.

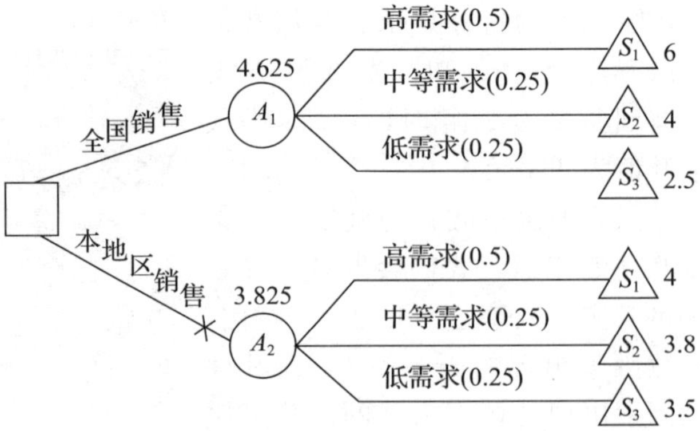

图 8—2

(2) 计算各方案节点的期望值：

点 A_1：$E(A_1)=6\times0.5+4\times0.25+2.5\times0.25=4.625$

点 A_2：$E(A_2)=4\times0.5+3.8\times0.25+3.5\times0.25=3.825$

(3) 将各方案节点的期望值标在相应节点上，如图 8—2 所示.

(4) 比较各方案节点上的值，从图 8—2 中知 $E(A_1)>E(A_2)$，故选 A_1 作为最优方案，并在没有中选的方案枝上标上记号"×"，如图 8—2 所示.

例 8 某工厂有六台自动车床同时生产一种产品. 这种产品的销售量一直在增加. 工厂所面临的问题是再装一台自动车床，还是让职工加班. 通过市场调查发现，这种产品在下一年销售量增加的概率是 0.656. 通过计算，得到下一年两个方案在不同销售情况影响下的纯利润如表 8—11 所示. 那么，在下一年内是加班好，还是再加一台机床更好?

表 8—11 单位：万元

方案 \ 收益 \ 概率 \ 销售情况	销售量增加 S_1	销售量减少 S_2
	0.656	0.344
再装一台 A_1	3.5	2
加班 A_2	3.25	2.8

解：本题的目的是想选择一个方案，使工厂在下一年内获得的纯利润最大.

(1) 画出决策树，如图 8—3 所示.

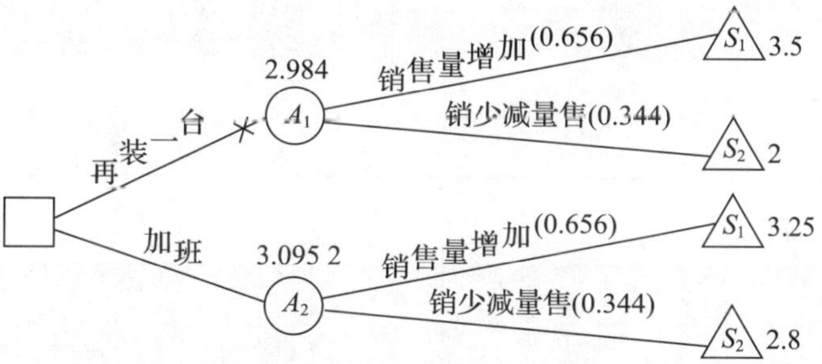

图 8—3

(2) 计算各方案节点的期望值：

点 A_1：$E(A_1)=3.5\times0.656+2\times0.344=2.984$

点 A_2：$E(A_2)=3.25\times0.656+2.8\times0.344=3.0952$

(3) 将各方案节点的期望值标在相应节点上.

(4) 比较各方案节点上的值，从图 8—3 中知，$E(A_2)>E(A_1)$，可见在下一年内最优的选择是加班.

以上例子只包括一个阶段的决策，下面利用决策树法来处理多阶段的决策问题.

例 9 就例 8 而言，假定工厂认为不应该只考虑今后的一年，而应考虑两年的情况. 经过研究销售前途之后，得出结论：如果第一年销售量减少，第二年销售量猛增的概率是 0.8，一般增加的概率是 0.2；如果第一年销售量增加，那么第二年销售量猛增或一般增加的概率都是 0.5。无论第一年采取什么方案，只要销售量减少了，第二年都按第一年原方案进行生产。现在问这两年应如何安排才能使工厂获得的纯利润最大？在第一年销售减少的情况下，第二年按第一年的原方案进行生产，在不同的销售情况下的利润如表 8—12 所示；在第一年再装一台车床并且销售量增加的情况下，第二年的两个方案在不同销售量影响下的利润如表 8—13 所示；在第一年加班并且销售量增加的情况下，第二年的两个方案在不同销售量影响下的利润如表 8—14 所示.

表 8—12 单位：万元

纯利润 方案 \ 销售情况 销售概率	销售量猛增 S_5	销售量一般增加 S_6
	0.8	0.2
按方案 A_1 生产 A_5	4.0	3.8
按方案 A_2 生产 A_6	3.5	3.2

表 8—13 单位：万元

纯利润 方案 \ 销售情况 销售概率	销售量猛增 S_3	销售量一般增加 S_4
	0.5	0.5
再装一台 A_3	4.0	3.7
加班 A_4	4.5	3.9

表 8—14 单位：万元

纯利润 方案 \ 销售情况 销售概率	销售量猛增 S_3	销售量一般增加 S_4
	0.5	0.5
再装一台 A_7	4.05	3.55
再装一台并且加班 A_8	4.15	3.85

解：

（1）画出决策树，如图 8—4 所示.

（2）计算第二年方案节点的期望值：

点 A_3：$E(A_3)=4.0\times0.5+3.7\times0.5=3.85$

点 A_4：$E(A_4)=4.5\times0.5+3.9\times0.5=4.2$

点 A_5：$E(A_5)=4.0\times0.8+3.8\times0.2=3.96$

点 A_6：$E(A_6)=3.5\times0.8+3.2\times0.2=3.44$

点 A_7：$E(A_7)=4.05\times0.5+3.55\times0.5=3.8$

点 A_8：$E(A_8)=4.15\times0.5+3.85\times0.5=4$

（3）将第二年各方案节点的期望值标在相应的节点上，如图 8—4 所示.

（4）确定第二年各决策点上应该选取的最优方案.

决策点Ⅱ：比较方案节点 A_3 和 A_4 的期望值，由于 $E(A_4)>E(A_3)$，故应取方案 A_4 作为最优方案，把方案节点 A_4 上的期望值移到决策点Ⅱ上，并在由决策点引向方案节点 A_3 的树枝上标上记号“×”，如图 8—4 所示.

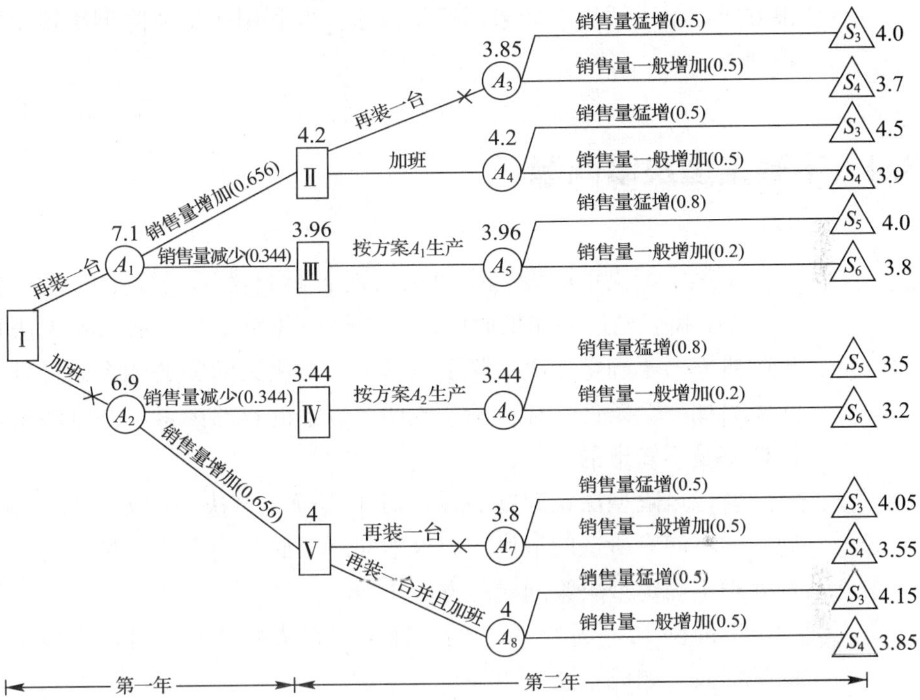

图 8—4

决策点Ⅲ：由于只有一个方案 A_5，故取方案 A_5 作为最优方案，并把 A_5 上的值移到决策点Ⅲ上.

决策点Ⅳ：只有一个方案 A_6，故取方案 A_6 作为最优方案，并把 A_6 上的期望值移到决策点Ⅳ上.

决策点Ⅴ：由图 8—4 知，$E(A_8)>E(A_7)$，故选方案 A_8 作为最优方案，把 A_8 上的期望值移到决策点Ⅴ上，并在由决策点Ⅴ引向方案 A_7 的树枝上标上记号“×”.

（5）计算第一年各方案节点的期望值.

点 A_1：$E(A_1)=3.5\times0.656+4.2\times0.656+2\times0.344+3.96\times0.344\approx7.1$

点 A_2：$E(A_2)=3.25\times0.656+4\times0.656+2.8\times0.344+3.44\times0.344\approx6.9$

（6）将第一年各方案节点的期望值标在相应的节点上.

（7）比较第一年各方案节点上的值，从图 8—4 中知，$E(A_1)>E(A_2)$，故选方案 A_1 作为最优方案，并在由决策点Ⅰ引向方案节点 A_2 的树枝上标上记号“×”，如图 8—4 所示.

从图 8—4 中可以看出，这两年的最优生产安排是：第一年再装一台自动车床，如果销售量增加，第二年采用加班方法；如果销售量减少，第二年按第一年的方案生产. 这样可以获得期望纯利润 7.1 万元.

从期望值法和决策树法的讨论可知，对于多阶段决策问题，决策树法可以很方便地给予解决；如果用期望值法，即利用一个风险型决策矩阵来解决是办不到的.

8.4 不确定型决策问题

不确定型决策问题是指决策者对各种自然因素发生的概率是未知的. 在 8.1 节中我们说过，如果商店销售的是一种新商品，那么就无法知道各种需求量的概率. 不确定型决策除了应具备一般决策问题的四个条件外（见 8.1 节），还需另加一个条件：存在两个或两个以上的自然因素，并且各个自然因素出现的概率是不知道的.

就像风险型决策问题一样，对于不确定型决策问题，根据决策者“选优”原则的不同，所选的最优方案也不同. 下面我们介绍五种“选优”原则，即五种处理不确定型决策问题的方法.

下面例 10～例 14 介绍的五种决策方法都是考虑目标求极小，损益值代表的是损失（如成本、费用等）.

（一）悲观法（min-max 法）

此方法也称 Wald 法. 对于谨慎的决策者来说，由于害怕决策失误可能造成较大的损失，因此在决策分析中，对于客观情况总是抱悲观的或保守的态度. 其决策过程是：首先从每个方案中选取一个最大的损益值，然后再从这些最大损益值中找出一个最小的损益值，其对应的方案即为最优方案. 下面举例说明.

例 10 以表 8—1 代表的决策问题为例，此问题的目的是使总存储费最小.

解：把表 8—1 变成表 8—15.

（1）在表 8—15 中，把每个方案在各种自然因素影响下的最大损益值用符号“□”圈住.

（2）在所有这些带有符号“□”的数值中，找出一个数值最小的，并在其上标“*”号. “*”号所对应的方案即为最优方案. 在本例中，A_6（进 60 箱）为最优方案，如表 8—15 所示.

表 8—15

单位：元

方案 \ 损益值 \ 自然因素	S_1(36)	S_2(40)	S_3(44)	S_4(48)	S_5(56)	S_6(60)
A_1(36)	198	236	275	313	392	[431]
A_2(40)	222	220	258	297	374	[413]
A_3(44)	246	244	242	280	357	[396]
A_4(48)	270	268	266	264	341	[379]
A_5(56)	318	316	314	312	308	[346]
A_6(60)	[342]*	340	338	336	332	330

（二）乐观法（min-min 法）

这种方法正好与悲观法相反，决策者对客观情况总是抱着乐观的态度．其决策过程是：首先从每个方案中选取一个最小的损益值，然后再从这些被选取出来的损益值中挑选一个最小的损益值，其对应的方案即为最优方案．下面举例说明．

例 11 以例 10 来说明，把表 8—15 变成表 8—16．

（1）在表 8—16 中，把每个方案在各种自然因素影响下的最小损益值用符号"□"圈住．

（2）在所有这些带有符号"□"的数值中，找出一个数值最小的，并在其上标"＊"号．标有"＊"号的损益值所对应的方案即为最优方案．在本例中 A_1（进 36 箱）为最优方案，如表 8—16 所示．

表 8—16

单位：元

方案 \ 损益值 \ 自然因素	S_1(36)	S_2(40)	S_3(44)	S_4(48)	S_5(56)	S_6(60)
A_1(36)	[198]*	236	275	313	392	431
A_2(40)	222	[220]	258	297	374	413
A_3(44)	246	244	[242]	280	357	396
A_4(48)	270	268	266	[264]	341	379
A_5(56)	318	316	314	312	[308]	346
A_6(60)	342	340	338	336	332	[330]

（三）折中法（Hurwicz 法）

建立此方法的思想基础是，决策者并不认为在任何情况下都是完全乐观的；同时，对客观情况也不是抱特别悲观或保守的态度. 为了克服那种完全乐观或完全悲观的情绪，必须采取一种折中的办法.

折中法的决策过程是：要求决策者根据历史经验确定一个乐观系数，用 $\alpha(0\leqslant\alpha\leqslant1)$ 表示. 然后求出每个方案的折中损益值 H_i，其计算公式为：

$$H_i=\alpha\cdot\min_{1\leqslant j\leqslant n}\{a_{ij}\}+(1-\alpha)\cdot\max_{1\leqslant j\leqslant n}\{a_{ij}\},\quad i=1,2,\cdots,m \tag{8.1}$$

再比较各个方案的折中损益值，选择其中一个最小折中损益值所对应的方案为最优方案.

从上面的讨论可知，如果 $\alpha=1$，此方法就是乐观法；如果 $\alpha=0$，此方法就是悲观法.

例 12 仍以例 10 来说明，见表 8—17. 取 $\alpha=0.7$，则 $1-\alpha=0.3$.

表 8—17 单位：元

损益值 方案 \ 自然因素	$S_1(36)$	$S_2(40)$	$S_3(44)$	$S_4(48)$	$S_5(56)$	$S_6(60)$
$A_1(36)$	198*	236	275	313	392	431**
$A_2(40)$	222	220*	258	297	374	413**
$A_3(44)$	246	244	242*	280	357	396**
$A_4(48)$	270	268	266	264*	341	379**
$A_5(56)$	318	316	314	312	308*	346**
$A_6(60)$	342**	340	338	336	332	330*

在表 8—17 中标有“*”号的是每个方案在各种自然因素影响下的最小损益值；标有“**”号的是每个方案在各种自然因素影响下的最大损益值.

由式（8.1），各方案的折中损益值为：

$$H_1=0.7\times198+0.3\times431=267.9$$

$$H_2=0.7\times220+0.3\times413=277.9$$

$$H_3=0.7\times242+0.3\times396=288.2$$

$$H_4=0.7\times264+0.3\times379=298.5$$

$$H_5=0.7\times308+0.3\times346=319.4$$

$$H_6=0.7\times342+0.3\times330=338.4$$

比较各方案的折中损益值知，$H_1=267.9$ 为最小，故 A_1（进 36 箱）为最优方案.

（四）平均法

这种方法就是把每个方案在各种自然因素影响下的损益值加以平均（即认为各种自然因素出现的概率是一样的），然后比较各方案的平均损益值，平均损益值最小的数所对应的方案为最优方案.

平均损益值的计算公式为：

$$M_i = \frac{1}{n}\sum_{j=1}^{n} a_{ij}, \quad i = 1,2,\cdots,m \tag{8.2}$$

例 13 以例 10 来说明，见表 8—15.

由式（8.2），计算各方案的平均损益值如下：

$$M_1=\frac{1}{6}(198+236+275+313+392+431)\approx 308$$

$$M_2=\frac{1}{6}(222+220+258+297+374+413)\approx 297$$

$$M_3=\frac{1}{6}(246+244+242+280+357+396)\approx 294$$

$$M_4=\frac{1}{6}(270+268+266+264+341+379)=298$$

$$M_5=\frac{1}{6}(318+316+314+312+308+346)=319$$

$$M_6=\frac{1}{6}(342+340+338+336+332+330)\approx 336$$

比较各方案的损益值，$M_3=294$ 为最小，故 A_3（进 44 箱）为最优方案.

（五）最小遗憾法（Savage 法）

这种方法也称最小的最大后悔法. 决策者在确定方案后，如果实际出现的自然因素要比原先预计的好，那么决策者很可能会后悔当初未选在此自然因素影响下的最好方案. 基于这种思想，最小遗憾法就是在真正选择一个特定方案之前，尽量使后悔程度达到最小. 利用最小遗憾法选取最优方案的过程是：先确定在各个自然因素 $S_j(j=1, 2, \cdots, n)$ 影响下的每个方案 $A_i(i=1, 2, \cdots, m)$ 的最大后悔值 N_{ij}：

$$N_{ij}=a_{ij}-\min_{1\leqslant k\leqslant m} a_{kj}, \quad i=1,2,\cdots,m;\ j=1,2,\cdots,n$$

并构成一个后悔矩阵 $\mathbf{N}=(N_{ij})_{m\times n}$. 根据后悔矩阵，从每个方案中选择一个最大的后悔值，在这些最大的后悔值中挑选一个最小的值，其对应的方案就是最优方案.

例 14 还是以例 10 来说明，见表 8—15.

（1）先确定后悔矩阵. 考虑自然因素 S_1 下的后悔值 N_{i1} 的计算. 因为

$$\min_{1\leqslant k\leqslant m} a_{k1}=198$$

故知

$$N_{11}=a_{11}-\min_k a_{k1}=198-198=0$$

$$N_{21}=a_{21}-\min_k a_{k1}=222-198=24$$

$$N_{31}=a_{31}-\min_k a_{k1}=246-198=48$$

$$N_{41}=a_{41}-\min_k a_{k1}=270-198=72$$

$$N_{51}=a_{51}-\min_k a_{k1}=318-198=120$$

$$N_{61}=a_{61}-\min_{k}a_{k1}=342-198=144$$

其他自然因素下的后悔值可以按类似的方法求得．最后得后悔矩阵如表 8—18 所示．

表 8—18　　后悔矩阵　　单位：元

自然因素／后悔值／方案	$S_1(36)$	$S_2(40)$	$S_3(44)$	$S_4(48)$	$S_5(56)$	$S_6(60)$
$A_1(36)$	0	16	33	49	84	[101]
$A_2(40)$	24	0	16	33	66	[83]
$A_3(44)$	48	24	0	16	49	[66]
$A_4(48)$	[72]*	48	24	0	33	49
$A_5(56)$	[120]	96	72	48	0	16
$A_6(60)$	[144]	120	96	72	24	0

（2）在后悔矩阵中，对应于每个方案，找出在各种自然因素下的最大后悔值，用符号“□”圈住，如表 8—18 所示．

（3）在这些标有符号“□”的后悔值中，选一个最小的值，并在其上方用“＊”号标上．标有“＊”号的后悔值所对应的方案就是最优方案，即 A_3（进 44 箱）为最优方案．

从上面的讨论可知，对于同一个决策问题，应用不同的方法可以得到不同的最优方案，方法的好坏取决于决策者对各种自然因素所抱的态度如何．

为了说明这几种方法在考虑目标求极大、损益值表示利润的情况下如何应用，再看一个例子．

例 15　某数码产品公司计划生产一种新型的 MP4 播放器．为安排新的生产计划，公司对未来一年的市场销售情况进行了分析，可能的状况为：差、一般、较好、好．对于新产品没有过去的销售统计，因此公司不了解市场销售状况的概率分布．公司现有三条生产线，可以安排一条生产线、两条生产线或三条生产线投产．经测算，各种生产方案和市场销售情况下，公司可获利润（单位：百万元）如表 8—19 所示．

表 8—19

销售状况／利润／生产方案	差	一般	较好	好
一条生产线生产 A_1	2	3	6	10
两条生产线生产 A_2	−3	5	10	16
三条生产线生产 A_3	−10	4	12	20

下面按不同决策准则，求出可获最大利润的最优方案．

1. 悲观法（max-min）

由于目标是利润最大，所以先从每一方案选取一个最小利润值，再从这些最小利润值中求出一个最大者，对应的生产方案即为最优方案. 这一过程可以类似于例 10 直接在表 8—19 上完成. 也可按下述形式直接计算：

$$A_1: \min\{2,3,6,10\}=2$$

$$A_2: \min\{-3,5,10,16\}=-3$$

$$A_3: \min\{-10,4,12,20\}=-10$$

又 $\max\{2, -3, -10\}=2$，可知 A_1（一条生产线生产）为最优方案.

2. 乐观法（max-max）

先从每一方案中选取最大的利润值，再从这些利润值中选取一个最大的，对应方案即为最优生产方案. 这一计算过程可类似于例 11，直接在表 8—19 上完成. 也可按下述形式直接计算：

$$A_1: \max\{2,3,6,10\}=10$$

$$A_2: \max\{-3,5,10,16\}=16$$

$$A_3: \max\{-10,4,12,20\}=20$$

所以，$\max\{10, 16, 20\}=20$，可知 A_3 为最优方案.

3. 折中法（Hurwicz 法）

公司管理者对市场分析的结果认为销售状况好的概率（乐观系数）为 0.6，销售状况差的概率为 0.4，则对各生产方案，有

$$\begin{aligned} H_1 &= 0.6\times\max_{1\leqslant j\leqslant 4}\{a_{1j}\}+0.4\times\min_{1\leqslant j\leqslant 4}\{a_{1j}\} \\ &= 0.6\times 10+0.4\times 2=6.8 \end{aligned}$$

$$\begin{aligned} H_2 &= 0.6\times\max_{1\leqslant j\leqslant 4}\{a_{2j}\}+0.4\times\min_{1\leqslant j\leqslant 4}\{a_{2j}\} \\ &= 0.6\times 16+0.4\times(-3)=8.4 \end{aligned}$$

$$\begin{aligned} H_3 &= 0.6\times\max_{1\leqslant j\leqslant 4}\{a_{3j}\}+0.4\times\min_{1\leqslant j\leqslant 4}\{a_{3j}\} \\ &= 0.6\times 20+0.4\times(-10)=8 \end{aligned}$$

而 $\max\limits_{1\leqslant i\leqslant 3}\{H_i\}=\max\{6.8, 8.4, 8\}=8.4$，所以 A_2 为最优方案.

4. 平均法

$$M_1=\frac{1}{4}(2+3+6+10)=5.25$$

$$M_2=\frac{1}{4}(-3+5+10+16)=7$$

$$M_3=\frac{1}{4}(-10+4+12+20)=6.5$$

而 $\max\limits_{1\leqslant i\leqslant 3}\{M_i\}=\max\{5.25, 7, 6.5\}=7$，所以 A_2 为最优方案.

5. 最小遗憾法

由表 8—19 可先确定后悔矩阵. 由于目标是利润最大，后悔值

$$N_{ij}=\max_{1\leqslant k\leqslant m} a_{kj}, \quad i=1,2,\cdots,m; \; j=1,2,\cdots,n$$

在此例中，因为 $\max\limits_{1\leqslant k\leqslant 3} a_{k1}=2$，所以

$$N_{11}=\max_k a_{k1}-a_{11}=2-2=0$$

$$N_{21}=\max_k a_{k1}-a_{21}=2-(-3)=5$$

$$N_{31}=\max_k a_{k1}-a_{31}=2-(-10)=12$$

在其他销售状况下的后悔值可类似计算，可得后悔矩阵 $\boldsymbol{N}=(N_{ij})_{3\times 4}$．如表 8—20 所示．

表 8—20

销售状况 / 后悔值 / 生产方案	差	一般	较好	好
A_1	0	2	6	10
A_2	5	0	2	4
A_3	12	1	0	0

在表 8—20 中，对于每一方案，求出最大后悔值：

A_1：$\max\{0,2,6,10\}=10$

A_2：$\max\{5,0,2,4\}=5$

A_3：$\max\{12,1,0,0\}=12$

在最大后悔值中求出最小的一个：

$\min\{10,5,12\}=5$

对应的方案 A_2（两条生产线生产）为最优方案．

由此例可以看出，当目标求最大时，应用各种决策方法时应相应作出一些调整．

□ 习　题

1. 有一项工程，施工管理人员要决定下月是否开工．如果开工后天气好，就能够按期完工，并可得利润 6 万元；如果开工后天气坏，将造成损失 3 万元；假如不开工，不论天气好坏都要付出窝工损失 0.6 万元．根据历年下月的天气资料知，下月天气好的概率是 0.6．

(1) 用最大可能法作决策．

(2) 用期望值法作决策．

2. 某厂要确定下一计划期内产品的生产批量，根据以前经验并通过市场调查和预测，已知产品销路好、一般、差三种情况的可能性分别为 0.2，0.5 和 0.3，在各种销路情况下采用大、中、小批量生产可能获得的效益值如表 8—21 所示．

(1) 用最大可能法作决策．

（2）用期望值法作决策.

（3）用决策树法作决策.

表 8—21 单位：千元

效益值 / 产品销路 / 销路概率 / 生产方案	S_1（好）	S_2（一般）	S_3（差）
	0.2	0.5	0.3
A_1（大批量生产）	21	11	7
A_2（中批量生产）	15	15	8
A_3（小批量生产）	13	12	11

3. 现有两个建厂方案：一是建大厂；二是建小厂. 大厂需要投资 350 万元，小厂需要投资 20 万元，两者的使用期都是 15 年. 估计在此期间，产品销路好的可能性是 0.6，两个方案的年度收益值如表 8—22 所示：

表 8—22 单位：万元

自然因素	概率	建大厂	建小厂
销路好	0.6	250	80
销路差	0.4	−50	15

其中的负值表示亏损.

（1）利用决策树法确定是建大厂好，还是建小厂好.

（2）假定把使用期分为前六年和后九年考虑. 前六年销路好的概率为 0.6，而如果前六年的销路好，则后九年销路好的概率为 0.8；如果前六年销路差，则后九年的销路肯定差. 在这种情况下，建大厂和建小厂哪个方案好？请用决策树法决策.

4. 设有下列决策矩阵，其中矩阵元素是年成本（见表 8—23）.

（1）如果 $p_j(j=1, 2, 3)$ 是未知的，用悲观法、乐观法、最小遗憾法、平均法分别会选出哪些方案？

（2）如果 $p_j(j=1, 2, 3)$ 是未知的，并且 α 是乐观系数，α 取什么值时，方案 A_2 和 A_3 是一样的？

（3）如果 $p_1=0.2$，$p_2=0.7$，$p_3=0.1$，并且矩阵元素是年利润，用期望值法会得到哪个方案？

表 8—23 单位：元

成本 / 自然因素 / 概率 / 方案	S_1	S_2	S_3
	p_1	p_2	p_3
A_1	20	100	1 200
A_2	180	180	180
A_3	500	120	100

第9章 Chapter 9 对策（博弈）论

第8章中所讨论的决策问题，只是一方决策者根据各种客观条件（自然因素）来选择最优方案. 但在现实生活中，常常碰到的是有利害冲突（竞争性质）的各方所参加的决策问题，这就是所谓的对策问题. 有利害冲突的各方所采取的决策称为对策（博弈）.

研究这类具有竞争、冲突性质问题的数学理论就是对策论（game theory），亦称为博弈论. 对策论的研究和应用始终与经济学相联系，20世纪70年代后，对策论逐渐成为经济学研究的重要理论工具.

9.1 对策论的基本概念

日常生活中，两个儿童玩的“石头—剪刀—布”游戏，就是带有竞争性质的现象. 游戏规定：第一，每人每局比赛只能在石头、剪刀、布三种出法中选一种；第二，在一局比赛中，如果石头对剪刀，认为出石头的一方赢；如果剪刀对布，认为出剪刀的一方赢；如果布对石头，认为出布的一方赢；如果双方出的都是同一种，则认为没有输赢. 这样，在一局比赛中，各方是赢是输，不仅与自己所采取的出法（亦称策略）有关，而且与对方所采取的出法有关. 因此，双方都必须根据对方可能的出法来研究自己的出法，以便取得胜利. 再如在下棋、打扑克和球类的比赛中，竞争的双方都各有所长，各自都有一些不足，又各有特点. 在竞争的过程中，双方都在想方设法发挥自己的长处，尽最大可能争取竞赛的较好结果.

在市场竞争中，两个企业生产同一种产品，都想通过提高生产能力、改进经营方式来获得更多的市场占有率. 假定两个企业产品的市场占有率是一定的，并且一个企业产品的市场占有率的提高必然导致另一个企业产品的市场占有率下降. 这样，两个企业对于产品的市场占有率的争夺就带有利害冲突的性质，各方占有率的多少不仅与自己在生产能力及经营方式方面采取的措施（策略）有关，而且与对方在生产能力和经营方式方面采取的措施有关. 这就要求双方必须根据市场变化的信息来研究对策（对付对方的措施），以便使自己产品的市场占有率更高．有时，为了避免在竞争中两败俱伤，两个企业也可能通过协商达成某种合作或妥协，以取得双方都可以接受的结果．

一般地，对策论的理论模型可以分为两类：非合作对策和合作对策．在非合作对策中，参与竞争的各方不能订立具有约束力的协议；在合作对策中，参与竞争的各方可以结成联盟．

通过上面介绍的例子可以看出，任何一个对策问题，都具备下列三个“要素”（共同点）：

1．局中人．众所周知，竞争或斗争总有对立面．我们把参加一场竞争（简称一局对策）的各方称为“局中人”．在这里，把利害关系一致的参加者看做一个局中人．例如，篮球赛中，参加比赛的两个队各有五人，各队五个人的利害关系一致，故把他们看做一个局中人．虽然参加比赛的有十个人，但只有两个局中人．

另外，我们还假定局中人都是理智的、聪明的．

如果一局对策只有两个局中人参加，就称为“两人对策”，否则称为“多人对策”．

2．策略．在一局对策中，各局中人总希望取得尽可能大的胜利，至少不要失败得很惨．这样，各方都会考虑一套可供选择的、用来对付对手的办法，把其中的每个办法称作一个“策略”．

一个局中人的策略全体，称作这个局中人的策略集合．如果参加竞争的各局中人的策略集合中只含有限个策略，称之为“有限对策”，否则称之为“无限对策”．

在一局对策中，各个局中人选定的策略构成的一个策略组，称之为一个“局势”．

3．支付函数．在一局对策中，当局势给定以后，就用一个数来表明得失（或输赢）．显然，这种“得失”或“输赢”是局势的函数，称之为支付函数．

对于一个对策问题，如果在每一个“局势”中，全体局中人的“得失”相加为零，则称此对策为“零和对策”，否则称为“非零和对策”．

对策论的模型很多，由于学时的限制，本章主要研究的对策问题是只有两个局中人参加，各自的策略集合只含有限个策略的对策问题，如果每局中两个局中人的得失总和为零（即一个局中人的赢得值恰为另一个局中人所输掉的值），我们称这种对策问题为“二人有限零和对策”，也称为“矩阵对策”．如果两个局中人得失总和不等于零（即两个局中人各有所得），我们称这种对策问题为“二人有限非零和对策”，也称为“双矩阵对策”．

9.2　矩阵对策

下面来看几个矩阵对策的例子．

例 1 我们称儿童玩的“石头—剪刀—布”游戏是一个对策问题. 设参加游戏的是甲、乙两个儿童，他们的策略集合都是{石头，剪刀，布}，也就是说他们在每一局比赛中都只能采取各自策略集合中的一个策略. 如果再规定，赢的一方得 1 分，输的一方得 −1 分. 显然这个问题是二人有限零和对策，即矩阵对策. 我们可以列出甲、乙两儿童在一局比赛中的各种可能局势下的输赢分数. 因为这是零和对策，故只需知道甲、乙任何一方在各种局势下的分数，就能够知道对方的情况了. 表 9—1 所示的是儿童甲在各种局势下的得分情况.

表 9—1

甲的得分 \ 乙的策略 / 甲的策略	石头	剪刀	布
石头	0	1	−1
剪刀	−1	0	1
布	1	−1	0

如果把表 9—1 中的数字用矩阵形式表示，则有

$$\boldsymbol{A}=\begin{pmatrix} 0 & 1 & -1 \\ -1 & 0 & 1 \\ 1 & -1 & 0 \end{pmatrix}$$

我们称 $\boldsymbol{A}$ 为儿童甲的赢得矩阵.

例 2（齐王赛马） 战国时期，齐王要与大将田忌赛马. 双方约定：从自己的上、中、下三个等级的马中各选出一匹进行比赛. 每一次比赛输者要付给赢者千金. 就同等级的马而言，齐王的马都比田忌的强，他们俩人的策略集合都是{（上、中、下），（上、下、中），（中、上、下），（中、下、上），（上、下、中），（下、中、上）}，并且可以知道，在一局比赛结束时，齐王和田忌任何一方赢得的千金数恰是对方输掉的千金数，可见这是二人有限零和对策，即矩阵对策. 表 9—2 所示的是齐王在各种局势下赢得千金的数值，表中的−1 表示齐王输一千金.

表 9—2

齐王得千金数 \ 田忌的策略 / 齐王的策略	（上、中、下）	（上、下、中）	（中、上、下）	（中、下、上）	（下、中、上）	（下、上、中）
（上、中、下）	3	1	1	1	1	−1
（上、下、中）	1	3	1	1	−1	1
（中、上、下）	1	−1	3	1	1	1
（中、下、上）	−1	1	1	3	1	1
（下、中、上）	1	1	−1	1	3	1
（下、上、中）	1	1	1	−1	1	3

矩阵

$$A=\begin{pmatrix} 3 & 1 & 1 & 1 & 1 & -1 \\ 1 & 3 & 1 & 1 & -1 & 1 \\ 1 & -1 & 3 & 1 & 1 & 1 \\ -1 & 1 & 1 & 3 & 1 & 1 \\ 1 & 1 & -1 & 1 & 3 & 1 \\ 1 & 1 & 1 & -1 & 1 & 3 \end{pmatrix}$$

称作齐王的赢得矩阵.

一般情况 设两个局中人分别记为Ⅰ，Ⅱ. 局中人Ⅰ有 m 个策略 α_1，α_2，…，α_m；局中人Ⅱ有 n 个策略 β_1，β_2，…，β_n. 用 S_1 表示局中人Ⅰ的策略集合，S_2 表示局中人Ⅱ的策略集合，即

$$S_1=\{\alpha_1,\alpha_2,\cdots,\alpha_m\},\quad S_2=\{\beta_1,\beta_2,\cdots,\beta_n\}$$

为了与后面的概念区分开来，我们称 α_i 为Ⅰ的纯策略，β_j 为Ⅱ的纯策略，对于纯策略 α_i 和 β_j，构成一个局势（α_i，β_j），称为纯局势.

局中人Ⅰ的赢得矩阵记为：

$$A=\begin{pmatrix} a_{11} & a_{12} & \cdots & a_{1j} & \cdots & a_{1n} \\ a_{21} & a_{22} & \cdots & a_{2j} & \cdots & a_{2n} \\ \vdots & \vdots & & \vdots & & \vdots \\ a_{i1} & a_{i2} & \cdots & a_{ij} & \cdots & a_{in} \\ \vdots & \vdots & & \vdots & & \vdots \\ a_{m1} & a_{m2} & \cdots & a_{mj} & \cdots & a_{mn} \end{pmatrix}$$

$\boldsymbol{A}$ 的元素 a_{ij} 表示在纯局势（α_i，β_j）下，局中人Ⅰ得分 a_{ij}，也表示在同一局势下，局中人Ⅱ得分为 $-a_{ij}$.

我们把矩阵对策记为：

$$\boldsymbol{G}=\{S_1,S_2;\boldsymbol{A}\}$$

（一）矩阵对策的最优纯策略

在矩阵对策中，各局中人应该如何选择对策，使自己获得最大的赢得呢？我们用一个例子来说明最优纯策略的概念.

例 3 设 $\boldsymbol{G}=\{S_1,\ S_2;\ \boldsymbol{A}\}$，其中

$$S_1=\{\alpha_1,\alpha_2,\alpha_3,\alpha_4\},S_2=\{\beta_1,\beta_2,\beta_3\}$$

$$A=\begin{pmatrix} -6 & 2 & -7 \\ 5 & 3 & 6 \\ 18 & 0 & -8 \\ -2 & -12 & 7 \end{pmatrix}$$

应当分析自己每一个策略可能得到的最坏结果，然后从中选取最为有利的策略，这就是矩阵对策中选取最优策略的原则. 我们以例 3 来说明这个原则.

对于局中人Ⅰ来讲，对应于策略 α_1，α_2，α_3，α_4 的最少赢得值分别是

$$\min\{-6,\ 2,\ -7\}=-7$$
$$\min\{5,\ 3,\ 6\}=3$$
$$\min\{18,\ 0,\ -8\}=-8$$
$$\min\{-2,\ -12,\ 7\}=-12$$

在这些最坏的情况中，最好的结果是

$$\max\{-7,3,-8,-12\}=3$$

也就是说，局中人Ⅰ只要采取策略 α_2，则不管局中人Ⅱ采取什么策略，都可保证赢得值不会少于 3.

对于局中人Ⅱ来讲，对应于策略 β_1，β_2，β_3 的最大损失值分别是

$$\max\{-6,\ 5,\ 18,\ -2\}=18$$
$$\max\{2,\ 3,\ 0,\ -12\}=3$$
$$\max\{-7,\ 6,\ -8,\ 7\}=7$$

在这些最坏的情况中，最好的结果（损失最小）是

$$\min\{18,3,7\}=3$$

也就是说，局中人Ⅱ只要采取 β_2，则无论局中人Ⅰ采取什么策略，最大损失值不会大于 3.

显然，如果局中人Ⅰ不存在侥幸心理，就应该采取策略 α_2；这时，局中人Ⅱ如果不取策略 β_2，就肯定会吃亏. 从矩阵 $\boldsymbol{A}$ 可以很明显地看出，当局中人Ⅰ取 α_2，而局中人Ⅱ不取 β_2（如取 β_1 或 β_3），则局中人Ⅰ的赢得值显然要比 3 多. 这样，局中人Ⅰ就可以立于不败之地了. 同样，如果局中人Ⅱ取 β_2，而局中人Ⅰ不取 α_2（如取 α_1，或者 α_3，或者 α_4），则局中人Ⅱ的损失值肯定要比 3 少. 这样一来，如果局中人Ⅰ，Ⅱ都是理智的、聪明的，只有分别取 α_2，β_2 才是他们的最优纯策略. 于是我们引出矩阵对策解的概念：

定义 1 对于矩阵对策 $\boldsymbol{G}=\{S_1,\ S_2;\ \boldsymbol{A}\}$，如果存在纯局势（$\alpha_{i^*}$，$\beta_{j^*}$），使得对任意 $j=1,\ 2,\ \cdots,\ n$ 及任意 $i=1,\ 2,\ \cdots,\ m$ 有

$$a_{ij^*}\leqslant a_{j^*j^*}\leqslant a_{i^*j} \tag{9.1}$$

则称局势（α_{i^*}，β_{j^*}）为对策 $\boldsymbol{G}$ 在纯策略中的解，也称其为 $\boldsymbol{G}$ 的鞍点；α_{i^*}，β_{j^*} 分别称为局中人Ⅰ，Ⅱ的最优纯策略，$a_{i^*j^*}$ 称为对策 $\boldsymbol{G}$ 的值，记为 $V_{\boldsymbol{G}}$.

可以证明：矩阵对策 $\boldsymbol{G}=\{S_1,\ S_2;\ \boldsymbol{A}\}$ 存在最优纯策略的充分必要条件是

$$\max_i(\min_j a_{ij})=\min_j(\max_i a_{ij}) \tag{9.2}$$

显然，在例 3 中，对策的解为（α_2，β_2），对策的值为 $V_{\boldsymbol{G}}=3$.

例 4 设矩阵对策 $\boldsymbol{G}=\{S_1,\ S_2;\ \boldsymbol{A}\}$，其中

$$S_1=\{\alpha_1,\alpha_2,\alpha_3\},S_2=\{\beta_1,\beta_2,\beta_3\}$$

$$\boldsymbol{A}=\begin{pmatrix}4 & 1 & 2\\ -3 & 0 & 4\\ 3 & -1 & 0\end{pmatrix}$$

求双方的最优纯策略，并求对策的值.

解：对于局中人Ⅰ，由于

$$\min_j a_{1j}=a_{12}=1,\quad \min_j a_{2j}=a_{21}=-3,\quad \min_j a_{3j}=a_{32}=-1$$

所以

$$\max_i(\min_j a_{ij})=a_{12}=1 \quad (\text{相应的策略为 } \alpha_1)$$

对于局中人Ⅱ，由于

$$\max_i a_{i1}=a_{11}=4,\quad \max_i a_{i2}=a_{12}=1,\quad \max_i a_{i3}=a_{23}=4$$

所以

$$\min_j(\max_i a_{ij})=a_{12}=1 \quad (\text{相应的策略为 } \beta_2)$$

由于

$$\max_i(\min_j a_{ij})=\min_j(\max_i a_{ij})=1$$

故局中人Ⅰ的最优纯策略是 α_1，局中人Ⅱ的最优纯策略是 β_2，对策的值 V_G 等于 1.

例 5 有一个病人的症状说明他可能患有三种疾病中的一种，这时可以开的药有两种，表 9—3 所示的矩阵表示两种药对不同疾病治愈的可能性大小，那么医生开哪种药才是最稳妥的呢？

表 9—3

治愈概率 / 疾病 / 药	β_1	β_2	β_3
α_1	0.5	0.4	0.6
α_2	0.7	0.1	0.8

解：这个问题可以看成一个对策问题，把医生当作局中人Ⅰ，而将病人看成局中人Ⅱ.

因为

$$\max_i(\min_j a_{ij})=a_{12}=0.4 \quad (\text{对应的策略为 } \alpha_1)$$

$$\min_j(\max_i a_{ij})=a_{12}=0.4 \quad (\text{对应的策略为 } \beta_2)$$

由于

$$\max_i(\min_j a_{ij})=\min_j(\max_i a_{ij})$$

故这个矩阵对策有解（α_1，β_2），医生最稳妥的策略是给病人服药 α_1. 这个结果与我们常识上的想法是一致的.

例 6 设矩阵对策 $\boldsymbol{G}=\{S_1, S_2; \boldsymbol{A}\}$，其中

$$S_1=\{\alpha_1,\alpha_2,\alpha_3,\alpha_4\},S_2=\{\beta_1,\beta_2,\beta_3,\beta_4\}$$

$$\boldsymbol{A}=\begin{pmatrix} 8 & 6 & 8 & 6 \\ 1 & 3 & 4 & -3 \\ 9 & 6 & 7 & 6 \\ -3 & 1 & 10 & 3 \end{pmatrix}$$

求对策 $\boldsymbol{G}$ 的解和值.

解：对于局中人Ⅰ来说，有

$$\min_j a_{1j}=a_{12}=a_{14}=6$$
$$\min_j a_{2j}=a_{24}=-3$$
$$\min_j a_{3j}=a_{32}=a_{34}=6$$
$$\min_j a_{4j}=a_{41}=-3$$

从而知

$$\max_i(\min_j a_{ij})=a_{12}=a_{14}=a_{32}=a_{34}=6\quad（相应的策略为\ \alpha_1\ 或\ \alpha_3）$$

对于局中人Ⅱ来说，有

$$\max_i a_{i1}=a_{31}=9$$
$$\max_i a_{i2}=a_{12}=a_{32}=6$$
$$\max_i a_{i3}=a_{43}=10$$
$$\max_i a_{i4}=a_{14}=a_{34}=6$$

从而知

$$\min_j(\max_i a_{ij})=a_{12}=a_{32}=a_{14}=a_{34}=6\quad（相应的策略为\ \beta_3\ 或\ \beta_4）$$

由于

$$\max_i(\min_j a_{ij})=\min_j(\max_i a_{ij})=6$$

故知（α_1，β_2），（α_3，β_2），（α_1，β_4），（α_3，β_4）四个纯局势都是对策 **G** 的解，且 V_G 等于 6.

从上例可以看出，对策的解可以不是唯一的，但对策的值是唯一的，一般来说，当对策的解不唯一时，有下列两条重要性质：

1. 无差别性：如果（$\alpha_{i'}$，$\beta_{j'}$）与（$\alpha_{i''}$，$\beta_{j''}$）是 **G** 的解，则

$$a_{i'j'}=a_{i''j''}$$

2. 可交换性：如果（$\alpha_{i'}$，$\beta_{j'}$）与（$\alpha_{i''}$，$\beta_{j''}$）是 **G** 的解，则（$\alpha_{i'}$，$\beta_{j''}$），（$\alpha_{i''}$，$\beta_{j'}$）也是 **G** 的解.

现在，我们会问，是否对于每一个对策 **G** 在纯策略中都有解呢？上面所举的例 3～例 6 都是有解的. 但也有在纯策略中没有解的对策，如例 1 中的“石头—剪刀—布”对策就没有解，因为从儿童甲的赢得矩阵 **A** 中，可以计算出

$$\max_i(\min_j a_{ij})=-1$$
$$\min_j(\max_i a_{ij})=1$$

显然，这里

$$\max_i(\min_j a_{ij})\neq\min_j(\max_i a_{ij})$$

所以，“石头—剪刀—布”游戏作为对策问题，在纯策略中无解.

再如例 2 中的齐王赛马的对策，在纯策略中也是无解的，这是因为

$$\max_i(\min_j a_{ij})=-1$$
$$\min_j(\max_i a_{ij})=3$$

即
$$\max_i(\min_j a_{ij})\neq\min_j(\max_i a_{ij})$$

故知在齐王赛马的对策中，双方都没有最优纯策略.

那么，对于在纯策略意义下没有解的对策问题，局中人又应如何选取策略予以应对呢？这就是下面我们要解决的问题.

（二）矩阵对策的混合策略与混合扩充

由式（9.1）知，如果矩阵对策 $\boldsymbol{G}=\{S_1, S_2; \boldsymbol{A}\}$ 在纯策略中有解 $(\alpha_{i^*}, \beta_{j^*})$，只要有一个局中人，例如局中人Ⅱ，取定策略 β_{j^*}，那么局中人Ⅰ就一定要选择策略 α_{i^*}，否则就会吃亏.

但是，如果矩阵对策 $\boldsymbol{G}=\{S_1, S_2; \boldsymbol{A}\}$ 在纯策略意义下没有解，又会出现什么情况呢？下面来看一个例子.

例7 给定一个矩阵对策 $\boldsymbol{G}=\{S_1, S_2; \boldsymbol{A}\}$，其中

$$S_1=\{\alpha_1,\alpha_2\}, \quad S_2=\{\beta_1,\beta_2\}$$

$$\boldsymbol{A}=\begin{pmatrix}1 & 3\\ 4 & 2\end{pmatrix}$$

由于

$$\max_i(\min_j a_{ij})=a_{21}=2 \quad (\text{相应的策略为 } \alpha_2)$$

$$\min_j(\max_i a_{ij})=a_{12}=3 \quad (\text{相应的策略为 } \beta_2)$$

故知

$$\max_i(\min_j a_{ij})=2<3=\min_j(\max_i a_{ij})$$

这说明，如果参加对策的双方都按照从最坏的情况出发、选择最有利的结果的原则来确定自己的策略，局中人Ⅰ就应选择策略 α_2，局中人Ⅱ应选择策略 β_2，此时有

$$a_{22}=2<3$$

上式说明局中人Ⅰ的赢得值比局中人Ⅱ预期损失的值小，因此策略 α_2 实际上不是局中人Ⅰ的“最优”策略. 局中人Ⅰ考虑到局中人Ⅱ可能会从最坏的情况中选择最有利的策略，即选择策略 β_2，因此他就冒险地采取策略 α_1，这样就比采取 α_2 的赢得多1；局中人Ⅱ分析到局中人Ⅰ不甘心采取 α_2，而有冒险采取 α_1 的企图，所以他也会出其不意地采取 β_1，使局中人Ⅰ的赢得值非但没有比采取 α_2 多1，反而比采取 α_2 少1. 总之，在这个例子中，不存在使对立的双方达到平衡的局势，即对策 $\boldsymbol{G}$ 不存在鞍点，从而局中人Ⅰ和Ⅱ也就没有最优纯策略.

对于这种没有最优纯策略的对策问题，我们可以设想局中人随机地选取纯策略来进行对策. 即在一局对策中，局中人Ⅰ以概率 $x_i(0\leqslant x_i\leqslant 1)$ 来选取纯策略 $\alpha_i(i=1, 2, \cdots, m)$，其中 $x_1, x_2, \cdots, x_m$ 满足 $\sum\limits_{i=1}^{m}x_i=1$. 于是得到一个 m 维的概率向量 $\boldsymbol{x}=(x_1, x_2, \cdots, x_m)^{\mathrm{T}}$，这可以解释为局中人Ⅰ在一局对策中，对于各个纯策略的偏爱程度. 同样，对于局中人Ⅱ，有相应的一个 n 维概率向量 $\boldsymbol{y}=(y_1, y_2, \cdots, y_n)^{\mathrm{T}}$，满足 $\sum\limits_{j=1}^{n}y_j=1, y_j\geqslant 0(j=1,2,\cdots,n)$；$y_j$ 表

示局中人Ⅱ选取纯策略 β_i 的概率. 由此，我们引出如下概念：

若给定一个矩阵对策 $G=\{S_1, S_2; A\}$，其中 $S_1=\{\alpha_1, \alpha_2, \cdots, \alpha_m\}$，$S_2=\{\beta_1, \beta_2, \cdots, \beta_n\}$，$A=(a_{ij})_{m\times n}$，则我们把纯策略集合对应的概率向量

$$\boldsymbol{x}=(x_1,x_2,\cdots,x_m)^{\mathrm{T}},\quad x_i\geqslant 0,\ i=1,2,\cdots,m;\quad \sum_{j=1}^{n}x_i=1$$

与

$$\boldsymbol{y}=(y_1,y_2,\cdots,y_n)^{\mathrm{T}},\quad y_i\geqslant 0,\ j=1,2,\cdots,n;\quad \sum_{j=1}^{n}y_j=1$$

分别称作局中人Ⅰ，Ⅱ的“混合策略”.（$\boldsymbol{x}$，$\boldsymbol{y}$）称为一个“混合局势”.

纯策略也可以看做混合策略的特殊情况，例如，局中人Ⅰ取纯策略 α_i，则对应于局中人Ⅰ的混合策略为 $(0, \cdots, 0, 1, 0, \cdots, 0)^{\mathrm{T}}$. 所以有时把混合策略简称为策略.

如果局中人Ⅰ选取的策略为 $\boldsymbol{x}$，即

$$\boldsymbol{x}=(x_1,x_2,\cdots,x_m)^{\mathrm{T}}$$

局中人Ⅱ选取的策略为 $\boldsymbol{y}$，即

$$\boldsymbol{y}=(y_1,y_2,\cdots,y_n)^{\mathrm{T}}$$

由于两个局中人分别选取纯策略 α_i，β_j 的事件可以看成是相互独立的，所以局势（α_i，β_j）出现的概率是 x_iy_j，从而知局中人Ⅰ赢得 a_{ij} 的概率是 x_iy_j，于是，数学期望值

$$E(\boldsymbol{x},\boldsymbol{y})=\sum_{i=1}^{m}\sum_{j=1}^{n}a_{ij}x_iy_j$$

就是局中人Ⅰ的赢得值.

记

$$S_1^*=\{\boldsymbol{x}=(x_1,x_2,\cdots,x_m)^{\mathrm{T}}\mid x_i\geqslant 0,\ i=1,2,\cdots,m;\quad \sum_{i=1}^{m}x_i=1\}$$

$$S_2^*=\{\boldsymbol{y}=(y_1,y_2,\cdots,y_n)^{\mathrm{T}}\mid y_j\geqslant 0,\ j=1,2,\cdots,n;\quad \sum_{j=1}^{n}y_j=1\}$$

$$E=\{E(\boldsymbol{x},\boldsymbol{y})\mid \boldsymbol{x}\in S_1^*,\ \boldsymbol{y}\in S_2^*\}$$

则称

$$G^*=\{S_1^*,S_2^*;E\}$$

为 G 的“混合扩充”.

定义 2 如果存在 $\boldsymbol{x}^*\in S_1^*$，$\boldsymbol{y}^*\in S_2^*$，满足：对任意 $\boldsymbol{x}\in S_1^*$ 及 $\boldsymbol{y}\in S_2^*$ 均有

$$E(\boldsymbol{x},\boldsymbol{y}^*)\leqslant E(\boldsymbol{x}^*,\boldsymbol{y}^*)\leqslant E(\boldsymbol{x}^*,\boldsymbol{y}) \tag{9.3}$$

则称（$\boldsymbol{x}^*$，$\boldsymbol{y}^*$）为 G 在混合策略下的解（简称解），而 $\boldsymbol{x}^*$，$\boldsymbol{y}^*$ 分别称为局中人Ⅰ，Ⅱ的最优（混合）策略，$E(\boldsymbol{x}^*, \boldsymbol{y}^*)$ 称为对策 G 在混合意义下的值（简称为对策 G 的值），记为 V_G^*.

可以证明，矩阵对策 G 在混合策略意义下有解的充分必要条件是：

$$\max_{\boldsymbol{x}\in S_1^*}(\min_{\boldsymbol{y}\in S_2^*}E(\boldsymbol{x},\boldsymbol{y}))=\min_{\boldsymbol{y}\in S_2^*}(\max_{\boldsymbol{x}\in S_1^*}E(\boldsymbol{x},\boldsymbol{y})) \tag{9.4}$$

我们再来看例7，设局中人Ⅰ选取的策略为 $\boldsymbol{x}$，即

$$\boldsymbol{x}=(x_1,x_2)^{\mathrm{T}},\quad x_1\geqslant 0,\quad x_2=1-x_1\geqslant 0$$

局中人Ⅱ选取的策略为 $\boldsymbol{y}$，即

$$\boldsymbol{y}=(y_1,y_2)^{\mathrm{T}},\quad y_1\geqslant 0,\quad y_2=1-y_1\geqslant 0$$

则局中人Ⅰ在混合局势（$\boldsymbol{x}$，$\boldsymbol{y}$）下的期望赢得值为：

$$\begin{aligned}E(\boldsymbol{x},\boldsymbol{y})&=x_1y_1+3x_1(1-y_1)+4(1-x_1)y_1+2(1-x_1)(1-y_1)\\&=-4\left(x_1-\frac{1}{2}\right)\left(y_1-\frac{1}{4}\right)+\frac{5}{2}\end{aligned}\tag{9.5}$$

由上式可知，当 $x_1=\frac{1}{2}$ 时 $E(\boldsymbol{x},\ \boldsymbol{y})=\frac{5}{2}$. 就是说，当局中人Ⅰ以概率 $\frac{1}{2}$ 选取纯策略 α_1，以概率 $\frac{1}{2}$ 选取纯策略 α_2 时，他的赢得值至少是 $\frac{5}{2}$. 同样，局中人Ⅱ只有取 $y_1=\frac{1}{4}$，$y_2=\frac{3}{4}$ 时，才能保证他的损失值不会多于 $\frac{5}{2}$.

若记 $\boldsymbol{x}^*=\left(\frac{1}{2},\ \frac{1}{2}\right)^{\mathrm{T}}$，$\boldsymbol{y}^*=\left(\frac{1}{4},\ \frac{3}{4}\right)^{\mathrm{T}}$，由式（9.5）得

$$E(\boldsymbol{x},\boldsymbol{y}^*)\leqslant E(\boldsymbol{x}^*,\boldsymbol{y}^*)\leqslant E(\boldsymbol{x}^*,\boldsymbol{y})$$

对一切 $\boldsymbol{x}\in S_1^*$，$\boldsymbol{y}\in S_2^*$ 都成立，从而知，$(\boldsymbol{x}^*,\ \boldsymbol{y}^*)=\left(\left(\frac{1}{2},\ \frac{1}{2}\right)^{\mathrm{T}},\ \left(\frac{1}{4},\ \frac{3}{4}\right)^{\mathrm{T}}\right)$ 是对策的解，$\boldsymbol{x}^*=\left(\frac{1}{2},\ \frac{1}{2}\right)^{\mathrm{T}}$，$\boldsymbol{y}^*=\left(\frac{1}{4},\ \frac{3}{4}\right)^{\mathrm{T}}$ 分别是局中人Ⅰ，Ⅱ的最优策略，且 $V_G^*=E(\boldsymbol{x}^*,\ \boldsymbol{y}^*)=\frac{5}{2}$.

那么，对于一般的混合策略该如何求解呢？下面介绍一种解法.

（三）矩阵对策的线性规划解法

对于任意矩阵对策 $\boldsymbol{G}=\{S_1,\ S_2;\ \boldsymbol{A}\}$，其中 $S_1=\{\alpha_1,\ \alpha_2,\ \cdots,\ \alpha_m\}$，$S_2=\{\beta_1,\ \beta_2,\ \cdots,\ \beta_n\}$，$\boldsymbol{A}=(a_{ij})_{m\times n}$，我们考虑互为对偶的线性规划问题（P）和（D）：

$$(\mathrm{P})\begin{cases}\max W\\ \sum_{i=1}^{m}a_{ij}x_i\geqslant W,\quad j=1,2,\cdots,n\\ \sum_{i=1}^{m}x_i=1\\ x_i\geqslant 0,\quad i-1,2,\cdots,m\end{cases}\tag{9.6}$$

$$(\mathrm{D})\begin{cases}\min V\\ \sum_{j=1}^{n}a_{ij}y_j\leqslant V,\quad i=1,2,\cdots,m\\ \sum_{j=1}^{n}y_j=1\\ y_j\geqslant 0,\quad j=1,2,\cdots,n\end{cases}\tag{9.7}$$

这两个线性规划问题有下述性质：

对任意矩阵对策 $\boldsymbol{G}=\{S_1, S_2; \boldsymbol{A}\}$，线性规划（P）和（D）有解（$\boldsymbol{x}^*, W^*$）和（$\boldsymbol{y}^*, V^*$），并且 $\boldsymbol{x}^*=(x_1^*, x_2^*, \cdots, x_n^*)^{\mathrm{T}}$ 是局中人Ⅰ的最优策略，$\boldsymbol{y}^*=(y_1^*, y_2^*, \cdots, y_n^*)^{\mathrm{T}}$ 是局中人Ⅱ的最优策略，$V_G^*=E(\boldsymbol{x}^*, \boldsymbol{y}^*)=V^*=W^*$.

例 8 以例 1 的"石头—剪刀—布"对策为例，在那里设 $S_甲=\{\alpha_1, \alpha_2, \alpha_3\}=\{$石头，剪刀，布$\}$；$S_乙=\{\beta_1, \beta_2, \beta_3\}=\{$石头，剪刀，布$\}$，甲的赢得矩阵为：

$$\boldsymbol{A}=\begin{pmatrix} 0 & 1 & -1 \\ -1 & 0 & 1 \\ 1 & -1 & 0 \end{pmatrix}$$

在前面的分析中，我们已经看到，此问题在纯策略意义下无解，故我们在混合扩充意义下来求解它.

由式（9.6）和式（9.7），解线性规划问题（P）和（D）：

$$(\mathrm{P})\begin{cases} \max W \\ \quad -x_2+x_3 \geqslant W \\ x_1 \quad -x_3 \geqslant W \\ -x_1+x_2 \quad \geqslant W \\ x_1+x_2+x_3=1 \\ x_1\geqslant 0,\ x_2\geqslant 0,\ x_3\geqslant 0 \end{cases}$$

$$(\mathrm{D})\begin{cases} \min V \\ \quad y_2-y_3 \leqslant V \\ -y_1 \quad +y_3 \leqslant V \\ y_1-y_2 \quad \leqslant V \\ y_1+y_2+y_3=1 \\ y_1\geqslant 0,\ y_2\geqslant 0,\ y_3\geqslant 0 \end{cases}$$

利用单纯形方法求得对策问题的解为：

$$\boldsymbol{x}^*=\left(\frac{1}{3},\frac{1}{3},\frac{1}{3}\right)^{\mathrm{T}},\quad \boldsymbol{y}^*=\left(\frac{1}{3},\frac{1}{3},\frac{1}{3}\right)^{\mathrm{T}},\quad V_G^*=0$$

即如果在多局比赛中，甲、乙两个儿童都以 $\frac{1}{3}$ 的频率出"石头"，$\frac{1}{3}$ 的频率出"剪刀"，$\frac{1}{3}$ 的频率出"布"，则比赛结果是甲、乙两个儿童持平，无输赢.

例 9 对于齐王赛马的例 2，求齐王与田忌双方各自的最优策略.

解：我们知道，这个例子在纯策略意义下没有解，因此必须进行混合扩充. 解线性规划问题（P）和（D）：

$$(\mathrm{D})\begin{cases} \max W \\ 3x_1+x_2+x_3-x_4+x_5+x_6\geqslant W \\ x_1+3x_2-x_3+x_4+x_5+x_6\geqslant W \\ x_1+x_2+3x_3+x_4-x_5+x_6\geqslant W \\ x_1+x_2+x_3+3x_4+x_5-x_6\geqslant W \\ x_1-x_2+x_3+x_4+3x_5+x_6\geqslant W \\ -x_1+x_2+x_3+x_4+x_5+3x_6\geqslant W \\ x_1+x_2+x_3+x_4+x_5+x_6=1 \\ x_1\geqslant 0,\ x_2\geqslant 0,\ x_3\geqslant 0,\ x_4\geqslant 0,\ x_5\geqslant 0,\ x_6\geqslant 0 \end{cases}$$

$$
(P)\begin{cases}\min V\\ 3y_1+y_2+y_3+y_4+y_5-y_6\leqslant V\\ y_1+3y_2+y_3+y_4-y_5+y_6\leqslant V\\ y_1-y_2+3y_3+y_4+y_5+y_6\leqslant V\\ -y_1+y_2+y_3+3y_4+y_5+y_6\leqslant V\\ y_1+y_2-y_3+y_4+3y_5+y_6\leqslant V\\ y_1+y_2+y_3-y_4+y_5+3y_6\leqslant V\\ y_1+y_2+y_3+y_4+y_5+y_6=1\\ y_1\geqslant 0,\ y_2\geqslant 0,\ y_3\geqslant 0,\ y_4\geqslant 0,\ y_5\geqslant 0,\ y_6\geqslant 0\end{cases}
$$

用单纯形法求解，得

$$x^*=\left(\frac{1}{6},\frac{1}{6},\frac{1}{6},\frac{1}{6},\frac{1}{6},\frac{1}{6}\right)^{\mathrm{T}}\quad\text{（齐王的最优策略）}$$

$$y^*=\left(\frac{1}{6},\frac{1}{6},\frac{1}{6},\frac{1}{6},\frac{1}{6},\frac{1}{6}\right)^{\mathrm{T}}\quad\text{（田忌的最优策略）}$$

$$V_G^*=1\quad\text{（对策值）}$$

由此可以看出，在整个比赛过程中，双方如果都不存在冒险的想法，总的结局是齐王赢得千金.

例 10　某公司计划投资共 300 万元到三种不同的行业 A_1，A_2，A_3. 预测一年后所得利润将与该年的宏观经济状况有关. 如果对于不同的经济状况，不同行业在一年后可获利润预测如表 9—4 所示.

表 9—4

行业	经济状况		
	不良	一般	良好
A_1	3	1	3
A_2	1	4	2
A_3	2	3	2

那么该公司应如何确定投资方案，使预期（一年后）的总利润最大？

解：我们将该公司看做局中人Ⅰ，投资到行业 A_1，A_2，A_3 看做该公司的三个（纯）策略，将经济展望的不同状况看做另一局中人Ⅱ（宏观经济状况）的三个纯策略，从而得到一个矩阵对策. 由于

$$\max_i \min_j a_{ij}=2,\quad \min_j \max_i a_{ij}=3$$

所以，在纯策略意义下此矩阵对策无解. 为了求出在混合扩充意义下的解，需求解线性规划

$$
(P)\begin{cases}\max W\\ 3x_1+x_2+2x_3\geqslant W\\ x_1+4x_2+3x_3\geqslant W\\ 3x_1+2x_2+2x_3\geqslant W\\ x_1+x_2+x_3=1\\ x_1\geqslant 0,\ x_2\geqslant 0,\ x_3\geqslant 0\end{cases}
\qquad
(D)\begin{cases}\min V\\ 3y_1+y_2+3y_3\leqslant V\\ y_1+4y_2+2y_3\leqslant V\\ 2y_1+3y_2+2y_3\leqslant V\\ y_1+y_2+y_3=1\\ y_1\geqslant 0,\ y_2\geqslant 0,\ y_3\geqslant 0\end{cases}
$$

问题（P）和（D）是互为对偶的线性规划问题．利用单纯形方法可得问题的解为：

$$\boldsymbol{x}^*=\left(\frac{1}{3},0,\frac{2}{3}\right)^{\mathrm{T}},\quad \boldsymbol{y}^*=\left(\frac{2}{3},\frac{1}{3},0\right)^{\mathrm{T}}$$

最优值 $W_{\max}=V_{\min}=\frac{7}{3}$.

由此可知，在不能确定下一年的经济状况的条件下，该公司的最优策略为 $\boldsymbol{x}^*=\left(\frac{1}{3},\ 0,\ \frac{2}{3}\right)^{\mathrm{T}}$．这可以解释为：该公司"理性"的投资方案是向行业 A_1 投资 $300\times\frac{1}{3}=100$（万元），不向 A_2 投资，而向 A_3 投资 $300\times\frac{2}{3}=200$（万元）．一年后该公司至少可获利润 $V_G=\frac{7}{3}\times300=700$（万元）.

9.3 二人有限非零和对策*

在一个对策模型中，如果仅有两个局中人，每一局中人的纯策略集合均为有限集，在各局中人选定自己的策略后，各局中人所得支付之和不全为零，这样的对策模型称为二人有限非零和对策.

我们先看几个例子.

例 11（囚徒两难对策）　警方拘捕了两个犯罪嫌疑人（记为局中人Ⅰ和Ⅱ），这两人确实犯下了抢劫罪．但现有证据尚不能证明他们一定有罪，故将二人分别关押、审讯（即局中人Ⅰ，Ⅱ不能合作或串通）．面对审讯，两个局中人可选择的策略均为"坦白"和"抵赖"．在不同的局势下，两个局中人的支付如下：

		局中人Ⅱ 坦白	局中人Ⅱ 抵赖
局中人Ⅰ	坦白	(−5，−5)	(0，−10)
	抵赖	(−10，0)	(−1，−1)

其中（−5，−5）表示：若局中人Ⅰ，Ⅱ都坦白了自己的罪行，则"坦白从宽"，两人由于有罪将从轻判处监禁 5 年；若局中人之一坦白，而另一局中人抵赖，则坦白者将予以释放，拒不坦白者从重判处监禁 10 年；若两个均抵赖，则因证据不足，只判监禁一年．因此局中人Ⅰ，Ⅱ的支付矩阵可记作

$$\boldsymbol{A}=\begin{pmatrix}-5 & 0\\ -10 & -1\end{pmatrix},\quad \boldsymbol{B}=\begin{pmatrix}-5 & -10\\ 0 & -1\end{pmatrix}$$

由于在同一局势下，两个局中人所得支付之和不等于零，因此这是一个二人有限非零和对策（双矩阵对策）.

例 12　考察一个简化的市场模型．设有生产同类型中央处理器（CPU）的厂商 A 和厂商 B．为了扩大自己的市场份额，争取更大利润，两个厂商进行

了价格战．为简单起见，设两个厂商的策略均为“低价”、“高价”．在不同的局势下，两个局中人的支付（所获利润（亿元））如下：

		B 低价	B 高价
A	低价	(20，20)	(40，10)
A	高价	(10，40)	(50，50)

类似于例11，这是二人有限非零和对策．不难看出，如果不允许厂商A和厂商B合作，则两个厂商的“理性”选择是低价．这是因为任何一个厂商选择了“高价”策略时，对手要是选择“低价”策略，则将遭受极大的损失．然而，如果两个厂商私下协商共同采用“高价”策略，则两个厂商都可以获得高额利润50亿元，消费者则被迫接受高价．因此，许多国家都禁止或限制厂商勾结、垄断市场的行为．但是，从对策论的角度，二人有限非零和对策在非合作的情况下所得到的结论与合作情形下的结论是不同的．

（一）非合作的情形

设局中人Ⅰ，Ⅱ的纯策略集分别为：

$$S_1=\{\alpha_1,\alpha_2,\cdots,\alpha_m\},\quad S_2=\{\beta_1,\beta_2,\cdots,\beta_n\}$$

当局中人Ⅰ取定$\alpha_i\in S_1$，局中人Ⅱ取定$\beta_j\in S_2$，就形成局势（α_i，β_j），在此局势下，局中人Ⅰ，Ⅱ的支付分别为a_{ij}，b_{ij}（$1\leqslant i\leqslant m$，$1\leqslant j\leqslant n$），且$a_{ij}+b_{ij}$不全为零．局中人Ⅰ，Ⅱ都知道自己和对手的策略集、支付，各自独立地（非合作）选取自己的策略，以取得最大支付，则称此对策为二人有限非零和对策．这时，两个局中人的支付可形成矩阵$\boldsymbol{A}=(a_{ij})_{m\times n}$和$\boldsymbol{B}=(b_{ij})_{m\times n}$．因此，这一对策模型也称为双矩阵对策．

为了方便，两个局中人的支付矩阵常常合写在一起，记作$\boldsymbol{C}=(c_{ij})$，其中$c_{ij}=(a_{ij},b_{ij})$．而双矩阵对策就简记为$\boldsymbol{C}=(\boldsymbol{A},\boldsymbol{B})$．

类似于矩阵对策，在纯策略意义下，对策没有解，所以对双矩阵对策进行混合扩充．记局中人Ⅰ，Ⅱ的混合策略集为S_1^*，S_2^*，其中

$$S_1^*=\{\boldsymbol{x}=(x_1,x_2,\cdots,x_m)^{\mathrm{T}}\mid\sum_{i=1}^m x_i=1,\ x_i\geqslant 0,\ i=1,2,\cdots,m\}$$

$$S_2^*=\{\boldsymbol{y}=(y_1,y_2,\cdots,y_n)^{\mathrm{T}}\mid\sum_{j=1}^n y_j=1,\ y_j\geqslant 0,\ j=1,2,\cdots,n\}$$

即S_1^*，S_2^*分别是S_1，S_2上的概率分布的集合．$\boldsymbol{x}\in S_1^*$，$\boldsymbol{y}\in S_2^*$分别称为局中人Ⅰ，Ⅱ的混合策略．特别是，当局中人Ⅰ，Ⅱ分别取单位向量$\boldsymbol{e}_i=(0,\cdots,0,1,0,\cdots,0)^{\mathrm{T}}\in S_1^*$，$\boldsymbol{e}_j=(0,\cdots,0,1,0,\cdots,0)^{\mathrm{T}}\in S_2^*$时，则认为局中人Ⅰ，Ⅱ分别取了纯策略$\alpha_i$，$\beta_i$．或者说，纯策略可以看做混合策略的特殊情况．

当局中人Ⅰ，Ⅱ独立地选取策略$\boldsymbol{x}=(x_1,x_2,\cdots,x_m)^{\mathrm{T}}\in S_1^*$和$\boldsymbol{y}=(y_1,y_2,\cdots,y_n)^{\mathrm{T}}\in S_2^*$时，就形成混合局势（$\boldsymbol{x}$，$\boldsymbol{y}$）．在此局势下，局中人Ⅰ，Ⅱ的期望支付分别为：

$$E_1(\boldsymbol{x},\boldsymbol{y}) = \boldsymbol{x}^{\mathrm{T}}\boldsymbol{A}\boldsymbol{y} = \sum_{i=1}^{m}\sum_{j=1}^{n} a_{ij}x_iy_j$$

$$E_2(\boldsymbol{x},\boldsymbol{y}) = \boldsymbol{x}^{\mathrm{T}}\boldsymbol{B}\boldsymbol{y} = \sum_{i=1}^{m}\sum_{j=1}^{n} b_{ij}x_iy_j$$

于是，在混合扩充意义下的双矩阵对策（$\boldsymbol{A}$，$\boldsymbol{B}$）可记为 $\boldsymbol{G}=\{S_1^*,\ S_2^*;\ E_1,\ E_2\}$，然而，为了方便，在混合扩充意义下的双矩阵对策仍记为（$\boldsymbol{A}$，$\boldsymbol{B}$）.

定义 3 对于双矩阵对策（$\boldsymbol{A}$，$\boldsymbol{B}$），如果存在 $\boldsymbol{x}^*\in S_1^*$，$\boldsymbol{y}^*\in S_2^*$，使得对任意的 $\boldsymbol{x}\in S_1^*$，$\boldsymbol{y}\in S_2^*$，有

$$E_1(\boldsymbol{x}^*,\boldsymbol{y}^*)\geqslant E_1(\boldsymbol{x},\boldsymbol{y}^*)$$

$$E_2(\boldsymbol{x}^*,\boldsymbol{y}^*)\geqslant E_2(\boldsymbol{x}^*,\boldsymbol{y})$$

则称（$\boldsymbol{x}^*$，$\boldsymbol{y}^*$）是双矩阵对策（$\boldsymbol{A}$，$\boldsymbol{B}$）的一个均衡点或均衡解. 这时，局中人Ⅰ，Ⅱ的期望支付分别为：

$$E_1(\boldsymbol{x}^*,\boldsymbol{y}^*)=(\boldsymbol{x}^*)^{\mathrm{T}}\boldsymbol{A}\boldsymbol{y}^*$$

$$E_2(\boldsymbol{x}^*,\boldsymbol{y}^*)=(\boldsymbol{x}^*)^{\mathrm{T}}\boldsymbol{B}\boldsymbol{y}^*$$

不难看出，此定义也适用于两个局中人采用纯策略的情形. 但是，同矩阵对策一样，双矩阵对策在纯策略意义下，一般不存在均衡点.

双矩阵对策的均衡点（$\boldsymbol{x}^*$，$\boldsymbol{y}^*$）的意义在于：如果局中人Ⅰ，Ⅱ分别取定 $\boldsymbol{x}^*$ 和 $\boldsymbol{y}^*$，则可分别获得期望支付 $E_1(\boldsymbol{x}^*,\ \boldsymbol{y}^*)$ 和 $E_2(\boldsymbol{x}^*,\ \boldsymbol{y}^*)$，而其中任何一个局中人如果选择另一（混合）策略，则只能使自己的期望支付减少或不变. 因此，双矩阵对策（$\boldsymbol{A}$，$\boldsymbol{B}$）的解就是均衡点（$\boldsymbol{x}^*$，$\boldsymbol{y}^*$），其中 $\boldsymbol{x}^*$，$\boldsymbol{y}^*$ 分别称为局中人Ⅰ，Ⅱ的最优策略.

可以证明如下的定理（证明过程略）：

定理 1 在双矩阵对策（$\boldsymbol{A}$，$\boldsymbol{B}$）中，设 $\boldsymbol{x}^*\in S_1^*$，$\boldsymbol{y}^*\in S_2^*$，则下述各条件等价：

（1）（$\boldsymbol{x}^*$，$\boldsymbol{y}^*$）是双矩阵对策的均衡点.

（2）$E_1(\boldsymbol{x}^*,\ \boldsymbol{y}^*)=(\boldsymbol{x}^*)^{\mathrm{T}}\boldsymbol{A}\boldsymbol{y}^*=\max\{\boldsymbol{x}^{\mathrm{T}}\boldsymbol{A}\boldsymbol{y}^* \mid \boldsymbol{x}\in S_1^*\}$；

$E_2(\boldsymbol{x}^*,\ \boldsymbol{y}^*)=(\boldsymbol{x}^*)^{\mathrm{T}}\boldsymbol{B}\boldsymbol{y}^*=\max\{(\boldsymbol{x}^*)^{\mathrm{T}}\boldsymbol{B}\boldsymbol{y} \mid \boldsymbol{y}\in S_2^*\}$.

（3）$E_1(\boldsymbol{x}^*,\ \boldsymbol{y}^*)\geqslant E_1(\alpha_i,\ \boldsymbol{y}^*)$，$i=1,\ 2,\ \cdots,\ m$；

$E_2(\boldsymbol{x}^*,\ \boldsymbol{y}^*)\geqslant E_2(\boldsymbol{x}^*,\ \beta_j)$，$j=1,\ 2,\ \cdots,\ n$.

定理中条件（1）和（2）等价说明：当局中人Ⅰ取定策略 $\boldsymbol{x}^*\in S_1^*$ 时，局中人Ⅱ的最优策略 $\boldsymbol{y}^*$ 是问题

$$\max_{y\in S_2^*}\ (\boldsymbol{x}^*)^{\mathrm{T}}\boldsymbol{B}\boldsymbol{y}$$

的最优解.

当局中人Ⅱ取定 $\boldsymbol{y}^*\in S_2^*$ 时，局中人Ⅰ的最优策略 $\boldsymbol{x}^*$ 是问题

$$\max_{x\in S_1^*}\ \boldsymbol{x}^{\mathrm{T}}\boldsymbol{A}\boldsymbol{y}^*$$

的最优解.

定理中条件（1）和（3）等价说明：如果对局中人Ⅰ（或Ⅱ）的每一纯策

略 α_i（或 β_j）都有

$$E_1(\boldsymbol{x}^*,\boldsymbol{y}^*)\geqslant E_1(\alpha_i,\boldsymbol{y}^*),\ i=1,2,\cdots,m$$

$$(\text{或 } E_2(\boldsymbol{x}^*,\boldsymbol{y}^*)\geqslant E_2(\boldsymbol{x}^*,\beta_j),\ j=1,2,\cdots,n)$$

则（$\boldsymbol{x}^*$，$\boldsymbol{y}^*$）就是双矩阵对策的解.

例 13 考虑例 11 的“囚徒两难”问题. 不难看出：两个局中人都选择“坦白”所形成的纯局势（坦白，坦白），就相当于两个局中人选定混合策略 $\boldsymbol{x}^*=(1,\ 0)^{\mathrm{T}}$，$\boldsymbol{y}^*=(1,\ 0)^{\mathrm{T}}$ 所形成的混合局势（$\boldsymbol{x}^*$，$\boldsymbol{y}^*$）. 根据定理 1 中的 (3)，可以验证（坦白，坦白）是此对策的一个均衡点. 实际上

$$\begin{aligned}E_1(\boldsymbol{x}^*,\boldsymbol{y}^*)&=E_1(\text{坦白},\text{坦白})\\&=(1,0)\begin{pmatrix}-6&0\\-10&-1\end{pmatrix}\begin{pmatrix}1\\0\end{pmatrix}\\&=-6\end{aligned}$$

而

$$\begin{aligned}E_1(\text{不坦白},\ \boldsymbol{y}^*)&=(0,\ 1)\begin{pmatrix}-6&0\\-10&-1\end{pmatrix}\begin{pmatrix}1\\0\end{pmatrix}\\&=-10\end{aligned}$$

显然，$E_1(\boldsymbol{x}^*,\ \boldsymbol{y}^*)\geqslant E_1(\text{不坦白},\ \boldsymbol{y}^*)$.

类似地可验证

$$E_2(\boldsymbol{x}^*,\boldsymbol{y}^*)\geqslant E_2(\boldsymbol{x}^*,\text{不坦白})$$

当然，我们也可以利用定义，直接由双矩阵

$$\begin{pmatrix}(-6,-6)&(0,-10)\\(-10,0)&(-1,-1)\end{pmatrix}$$

来验证（$\boldsymbol{x}^*$，$\boldsymbol{y}^*$）是对策的解.

由于许多政治、经济问题的博弈模型具有与“囚徒两难”问题类似的特点，这一问题曾引起许多人的兴趣. 这一特点表现在模型中“个体合理性”与“集体合理性”之间的冲突：如果仅考虑个体合理性，局中人之间没有订立具有约束力的协议，则两个局中人都应“坦白”，以得到“宽大处理”；如果考虑到集体合理性，两局中人事先串通，订立“攻守同盟”，则两个局中人都应选择“不坦白”. 这时，在局势 $\boldsymbol{s}^*=$(不坦白，不坦白) 下，两局中人各得支付“-1”，不难看出（-1，-1）是支付对中的有效点. 由上面的分析可知，在双矩阵对策中，如果考虑可合作的情形，可得到有价值的结果. 然而，在许多经济问题中，我们主要考虑非合作的情形. 这是由于合作共谋的行为在许多情况下是违法的.

（二）合作的情形

例 14（夫妻争执问题） 一对恩爱夫妻要去度周末. 如果丈夫（局中人Ⅰ）喜爱看足球赛（F），妻子（局中人Ⅱ）喜爱听音乐会（C），两个又想一同去度周末，因此相互争执. 两人的策略集相同：$S_1=S_2=\{F,\ C\}$. 对于可能出现的各种局势给出各人的支付. 假设支付矩阵（$\boldsymbol{A}$，$\boldsymbol{B}$）为：

$$\begin{array}{ccc} & & \text{妻} \\ & & F \quad\quad\quad C \\ \text{夫} & \begin{array}{c} F \\ C \end{array} & \begin{bmatrix} (4,1) & (0,0) \\ (0,0) & (1,4) \end{bmatrix} \end{array}$$

其中，a_{ij}，b_{ij} 可以理解为不同局势下，局中人Ⅰ，Ⅱ所得到的满意程度.

可以验证，在非合作的情形，这一双矩阵对策有纯策略均衡（F，F）和（C，C），对应的支付对分别为（4，1）和（1，4）. 同时，此对策还有混合扩充意义下的均衡（$\boldsymbol{x}^*$，$\boldsymbol{y}^*$），其中 $\boldsymbol{x}^*=\left(\frac{4}{5}, \frac{1}{5}\right)^{\mathrm{T}}$，$\boldsymbol{y}^*=\left(\frac{1}{5}, \frac{4}{5}\right)^{\mathrm{T}}$，对应的支付对为$\left(\frac{4}{5}, \frac{4}{5}\right)$.

由此例可以看出，在非合作的情形下对策的均衡不是唯一的，不同的均衡所对应的各局中人的支付也未必相等，这与矩阵对策是完全不同的.

另一方面，如果我们更深入地分析这个例子，可以发现：如果两人事先进行协商或谈判，达成两人都可以接受的协议，则可以取得更好的结果.

设局中人Ⅰ（丈夫）选取（混合）策略 $\boldsymbol{x}=(x, 1-x)^{\mathrm{T}}$，局中人Ⅱ（妻）选取（混合）策略 $\boldsymbol{y}=(y, 1-y)^{\mathrm{T}}$，两个局中人对应的期望支付分别记为 u 和 v，则

$$u=E_1(\boldsymbol{x},\boldsymbol{y})=\boldsymbol{x}^{\mathrm{T}}\boldsymbol{A}\boldsymbol{y}=5xy-x-y+1$$
$$v=E_2(\boldsymbol{x},\boldsymbol{y})=\boldsymbol{x}^{\mathrm{T}}\boldsymbol{B}\boldsymbol{y}=5xy-4x-4y+4$$
$$(0\leqslant x\leqslant 1,\ 0\leqslant y\leqslant 1)$$

对于所有的 $\boldsymbol{x}$，$\boldsymbol{y}$ 的取值，求出对应的支付对（u，v），并在坐标平面 u—v 上表示出来，就得到非合作情形下两个局中人的支付区域（图 9—1 中的阴影区域）.

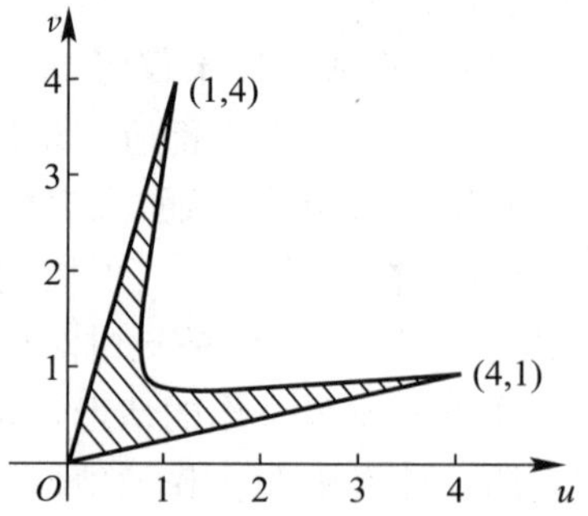

图 9—1

如果两个局中人协商，例如用抛一枚均匀硬币的方式决定同去看足球或同去听音乐会，则可得到支付对

$$\frac{1}{2}(4,1)^{\mathrm{T}}+\frac{1}{2}(1,4)^{\mathrm{T}}=\left(\frac{5}{2},\frac{5}{2}\right)^{\mathrm{T}}$$

$\left(\frac{5}{2}, \frac{5}{2}\right)^{\mathrm{T}}$ 并不在非合作情形的支付区域内.

一般地，如果在双矩阵（$\boldsymbol{A}$，$\boldsymbol{B}$）中，取支付对（0，0），（4，1），（1，4）的概率分别为 t_1，t_2，t_3，并且满足

$$t_1+t_2+t_3=1,\quad t_1\geqslant 0,\ t_2\geqslant 0,\ t_3\geqslant 0$$

则合作情形的支付区域将是图 9—2．这个区域称为双矩阵（$\boldsymbol{A}$，$\boldsymbol{B}$）中各支付对的凸包，也称为谈判集．可以看出，如果协商后能确定线段 CD 上的一点作为谈判的结果，两个局中人都会满意．

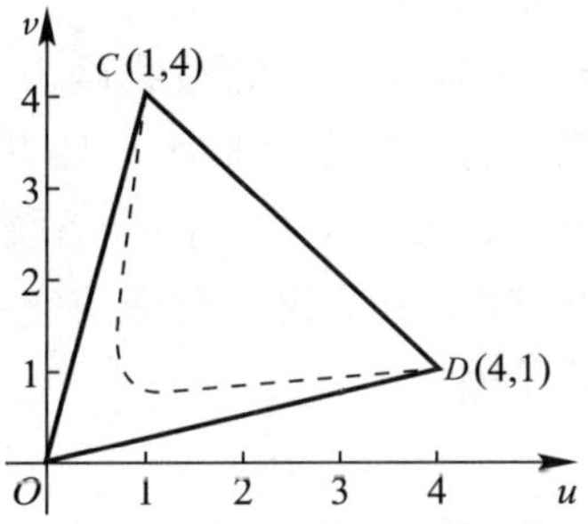

图 9—2

对于一般的双矩阵对策（$\boldsymbol{A}$，$\boldsymbol{B}$），我们只要把所有的支付对（a_{ij}，b_{ij}）($i=1, 2, \cdots, m$；$j=1, 2, \cdots, n$)作为点的坐标在直角坐标系中标出，然后用直线连结其中的若干个点，能包含所有点（支付对）的最大区域（凸多边形）就是双矩阵对策在合作情况下的支付区域．

□ 习　题

1．求下列矩阵的 $\min\limits_j \max\limits_i a_{ij}$ 和 $\max\limits_i \min\limits_j a_{ij}$．

（1）$\boldsymbol{A}=\begin{pmatrix}4 & -2 & 10\\ 9 & -9 & 7\\ 5 & 0 & 6\end{pmatrix}$　　（2）$\boldsymbol{A}=\begin{pmatrix}2 & 9 & 6\\ 0 & 7 & 5\\ 8 & 3 & 1\end{pmatrix}$

2．求矩阵对策 $\boldsymbol{G}=\{S_1, S_2; \boldsymbol{A}\}$ 的最优策略及值，已知赢得矩阵是：

（1）$\boldsymbol{A}=\begin{pmatrix}-6 & 2 & 0 & 19\\ 4 & 4 & 3 & 5\\ -5 & -3 & -1 & -6\end{pmatrix}$　　（2）$\boldsymbol{A}=\begin{pmatrix}-1 & -1 & -1 & -1\\ -1 & -1 & 0 & 1\end{pmatrix}$

3．某单位在秋季要决定冬季取暖用煤储量．在气温正常的冬季要消耗 15 吨，但在较暖与较冷的冬季需要 10 吨和 20 吨．假定煤的价格随着冬季寒冷程度而有所变动，设较暖的、正常的、较冷的冬季煤的价格分别为每吨 10 元、15 元、20 元，又设在秋季煤价是每吨 10 元，在没有关于当年冬季准确的气象预报的条件下，秋季储煤多少才较合理？

4．求给定矩阵对策的解与值，已知赢得矩阵为：

(1) $A=\begin{pmatrix} 4 & 8 & 6 & 0 \\ 8 & 4 & 6 & 8 \\ 4 & 8 & 8 & 0 \\ 8 & 0 & 0 & 16 \end{pmatrix}$　　(2) $A=\begin{pmatrix} 1 & 7 & 4 \\ 6 & 2 & 6 \\ 5 & 1 & 6 \end{pmatrix}$

(3) $A=\begin{pmatrix} 0 & 4 & 1 & 3 \\ -1 & 3 & 0 & 2 \\ -1 & -1 & 4 & 1 \end{pmatrix}$

5. 设有处于战争状态下的敌我两方，敌方可能空袭我某地区. 我方有三种不同的防空系统可设防于该地区，敌方有三种不同型号的飞机. 为简便，假设我方只能在该地设置其中一种防空系统，而敌方只能派一种类型的飞机来空袭. 表 9—5 的矩阵给出了我方利用防空系统 A_i 时，击落敌机 B_j 的概率，求敌我两方的最优策略.

表 9—5

击落敌机概率 / 敌机 / 防空系统	B_1	B_2	B_3
A_1	0.1	0.4	0.3
A_2	0.4	0.1	0.6
A_3	0.3	0.2	0.5

6. 两个动物（局中人Ⅰ，Ⅱ）为某一猎物相互争夺，每一动物的策略选择可以是“鹰”或是“鸽”. 支付矩阵为：

		Ⅱ 鸽	Ⅱ 鹰
Ⅰ	鸽	(3, 3)	(1, 4)
Ⅰ	鹰	(4, 1)	(0, 0)

(1) 求此对策在纯策略意义下的解.

(2) 验证 $\boldsymbol{x}^*=\left(\frac{1}{2}, \frac{1}{2}\right)^{\mathrm{T}}$，$\boldsymbol{y}^*=\left(\frac{1}{2}, \frac{1}{2}\right)^{\mathrm{T}}$ 是此对策（在混合扩充意义下）局中人Ⅰ，Ⅱ的最优策略.

第 10 章 Chapter 10 评价相对有效性的 DEA 模型*

数据包络分析（data envelopment analysis，DEA）是一个新的研究领域. 它将数学、经济学、管理科学的概念与方法相结合，构成了运筹学的一个新的分支. DEA 的内容包括模型、理论、方法和应用. DEA 是研究具有可比性的“部门”（或“单位”）间的相对有效性的十分有用的一类方法；也是处理多目标决策问题在理论上非常完善的手段；更是在经济理论中估计具有多个输入，特别是多个输出的“生产前沿面”的有力工具. DEA 的本质是利用统计数据确定相对有效的“生产前沿面”. 利用 DEA 的生产前沿面理论和方法，可以研究“部门”（或“单位”，称为决策单元，记为 DMU）的技术有效性、规模有效性.

DEA 是由美国著名的数学家和经济学家查恩斯（A. Charnes）和库珀（W. W. Cooper）等人于 1978 年首创的. 第一个模型称为 C^2R 模型，专门用来评价决策单元是否同时为技术有效和规模有效；1984 年，班克（R. D. Banker）、查恩斯和库珀给出了另一个 DEA 模型 BC^2，专门评价技术有效性.

在以下各节的讨论中，均假设多输入、多输出系统中决策单元的个数为 n，有 m 项投入和 s 项产出，投入数据和产出数据由图 10—1 给出.

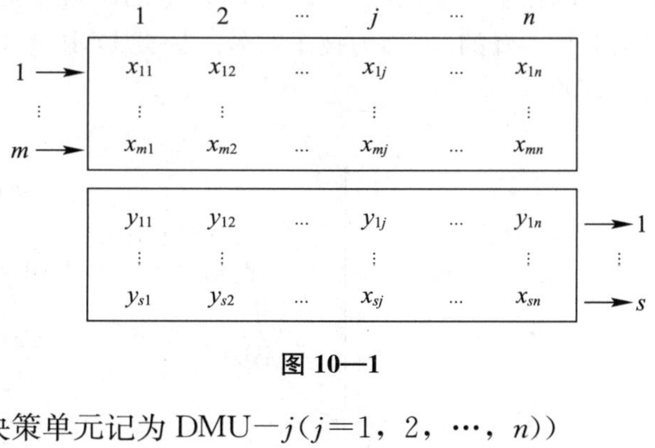

图 10—1

其中（第 j 个决策单元记为 DMU$-j(j=1, 2, \cdots, n)$）

x_{ij}——第 j 个 DMU 对第 i 种输入的投入量，$x_{ij}>0$

y_{rj}——第 j 个 DMU 对第 r 种输出的产出量，$y_{rj}>0$

$i=1,2,\cdots,m;\quad j=1,2,\cdots,n;\quad r=1,2,\cdots,s$

为方便，将数据以向量形式给出，记

$$\boldsymbol{X}_j=(x_{1j},x_{2j},\cdots,x_{mj})^{\mathrm{T}},\quad j=1,2,\cdots,n$$

$$\boldsymbol{Y}_j=(y_{1j},y_{2j},\cdots,y_{sj})^{\mathrm{T}},\quad j=1,2,\cdots,n$$

（即 $\boldsymbol{X}_j$ 为图 10—1 中投入部分的第 j 列，$\boldsymbol{Y}_j$ 为图 10—1 中产出部分的第 j 列，$\boldsymbol{X}_j$ 和 $\boldsymbol{Y}_j$ 分别表示决策单元 DMU－j（$j=1$，2，…，n）的投入数据和产出数据.）投入数据和产出数据是根据观察的资料得到的. DEA 是根据由图 10—2 给出的数据，评价 n 个决策单元 DMU－1，DMU－2，…，DMU－n 之间的相对有效性.

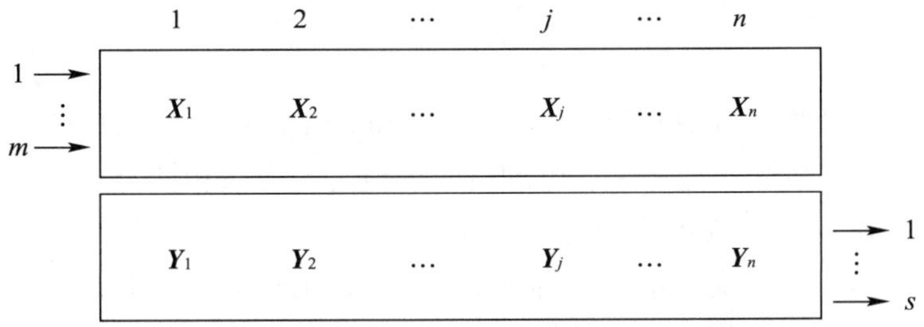

图 10—2

10.1 第一个 DEA 模型 C²R

在经济学和管理学中，我们用生产函数 $y=f(x)$ 研究一些重要的经济特性. 在图 10—3 中，有 4 个决策单元. 它们都是生产部门的实际观察数据. 而函数 $y=f(x)$ 为该行业的生产函数，它表示投入为 x 时，最大可能的产出为 $y=f(x)$. 图 10—3 中，DMU－1，DMU－2 和 DMU－3 都位于生产函数$y=f(x)$ 的曲线上. 因为生产函数描述了生产要素的投入和最大产出之间的技术关系，所以在生产函数曲线 $y=f(x)$ 上的决策单元，在投入与产出之间的技术关系上是“好的”，称为技术有效. 因此 DMU－1，DMU－2 和 DMU－3 是技术有效的.

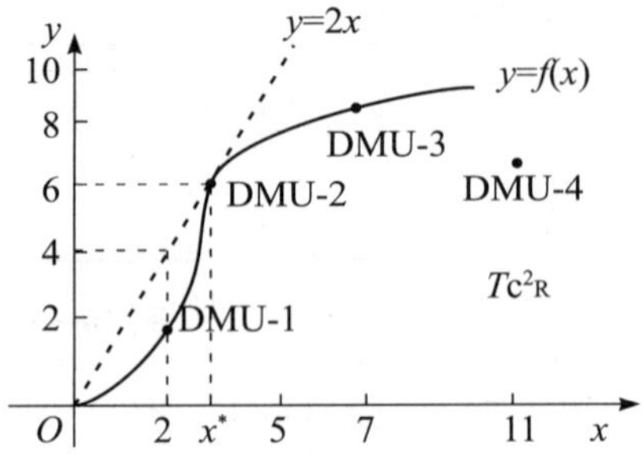

图 10—3

在经济学中，特别是生产经济学中，另一个重要概念是“规模有效”. 为

了讨论的简单，假设生产函数 $y=f(x)$ 的一阶导数

$$y'=f'(x)>0$$

即生产函数为严格增函数，由微积分学中的中值定理，知

$$f(x+1)-f(x)=f'(\xi),\xi\in(x,x+1)$$

当量纲取得很小的时候，可以认为 $f'(\xi)\approx f'(x)$，故

$$f(x+1)-f(x)\approx f'(x)>0$$

这意味着当投入由 x 增加到 $x+1$ 时，产出的增加量为 $f'(x)$，在微观经济学中称 $f'(x)$ 为边际产出.

在图 10—3 中，生产函数 $y=f(x)$ 的二阶导数满足

$$f''(x)\begin{cases}>0,\text{当 } x\in(0,x^*)\\<0,\text{当 } x\in(x^*,+\infty)\end{cases}$$

由于

$$f''(x)=(f'(x))'$$

即生产函数的二阶导数表示边际产量 $f'(x)$ 的变化率. 当 $x\in(0,x^*)$ 时，$f''(x)>0$ 意味着当投入为 x 时，投入再增加一个单位，总产量不但是增加的（因为 $f(x+1)-f(x)\approx f'(x)>0$），而且增加的速度也是增加的；当 $x\in(x^*+\infty)$ 时，$f''(x)<0$ 意味着当投入为 x 时，投入再增加一个单位，总产量是增加的，但是增加的速度却是下降的. 边际产出 $f'(x)$ 由增加到减少的性质，就是微观经济学中所说的“边际报酬递减规律”.

由于 $x\in(0,x^*)$ 时，$f''(x)>0$，知投入的增加是有利的，称此时的生产处于“规模收益递增”状态；当 $x\in(x^*,+\infty)$ 时，由 $f''(x)<0$，知投入的增加是不太有利的，称此时的生产处于“规模收益递减”状态；当投入规模为 x^* 时，生产处于最佳的规模状态，称其为“规模有效”的. 在图 10—3 中，只有 DMU－2 为规模有效的.

DEA 是以生产函数为背景，将单产出的生产函数，推广到多投入和多产出（特别是多产出的场合），去评价决策单元之间的相对技术有效性和规模有效性. 这种推广是利用了投入与产出所构成的生产可能集.

生产可能集 T 是由投入 $\boldsymbol{X}$ 和产出 $\boldsymbol{Y}$ 所构成的向量对 $(\boldsymbol{X},\boldsymbol{Y})$ 所组成，即生产可能集（这里约定 $\boldsymbol{X}>0$，$\boldsymbol{Y}>0$）

$$T=\{(\boldsymbol{X},\boldsymbol{Y})\mid\text{投入为 }\boldsymbol{X}\in\boldsymbol{E}^m\text{ 时，可能产出 }\boldsymbol{Y}\in\boldsymbol{E}^s\}$$

我们的目的是根据决策单元的生产活动的投入和产出数据 $(\boldsymbol{X}_j,\boldsymbol{Y}_j)$ $(j=1,2,\cdots,n)$，去构造生产可能集 T，进而研究决策单元有效性的经济含义.

数理经济学的研究，往往是根据所面对的经济系统的特征，建立“公理”体系. 再根据这些“公理”去确定经济系统的结构、特性及运行规律. 为了研究生产可能集的结构特性，特别是由对偶线性规划 (D_{C^2R}) 给出的 DEA 有效性的经济上和几何上的含义，需要对生产可能集给出一些特征描述，即“公理”系统.

生产可能集 T_{C^2R} 的公理系统 (C^2R)：

1. 平凡性公理

$$(\boldsymbol{X}_j,\boldsymbol{Y}_j)\in T_{C^2R},j=1,2,\cdots,n$$

这是因为各决策单元的投入 $\boldsymbol{X}_j$，产出 $\boldsymbol{Y}_j$ 是客观存在的一种“生产”活动.

2. 凸性公理

T_{C^2R}为凸集，即对任意（$\boldsymbol{X}$，$\boldsymbol{Y}$）$\in T_{C^2R}$，（$\hat{\boldsymbol{X}}$，$\hat{\boldsymbol{Y}}$）$\in T_{C^2R}$，以及 $\alpha\in[0,1]$ 均有

$$\alpha(\boldsymbol{X},\boldsymbol{Y})+(1-\alpha)(\hat{\boldsymbol{X}},\hat{\boldsymbol{Y}})\in T_{C^2R}$$

其中

$$\begin{aligned}&\alpha(\boldsymbol{X},\boldsymbol{Y})+(1-\alpha)(\hat{\boldsymbol{X}},\hat{\boldsymbol{Y}})\\=&(\alpha\boldsymbol{X}+(1-\alpha)\hat{\boldsymbol{X}},\alpha\boldsymbol{Y}+(1-\alpha)\hat{\boldsymbol{Y}})\end{aligned}$$

凸性公理的含义是：对于任意两种“生产”活动，一种是投入 $\boldsymbol{X}$ 产出 $\boldsymbol{Y}$，另一种是投入 $\hat{\boldsymbol{X}}$ 产出 $\hat{\boldsymbol{Y}}$，那么分别以 $\boldsymbol{X}$ 和 $\hat{\boldsymbol{X}}$ 的 α 及（$1-\alpha$）的比例之和（即 $\alpha\boldsymbol{X}+(1-\alpha)\hat{\boldsymbol{X}}$）进行投入，就能得到分别以产量 $\boldsymbol{Y}$ 和 $\hat{\boldsymbol{Y}}$ 的 α 和（$1-\alpha$）的比例之和（即 $\alpha\boldsymbol{Y}+(1-\alpha)\hat{\boldsymbol{Y}}$）的产出.

3. 锥性公理

T_{C^2R}为锥，即对任意（$\boldsymbol{X}$，$\boldsymbol{Y}$）$\in T_{C^2R}$，以及实数 $k\geqslant0$，均有 $k(\boldsymbol{X},\boldsymbol{Y})\in T_{C^2R}$.

由于

$$k(\boldsymbol{X},\boldsymbol{Y})=(k\boldsymbol{X},k\boldsymbol{Y})$$

故锥性公理的含义是：对于任意的“生产”活动（$\boldsymbol{X}$，$\boldsymbol{Y}$），若投入 $\boldsymbol{X}$ 可以产出 $\boldsymbol{Y}$，那么以 $\boldsymbol{X}$ 的 k 倍（即 $k\boldsymbol{X}$）进行投入时，能得到 $\boldsymbol{Y}$ 的 k 倍（即 $k\boldsymbol{Y}$）的产出.

4. 无效性公理

对任意（$\boldsymbol{X}$，$\boldsymbol{Y}$）$\in T_{C^2R}$，以及任意 $\hat{\boldsymbol{X}}\geqslant\boldsymbol{X}$，$\hat{\boldsymbol{Y}}\leqslant\boldsymbol{Y}$，均有（$\hat{\boldsymbol{X}}$，$\hat{\boldsymbol{Y}}$）$\in T_{C^2R}$.

无效性公理的含义是：以不少于 $\boldsymbol{X}$ 的投入得到不多于 $\boldsymbol{Y}$ 的产出的“生产”活动是可能的.

5. 最小性公理

生产可能集 T_{C^2R}是所有满足上述公理 1～公理 4 的最小者.

最小性公理保证了由上述公理 1～公理 4 所确定的生产可能集是唯一的.

由上述分析可知，满足上述公理 1～公理 5 的生产可能集是可以具体表示出来的，即

$$T_{C^2R}=\left\{(\boldsymbol{X},\boldsymbol{Y})\mid\sum_{j=1}^{n}\boldsymbol{X}_j\lambda_j\leqslant\boldsymbol{X},\ \sum_{j=1}^{n}\boldsymbol{Y}_j\lambda_j\geqslant\boldsymbol{Y},\boldsymbol{Y}\geqslant0,\lambda_j\geqslant0,j=1,2,\cdots,n\right\}$$

我们用一个例子加以说明.

例 1 考虑具有一个投入、一个产出，并且有五个决策单元的例子，其中投入、产出数据由图 10—4 给出，相应生产可能集见图 10—7.

由平凡性公理和凸性公理，知 T' 是由 A，B，C，D，E 五个点的凸组合

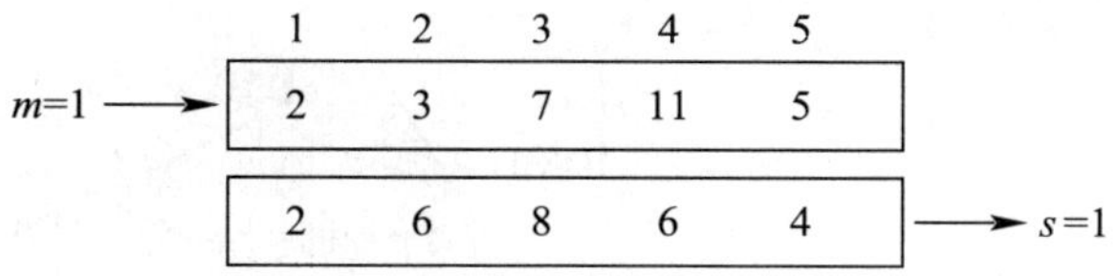

图 10—4

组成，即四边形 $ABCD$. 如图 10—5 所示，有

$$T' = \left\{ (\boldsymbol{X},\boldsymbol{Y}) \middle| \begin{array}{l} 2\lambda_1 + 3\lambda_2 + 7\lambda_3 + 11\lambda_4 + 5\lambda_5 = \boldsymbol{X} \\ 2\lambda_1 + 6\lambda_2 + 8\lambda_3 + 6\lambda_4 + 4\lambda_5 = \boldsymbol{Y} \\ \lambda_1 + \lambda_2 + \lambda_3 + \lambda_4 + \lambda_5 = 1, \boldsymbol{Y} \geqq 0 \\ \lambda_1 \geqq 0, \lambda_2 \geqq 0, \lambda_3 \geqq 0, \lambda_4 \geqq 0, \lambda_5 \geqq 0 \end{array} \right\}$$

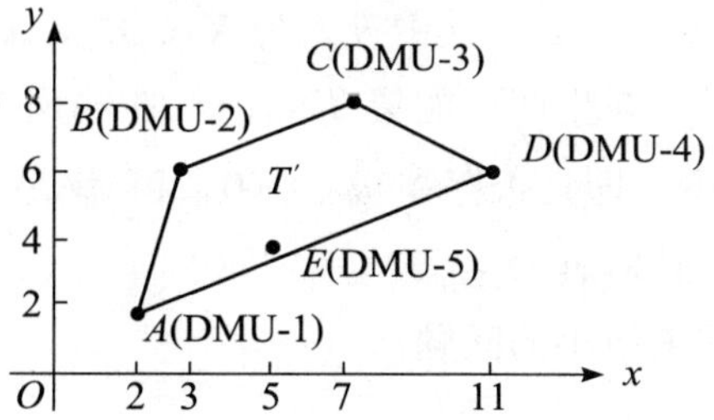

图 10—5

再由锥性公理，T^2 是由原点 O 向四边形 $ABCD$ 中的点做的射线所构成，见图 10—6.

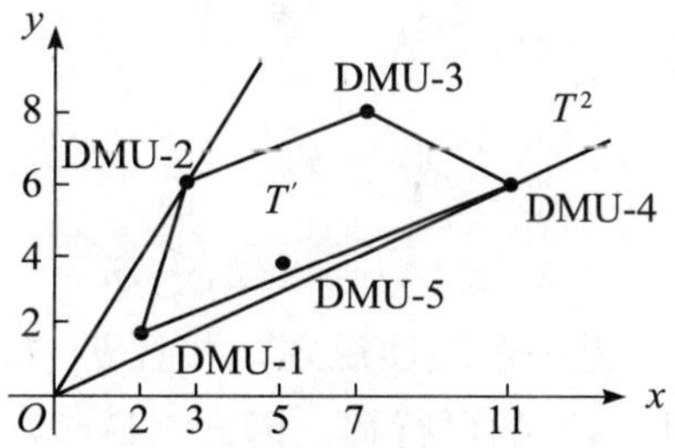

图 10—6

此时

$$T^2 = \left\{ (\boldsymbol{X},\boldsymbol{Y}) \middle| \begin{array}{l} 2\lambda_1 + 3\lambda_2 + 7\lambda_3 + 11\lambda_4 + 5\lambda_5 = \boldsymbol{X} \\ 2\lambda_1 + 6\lambda_2 + 8\lambda_3 + 6\lambda_4 + 4\lambda_5 = \boldsymbol{Y}, \boldsymbol{Y} \geqq 0 \\ \lambda_1 \geqq 0, \lambda_2 \geqq 0, \lambda_3 \geqq 0, \lambda_4 \geqq 0, \lambda_5 \geqq 0 \end{array} \right\}$$

由无效性公理，将 T^2 中的点向右方向和向下方向延伸，并注意 $\boldsymbol{Y} \geqq 0$，最后，由最小性公理，得到 T_{C^2R}，见图 10—7. 此时，生产可能集为

$$T_{C^2R} = \left\{ (\boldsymbol{X},\boldsymbol{Y}) \middle| \begin{array}{l} 2\lambda_1 + 3\lambda_2 + 7\lambda_3 + 11\lambda_4 + 5\lambda_5 \leqq \boldsymbol{X} \\ 2\lambda_1 + 6\lambda_2 + 8\lambda_3 + 6\lambda_4 + 4\lambda_5 \geqq \boldsymbol{Y}, \boldsymbol{Y} \geqq 0 \\ \lambda_1 \geqq 0, \lambda_2 \geqq 0, \lambda_3 \geqq 0, \lambda_4 \geqq 0, \lambda_5 \geqq 0 \end{array} \right\}$$

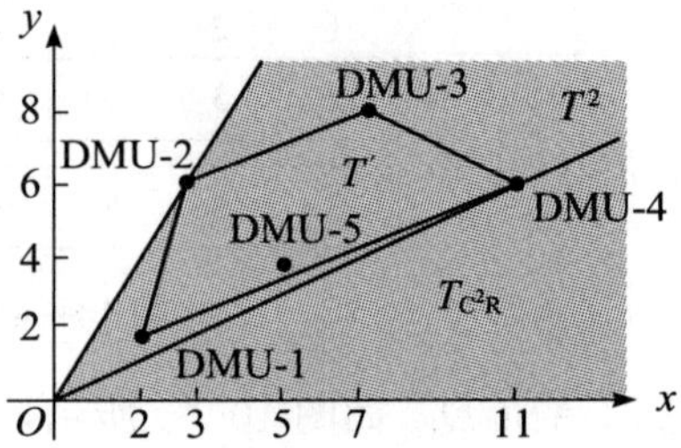

图 10—7

DEA 模型 C^2R

为方便，记

$$\boldsymbol{X}_0=\boldsymbol{X}_{j_0}，\boldsymbol{Y}_0=\boldsymbol{Y}_{j_0}，1\leqslant j_0\leqslant n$$

评价 DMU$-j_0$，其中投入为 $\boldsymbol{X}_0\in \boldsymbol{E}^m$，$\boldsymbol{X}_0>\boldsymbol{0}$，产出为 $\boldsymbol{Y}_0\in \boldsymbol{E}$，$\boldsymbol{Y}_0>\boldsymbol{0}$. 评价的视角是：在生产可能集 T_{C^2R} 内，在输出 $\boldsymbol{Y}_0$ 保持不变的情况下，考察投入 $\boldsymbol{X}_0$ 能否减少，即是否存在 $\hat{\theta}\in(0,1)$ 满足

$$(\hat{\theta}\boldsymbol{X}_0,\boldsymbol{Y}_0)\in T_{C^2R}$$

为此，考虑求最小的问题

$$(\mathrm{D}_{C^2R})\begin{cases}\min\theta=h_{C^2R}\\(\theta\boldsymbol{X}_0,\boldsymbol{Y}_0)\in T_{C^2R}\end{cases}$$

也就是

$$(\mathrm{D}_{C^2R})\begin{cases}\min\theta=h_{C^2R}\\\sum\limits_{j=1}^{n}\boldsymbol{X}_j\lambda_j\leqq\theta\boldsymbol{X}_0\\\sum\limits_{j=1}^{n}\boldsymbol{Y}_j\lambda_j\geqq\boldsymbol{Y}_0\\\lambda_j\geqq 0,j=1,2,\cdots,n\end{cases}$$

可见，(D_{C^2R}) 是一个线性规划，并且 $\theta=1$，$\lambda_{j_0}=1$，$\lambda_j=0$（$j=1,2,\cdots,n$，$j\neq j_0$）为 (D_{C^2R}) 的可行解，因此 (D_{C^2R}) 的最优值小于或等于 1. 设 (D_{C^2R}) 的最优值 h_{C^2R} 为 DMU$-j_0$ 的“整体效率”.

将 (D_{C^2R}) 写成矩阵形式，有

$$(\mathrm{D}_{C^2R})\begin{cases}\min\theta\\\begin{pmatrix}-\boldsymbol{X}_1&-\boldsymbol{X}_2&\cdots&-\boldsymbol{X}_n&\boldsymbol{X}_0\\\boldsymbol{Y}_1&\boldsymbol{Y}_2&&\boldsymbol{Y}_n&\boldsymbol{0}\end{pmatrix}\begin{pmatrix}\lambda_1\\\lambda_2\\\vdots\\\lambda_n\\\theta\end{pmatrix}\begin{matrix}\geqq\\\\\geqq\end{matrix}\begin{pmatrix}\boldsymbol{0}\\\\\boldsymbol{Y}_0\end{pmatrix}\\\lambda_1\geqq 0,\quad\lambda_2\geqq 0,\quad\cdots,\quad\lambda_n\geqq 0,\theta\text{ 无限制}\end{cases}$$

因此 (D_{C^2R}) 的对偶规划为（见本书第 2 章 2.6 节）

$$(P_{C^2R})\begin{cases}\max \quad \boldsymbol{\mu}^{\mathrm{T}}\boldsymbol{Y}_0 = h_{C^2R} \\ \boldsymbol{\omega}^{\mathrm{T}}\boldsymbol{X}_j - \boldsymbol{\mu}^{\mathrm{T}}\boldsymbol{Y}_j \geqq 0, j=1,2,\cdots,n \\ \boldsymbol{\omega}^{\mathrm{T}}\boldsymbol{X}_0 = 1 \\ \boldsymbol{\omega} \geqq \boldsymbol{0}, \boldsymbol{\mu} \geqq \boldsymbol{0}\end{cases}$$

其中 $\boldsymbol{\omega}\in \boldsymbol{E}^m$，$\boldsymbol{\mu}\in \boldsymbol{E}^s$.

有如下定义（注意，以下定义 1 中的 DEA 有效，其实，在 DEA 领域中，被称为弱 DEA 有效，见参考文献［19］和［21］).

定义 1 若（P_{C^2R}），（D_{C^2R}）的最优值为 1，则称 DMU$-j_0$ 为 DEA 有效（C^2R).

例 2 我们仍用例 1 中的数据，有图 10—8，其中 $n=5$，$m=1$，$s=1$.

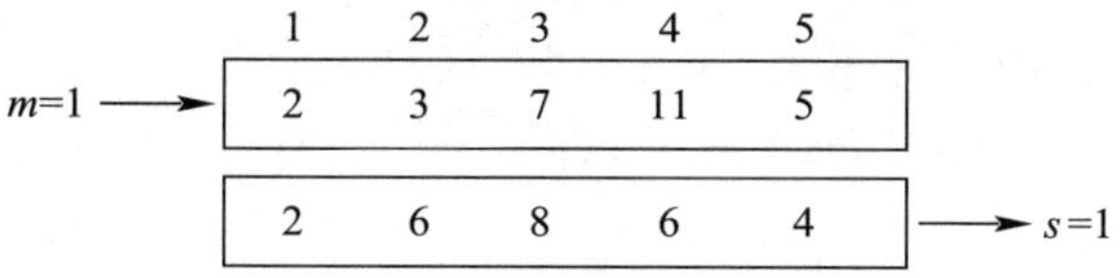

图 10—8

（i）评价 DMU-1（即 $j_0=1$)，有

$$(D_{C^2R})\begin{cases}\min \theta \\ 2\lambda_1 + 3\lambda_2 + 7\lambda_3 + 11\lambda_4 + 5\lambda_5 \leqq 2\theta \\ 2\lambda_1 + 6\lambda_2 + 8\lambda_3 + 6\lambda_4 + 4\lambda_5 \geqq 2 \\ \lambda_1 \geqq 0, \lambda_2 \geqq 0, \lambda_3 \geqq 0, \lambda_4 \geqq 0, \lambda_5 \geqq 0\end{cases}$$

由图 10—9，知（D_{C^2R}）的最优解为

$$\theta^0 = \frac{1}{2}, \lambda_1^0 = 0, \lambda_2^0 = \frac{1}{3}, \lambda_3^0 = 0, \lambda_4^0 = 0, \lambda_5^0 = 0$$

因此 DMU-1 不为 DEA 有效（C^2R).

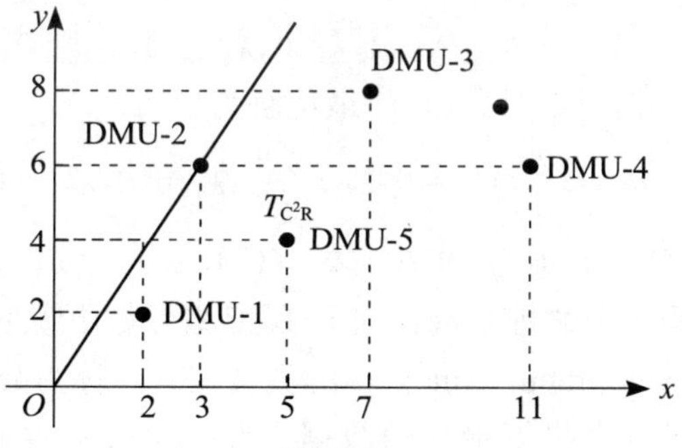

图 10—9

（ii）评价 DMU-2（即 $j_0=2$)，有

$$(D_{C^2R})\begin{cases}\min \theta \\ 2\lambda_1 + 3\lambda_2 + 7\lambda_3 + 11\lambda_4 + 5\lambda_5 \leqq 3\theta \\ 2\lambda_1 + 6\lambda_2 + 8\lambda_3 + 6\lambda_4 + 4\lambda_5 \geqq 6 \\ \lambda_1 \geqq 0, \lambda_2 \geqq 0, \lambda_3 \geqq 0, \lambda_4 \geqq 0, \lambda_5 \geqq 0\end{cases}$$

由图 10—9，知（D_{C^2R}）的最优解为

$$\theta^0=1,\lambda_1^0=0,\lambda_2^0=1,\lambda_3^0=0,\lambda_4^0=0,\lambda_5^0=0$$

因此 DMU－2 为 DEA 有效（C^2R）.

（iii）评价 DMU－3（即 $j_0=3$），有

$$(D_{C^2R})\begin{cases}\min\theta\\ 2\lambda_1+3\lambda_2+7\lambda_3+11\lambda_4+5\lambda_5\leqq 7\theta\\ 2\lambda_1+6\lambda_2+8\lambda_3+6\lambda_4+4\lambda_5\geqq 8\\ \lambda_1\geqq 0,\lambda_2\geqq 0,\lambda_3\geqq 0,\lambda_4\geqq 0,\lambda_5\geqq 0\end{cases}$$

由图 10—9，知（D_{C^2R}）的最优解为

$$\theta^0=\frac{4}{7},\lambda_1^0=0,\lambda_2^0=\frac{4}{3},\lambda_3^0=0,\lambda_4^0=0,\lambda_5^0=0$$

因此 DMU－3 不为 DEA 有效（C^2R）.

（iv）评价 DMU－4（即 $j_0=4$），有

$$(D_{C^2R})\begin{cases}\min\theta\\ 2\lambda_1+3\lambda_2+7\lambda_3+11\lambda_4+5\lambda_5\leqq 11\theta\\ 2\lambda_1+6\lambda_2+8\lambda_3+6\lambda_4+4\lambda_5\geqq 6\\ \lambda_1\geqq 0,\lambda_2\geqq 0,\lambda_3\geqq 0,\lambda_4\geqq 0,\lambda_5\geqq 0\end{cases}$$

由图 10—9，知（D_{C^2R}）的最优解为

$$\theta^0=\frac{3}{11},\lambda_1^0=0,\lambda_2^0=1,\lambda_3^0=0,\lambda_4^0=0,\lambda_5^0=0$$

因此 DMU－4 不为 DEA 有效（C^2R）.

（v）评价 DMU－5（即 $j_0=5$），有

$$(D_{C^2R})\begin{cases}\min\theta\\ 2\lambda_1+3\lambda_2+7\lambda_3+11\lambda_4+5\lambda_5\leqq 5\theta\\ 2\lambda_1+6\lambda_2+8\lambda_3+6\lambda_4+4\lambda_5\geqq 4\\ \lambda_1\geqq 0,\lambda_2\geqq 0,\lambda_3\geqq 0,\lambda_4\geqq 0,\lambda_5\geqq 0\end{cases}$$

由图 10—9，知（D_{C^2R}）的最优解为

$$\theta^0=\frac{2}{5},\lambda_1^0=0,\lambda_2^0=\frac{2}{3},\lambda_3^0=0,\lambda_4^0=0,\lambda_5^0=0$$

因此 DMU－5 不为 DEA 有效（C^2R）.

结束本节之前，尚需对 C^2R 模型做如下说明．首先见图 10—10．DEA 是 Data Envelopment Analysis 的英文缩写，称为数据包络分析．也就是说，利用观察到的 n 个决策单元的数据（data），根据生产可能集的公理系统，做一个数据包络（envelopment），通过模型（D_{C^2R}）（或（P_{C^2R}）），进行 DEA 有效性评价和分析（analysis）．本质上是判断被评价的决策单元是否位在生产可能集的生产前沿面上．图 10—10 中，射线 OF 即为生产前沿面．实际上，OF 上的点就是以投入最小、产出最大为目标的下面的目标规划（VP）的有效解

$$(VP)\begin{cases}V-\min(\boldsymbol{X},\boldsymbol{Y})\\ (\boldsymbol{X},\boldsymbol{Y})\in T_{C^2R}\end{cases}$$

由例 2 可知，只有 DMU－2 对应的（X_2，Y_2）在生产前沿面 OF 上，它是 DEA 有效的. 进一步，由图 10—10 可以看出 DMU－2 既为技术有效，也为规模有效.

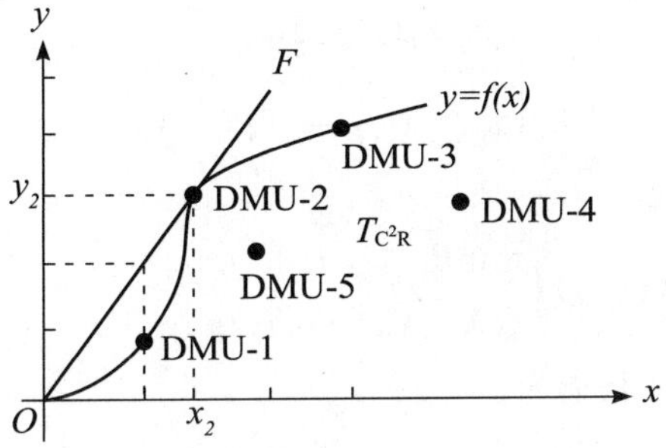

图 10—10

其次需要说明的是，针对那些不为 DEA 有效的决策单元（例如，例 2 中的 DMU－1，DMU－3，DMU－4 和 DMU－5）需要提出改进的建议，即是说，当输出不变时，投入减少到多少，才能成为 DEA 有效. 有如下定义.

定义 2 考虑 DEA 模型

$$(\mathrm{D}_{C^2R})\begin{cases}\min\theta = h_{C^2R}\\ (\theta \boldsymbol{X}_0, \boldsymbol{Y}_0) \in T_{C^2R}\end{cases}$$

设（D_{C^2R}）的最优值（即效率指数 h_{C^2R}）为 θ^0.

令

$$\hat{\boldsymbol{X}} - \theta^0 \boldsymbol{X}_0, \quad \hat{\boldsymbol{Y}} - \boldsymbol{Y}_0$$

称（$\hat{\boldsymbol{X}}_0$，$\hat{\boldsymbol{Y}}_0$）为 DMU－j_0 在生产可能集 T_{C^2R} 的生产前沿面上的“投影”.

可以证明（$\hat{\boldsymbol{X}}_0$，$\hat{\boldsymbol{Y}}_0$）位于生产可能集 T_{C^2R} 的生产前沿面上，因而是 DEA 有效的.

在例 2 中，各决策单元在生产可能集 T_{C^2R} 的生产前沿面上的投影，由图 10—11 给出.

DMU	DMU－1	DMU－2	DMU－3	DMU－4	DMU－5
$\boldsymbol{X}_0$	2	3	7	11	5
$\boldsymbol{Y}_0$	2	6	8	6	4
θ^0	$\frac{1}{2}$	1	$\frac{4}{7}$	$\frac{3}{11}$	$\frac{2}{5}$
$\hat{\boldsymbol{X}}_0$	1	3	4	3	2
$\hat{\boldsymbol{Y}}_0$	2	6	8	6	4

图 10—11

10.2 评价技术有效性的 DEA 模型 BC^2

在 10.1 节中的 DEA 模型

$$
(\mathrm{D}_{\mathrm{C^2R}})\begin{cases}\min\theta\\ \sum\limits_{j=1}^{n}\boldsymbol{X}_j\lambda_j\leqq\theta\boldsymbol{X}_0\\ \sum\limits_{j=1}^{n}\boldsymbol{Y}_j\lambda_j\geqq\boldsymbol{Y}_0\\ \lambda_j\geqq 0,j=1,2,\cdots,n\end{cases}
$$

也即

$$
(\mathrm{D}_{\mathrm{C^2R}})\begin{cases}\min\theta\\ (\theta\boldsymbol{X}_0,\boldsymbol{Y}_0)\in T_{\mathrm{C^2R}}\end{cases}
$$

其中生产可能集为

$$
T_{\mathrm{C^2R}}=\left\{(\boldsymbol{X},\boldsymbol{Y})\left|\begin{array}{l}\sum\limits_{j=1}^{n}\boldsymbol{X}_j\lambda_j\leqq\boldsymbol{X},\sum\limits_{j=1}^{n}\boldsymbol{Y}_j\lambda_j\geqq\boldsymbol{Y},\boldsymbol{Y}\geqq\boldsymbol{0}\\ \boldsymbol{Y}\geqq\boldsymbol{0},\lambda_j\geqq 0,j=1,2,\cdots,n\end{array}\right.\right\}
$$

由 10.1 节的讨论可知，在 DEA 模型 C^2R 之下的 DEA 有效（C^2R），在经济特性上，既为技术有效，也为规模有效.

由于 C^2R 模型不能单纯地评价“技术有效”性. 1984 年，班克、查恩斯和库珀给出了 DEA 模型 BC^2（见参考文献［21］），可以单纯地评价决策单元的“技术有效”性. 我们先由公理系统开始，描述和确定生产可能集，这是因为公理系统反映了经济评价系统的特性.

生产可能集 T_{BC^2} 的公理体系

1. 平凡性公理

$$(\boldsymbol{X}_j,\boldsymbol{Y}_j)\in T_{\mathrm{BC^2}},j=1,2,\cdots,n$$

2. 凸性公理

对于（$\boldsymbol{X}$，$\boldsymbol{Y}$）$\in T_{\mathrm{BC^2}}$，（$\hat{\boldsymbol{X}}$，$\hat{\boldsymbol{Y}}$）$\in T_{\mathrm{BC^2}}$，以及 $\alpha\in[0,1]$，都有

$$
\begin{aligned}&\alpha(\boldsymbol{X},\boldsymbol{Y})+(1-\alpha)(\hat{\boldsymbol{X}},\hat{\boldsymbol{Y}})\\ =&(\alpha\boldsymbol{X}+(1-\alpha)\hat{\boldsymbol{X}},\alpha\boldsymbol{Y}+(1-\alpha)\hat{\boldsymbol{Y}})\in T_{\mathrm{BC^2}}\end{aligned}
$$

3. 无效性公理

若（$\boldsymbol{X}$，$\boldsymbol{Y}$）$\in T_{\mathrm{BC^2}}$，$\hat{\boldsymbol{X}}\geqq\boldsymbol{X}$，$\hat{\boldsymbol{Y}}\leqq\boldsymbol{Y}$，则有

$$(\hat{\boldsymbol{X}},\hat{\boldsymbol{Y}})\in T_{\mathrm{BC^2}}$$

4. 最小性公理

$T_{\mathrm{BC^2}}$ 是所有满足公理 1～公理 4 的最小者.

满足公理 1～公理 4 的生产可能集为

$$
T_{\mathrm{BC^2}}=\left\{(\boldsymbol{X},\boldsymbol{Y})\left|\begin{array}{l}\sum\limits_{j=1}^{n}\boldsymbol{X}_j\lambda_j\leqq\boldsymbol{X},\sum\limits_{j=1}^{n}\boldsymbol{Y}_j\lambda_j\geqq\boldsymbol{Y},\boldsymbol{Y}\geqq\boldsymbol{0}\\ \sum\limits_{j=1}^{n}\lambda_j=1,\lambda_j\geqq 0,j=1,2,\cdots,n\end{array}\right.\right\}
$$

与 DEA 模型 C^2R 的公理系统相比较，这里的公理系统中，不含有锥性公理的假设，在 $T_{\mathrm{BC^2}}$ 的生产可能集中，多了一个要求，即

$$\sum_{j=1}^{n}\lambda_j = 1$$

DEA 模型 BC²　评价 DMU$-j_0$，其中投入为 $\boldsymbol{X}_0\in\boldsymbol{E}^m$，$\boldsymbol{X}_0>\boldsymbol{0}$，产出为 $\boldsymbol{Y}_0\in\boldsymbol{E}$，$\boldsymbol{Y}_0>\boldsymbol{0}$，评价的视角是：在产出 $\boldsymbol{Y}_0$ 保持不变的情况下，在生产可能集 T_{BC^2} 内，考察投入 $\boldsymbol{X}_0$ 能否减少，即是否存在 $\hat{\theta}\in(0,1)$ 满足

$$(\hat{\theta}\boldsymbol{X}_0,\boldsymbol{Y}_0)\in T_{BC^2}$$

为此，考虑求最小的问题（称（D_{BC^2}）的最优值 h_{BC^2} 为 DMU$-j_0$ 的"技术效率"）

$$(D_{BC^2})\begin{cases}\min\theta = h_{BC^2}\\(\theta\boldsymbol{X}_0,\boldsymbol{Y}_0)\in T_{BC^2}\end{cases}$$

即

$$(D_{BC^2})\begin{cases}\min\theta = h_{BC^2}\\ \sum_{j=1}^{n}\boldsymbol{X}_j\lambda_j \leqq \theta\boldsymbol{X}_0\\ \sum_{j=1}^{n}\boldsymbol{Y}_j\lambda_j \geqq \boldsymbol{Y}_0\\ \sum_{j=1}^{n}\lambda_j = 1\\ \lambda_j\geqq 0, j=1,2,\cdots,n\end{cases}$$

如果将（D_{BC^2}）写成矩阵形式，有

$$(D_{C^2R})\begin{cases}\min\theta\\ \begin{pmatrix}-\boldsymbol{X}_1 & -\boldsymbol{X}_2 & \cdots & -\boldsymbol{X}_n & \boldsymbol{X}_0\\ \boldsymbol{Y}_1 & \boldsymbol{Y}_2 & \cdots & \boldsymbol{Y}_n & \boldsymbol{0}\\ -1 & -1 & \cdots & -1 & 0\end{pmatrix}\begin{pmatrix}\lambda_1\\ \lambda_2\\ \vdots\\ \lambda_n\\ \theta\end{pmatrix}\begin{matrix}\geqq\\ \geqq\\ =\end{matrix}\begin{pmatrix}\boldsymbol{0}\\ \boldsymbol{Y}_0\\ -1\end{pmatrix}\\ \lambda_1\geqq 0,\quad \lambda_2\geqq 0,\quad ,\quad \cdots\quad ,\quad \lambda_1\geqq 0,\theta\text{ 无限制}\end{cases}$$

可知（D_{C^2R}）的对偶规划为

$$(P_{C^2R})\begin{cases}\max(\boldsymbol{\mu}^T\boldsymbol{Y}_0-\boldsymbol{\mu}_0)\\ \boldsymbol{\omega}^T\boldsymbol{X}_j-\boldsymbol{\mu}^T\boldsymbol{Y}_j+\mu_0\geqq 0, j=1,\cdots,n\\ \boldsymbol{\omega}^T\boldsymbol{X}_0=1\\ \boldsymbol{\omega}\geqq\boldsymbol{0},\boldsymbol{\mu}\geqq\boldsymbol{0},\mu_0\in E^1,\mu_0\text{ 无限制}\end{cases}$$

定义 3　若（P_{BC^2}），（D_{BC^2}）的最优值为 1，则称 DMU$-j_0$ 为 DEA 有效（BC²）.

类似于 DEA 模型 C²R，在 DEA 模型 BC² 之下，也可以定义决策单元在 T_{BC^2} 的生产前沿面上的投影.

定义 4　考虑 DEA 模型

$$(\mathrm{D}_{\mathrm{BC}^2})\begin{cases}\min\theta = h_{\mathrm{BC}^2} \\ (\theta \boldsymbol{X}_0, \boldsymbol{Y}_0) \in T_{\mathrm{BC}^2}\end{cases}$$

设（$\mathrm{D}_{\mathrm{BC}^2}$）的最优值（即 h_{BC^2}）为 θ^0，令

$$\hat{\boldsymbol{X}}_0 = \theta^0 \boldsymbol{X}^0, \hat{\boldsymbol{Y}} = \boldsymbol{Y}_0$$

称（$\hat{\boldsymbol{X}}_0$，$\hat{\boldsymbol{Y}}_0$）为 DMU$-j_0$ 在 T_{BC^2} 的生产前沿面上的投影.

例 3 我们仍用例 1 中的数据，有图 10—12，其中 $n=5$，$m=1$，$s=1$.

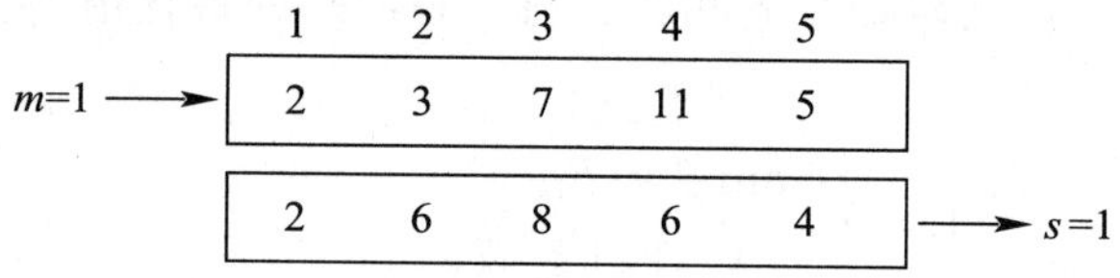

图 10—12

此时生产可能集 T_{BC^2} 见图 10—13.

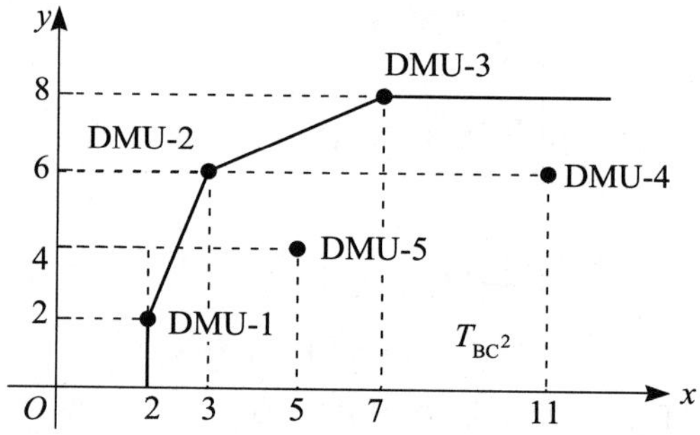

图 10—13

（i）评价 DMU-1（即 $j_0=1$），有

$$(\mathrm{D}_{\mathrm{BC}^2})\begin{cases}\min\theta \\ 2\lambda_1 + 3\lambda_2 + 7\lambda_3 + 11\lambda_4 + 5\lambda_5 \leqq 2\theta \\ 2\lambda_1 + 6\lambda_2 + 8\lambda_3 + 6\lambda_4 + 4\lambda_5 \geqq 2 \\ \lambda_1 + \lambda_2 + \lambda_3 + \lambda_4 + \lambda_5 = 1 \\ \lambda_1 \geqq 0, \lambda_2 \geqq 0, \lambda_3 \geqq 0, \lambda_4 \geqq 0, \lambda_5 \geqq 0\end{cases}$$

由图 10—13，知（$\mathrm{D}_{\mathrm{C}^2\mathrm{R}}$）的最优解为

$$\theta^0 = 1, \lambda_1^0 = 1, \lambda_2^0 = 0, \lambda_3^0 = 0, \lambda_4^0 = 0, \lambda_5^0 = 0$$

因此 DMU-1 为 DEA 有效（BC^2）.

（ii）评价 DMU-2（即 $j_0=2$），有

$$(\mathrm{D}_{\mathrm{BC}^2})\begin{cases}\min\theta \\ 2\lambda_1 + 3\lambda_2 + 7\lambda_3 + 11\lambda_4 + 5\lambda_5 \leqq 3\theta \\ 2\lambda_1 + 6\lambda_2 + 8\lambda_3 + 6\lambda_4 + 4\lambda_5 \geqq 6 \\ \lambda_1 + \lambda_2 + \lambda_3 + \lambda_4 + \lambda_5 = 1 \\ \lambda_1 \geqq 0, \lambda_2 \geqq 0, \lambda_3 \geqq 0, \lambda_4 \geqq 0, \lambda_5 \geqq 0\end{cases}$$

由图 10—13，知（$\mathrm{D}_{\mathrm{BC}^2}$）的最优解为

$$\theta^0=1,\lambda_1^0=0,\lambda_2^0=1,\lambda_3^0=0,\lambda_4^0=0,\lambda_5^0=0$$

因此 DMU－2 为 DEA 有效（BC^2）.

（iii）评价 DMU－3（即 $j_0=3$），有

$$(D_{BC^2})\begin{cases}\min\theta\\ 2\lambda_1+3\lambda_2+7\lambda_3+11\lambda_4+5\lambda_5\leqq 7\theta\\ 2\lambda_1+6\lambda_2+8\lambda_3+6\lambda_4+4\lambda_5\geqq 8\\ \lambda_1+\lambda_2+\lambda_3+\lambda_4+\lambda_5=1\\ \lambda_1\geqq 0,\lambda_2\geqq 0,\lambda_3\geqq 0,\lambda_4\geqq 0,\lambda_5\geqq 0\end{cases}$$

由图 10—13，知（D_{BC^2}）的最优解为

$$\theta^0=1,\lambda_1^0=0,\lambda_2^0=0,\lambda_3^0=1,\lambda_4^0=0,\lambda_5^0=0$$

因此 DMU－3 为 DEA 有效（BC^2）.

（iv）评价 DMU－4（即 $j_0=4$），有

$$(D_{BC^2})\begin{cases}\min\theta\\ 2\lambda_1+3\lambda_2+7\lambda_3+11\lambda_4+5\lambda_5\leqq 11\theta\\ 2\lambda_1+6\lambda_2+8\lambda_3+6\lambda_4+4\lambda_5\geqq 6\\ \lambda_1+\lambda_2+\lambda_3+\lambda_4+\lambda_5=1\\ \lambda_1\geqq 0,\lambda_2\geqq 0,\lambda_3\geqq 0,\lambda_4\geqq 0,\lambda_5\geqq 0\end{cases}$$

由图 10—13，知（D_{BC^2}）的最优解为

$$\theta^0=\frac{3}{11},\lambda_1^0=0,\lambda_2^0=1,\lambda_3^0=0,\lambda_4^0=0,\lambda_5^0=0$$

因此 DMU－4 不为 DEA 有效（BC^2）. 此时 DMU－4 的投影为

$$\hat{X}_4=\theta^0X_4=3，\hat{Y}_4=Y_4=6.$$

可见（$\hat{X}_0$，$\hat{Y}_0$）在 T_{BC^2} 的生产前沿面上.

（v）评价 DMU－5（即 $j_0=5$），有

$$(D_{BC^2})\begin{cases}\min\theta\\ 2\lambda_1+3\lambda_2+7\lambda_3+11\lambda_4+5\lambda_5\leqq 5\theta\\ 2\lambda_1+6\lambda_2+8\lambda_3+6\lambda_4+4\lambda_5\geqq 4\\ \lambda_1+\lambda_2+\lambda_3+\lambda_4+\lambda_5=1\\ \lambda_1\geqq 0,\lambda_2\geqq 0,\lambda_3\geqq 0,\lambda_4\geqq 0,\lambda_5\geqq 0\end{cases}$$

由图 10—13，知（D_{BC^2}）的最优解为

$$\theta^0=\frac{1}{2},\lambda_1^0=\frac{1}{2},\lambda_2^0=\frac{1}{2},\lambda_3^0=0,\lambda_4^0=0,\lambda_5^0=0$$

因此 DMU－5 不为 DEA 有效（BC^2）. 此时 DMU－4 的投影为

$$\hat{X}_5=\theta^0X_5=\frac{5}{2},\hat{Y}_5=Y_5=4$$

可见（$\hat{X}_0$，$\hat{Y}_0$）在 T_{BC^2} 的生产前沿面上.

由图 10—14 可知，在 DEA 模型 BC^2 之下的 DEA 有效（BC^2）的决策单元 DMU－1，DMU－2 和 DMU－3 是技术有效的.

本例中，各决策单元在生产可能集 T_{BC^2} 的生产前沿面上的投影如图 10—15 所示.

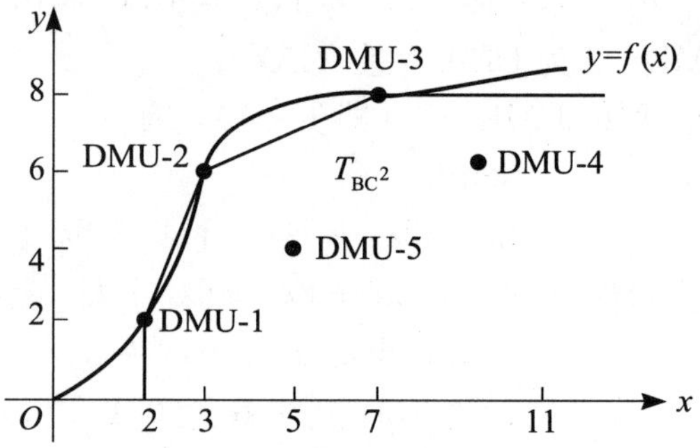

图 10—14

DMU	DMU－1	DMU－2	DMU－3	DMU－4	DMU－5
$\boldsymbol{X}_0$	2	3	7	11	5
$\boldsymbol{Y}_0$	2	6	8	6	4
θ^0	1	1	1	$\frac{3}{11}$	$\frac{1}{2}$
$\hat{\boldsymbol{X}}_0=\theta^0\boldsymbol{X}_0$	2	3	7	3	$\frac{5}{2}$
$\hat{\boldsymbol{Y}}_0=\boldsymbol{Y}_0$	2	6	8	6	4

图 10—15

10.3 整体效率的分解公式

记 h_{C^2R} 和 h_{BC^2} 分别为 DEA 模型 C^2R 和 DEA 模型 BC^2 的最优值，其中

$$
(D_{C^2R})\begin{cases}\min\theta=h_{C^2R}\\ \sum\limits_{j=1}^{n}\boldsymbol{X}_j\lambda_j\leqq\theta\boldsymbol{X}_0\\ \sum\limits_{j=1}^{n}\boldsymbol{Y}_j\lambda_j\geqq\boldsymbol{Y}_0\\ \lambda_j\geqq 0,j=1,2,\cdots,n\end{cases}
$$

和

$$
(D_{BC^2})\begin{cases}\min\theta=h_{BC^2}\\ \sum\limits_{j=1}^{n}\boldsymbol{X}_j\lambda_j\leqq\theta\boldsymbol{X}_0\\ \sum\limits_{j=1}^{n}\boldsymbol{Y}_j\lambda_j\geqq\boldsymbol{Y}_0\\ \sum\limits_{j=1}^{n}\lambda_j=1\\ \lambda_j\geqq 0,j=1,2,\cdots,n\end{cases}
$$

生产可能集分别为

$$T_{C^2R}=\left\{(\boldsymbol{X},\boldsymbol{Y})\left|\begin{array}{l}\sum_{j=1}^{n}\boldsymbol{X}_j\lambda_j\leqq\boldsymbol{X},\sum_{j=1}^{n}\boldsymbol{Y}_j\lambda_j\geqq\boldsymbol{Y}\\ \boldsymbol{Y}\geqq\boldsymbol{0},\lambda_j\geqq0,j=1,2,\cdots,n\end{array}\right.\right\}$$

和

$$T_{BC^2}=\left\{(\boldsymbol{X},\boldsymbol{Y})\left|\begin{array}{l}\sum_{j=1}^{n}\boldsymbol{X}_j\lambda_j\leqq\boldsymbol{X},\sum_{j=1}^{n}\boldsymbol{Y}_j\lambda_j\geqq\boldsymbol{Y},\boldsymbol{Y}\geqq\boldsymbol{0}\\ \sum_{j=1}^{n}\lambda_j=1,\lambda_j\geqq0,j=1,2,\cdots,n\end{array}\right.\right\}$$

由 $T_{C^2R}\supset T_{BC^2}$，知

$$h_{C^2R}\leqq h_{BC^2}$$

令

h_{C^2R} 为 DMU－j_0 的“整体效率”

h_{BC^2} 为 DMU－j_0 的“技术效率”

$SE=\dfrac{h_{C^2R}}{h_{BC^2}}$ 为 DMU－j_0 的“规模效率”

于是，整体效率的分解公式为

$$h_{C^2R}=h_{BC^2}\cdot SE$$

三种效率之间有如下关系

$$0<h_{C^2R}\leqq h_{BC^2}\leqq1$$

$$0<SE\leqq1$$

由此可知，当 DMU－j_0 为 DEA 有效（C^2R）时，有

$$h_{C^2R}=h_{BC^2}=SE=1$$

我们用例 2 和例 3，对上述概念做一分析（见图 10—16 和图 10—17）.

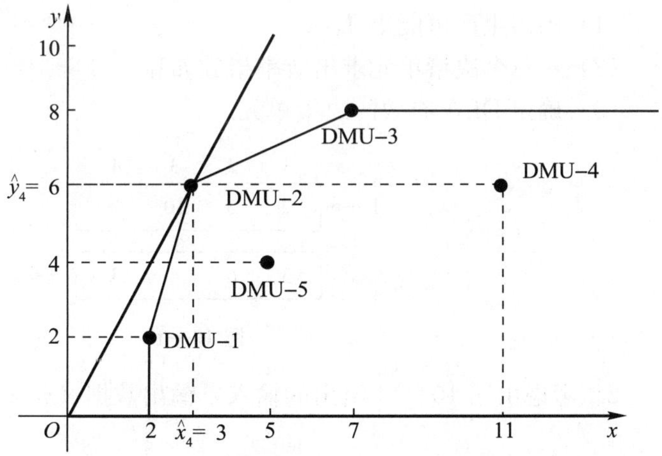

图 10—16

我们利用整体效率 SE 的分解公式求得的结果（见图 10—17）进行说明：

(i) 对 DMU－1 和 DMU－3，可以看整体效率相对较差（$h_{C^2R}<1$），是由于规模效率较差引起的（SE<1）.

DMU	DMU－1	DMU－2	DMU－3	DMU－4	DMU－5
h_{C^2R}	$\frac{1}{2}$	1	$\frac{4}{7}$	$\frac{3}{11}$	$\frac{2}{5}$
h_{BC^2}	1	1	1	$\frac{3}{11}$	$\frac{1}{2}$
SE	$\frac{1}{2}$	1	$\frac{4}{7}$	1	$\frac{4}{5}$

图 10—17

(ii) 对 DMU－2，可以看整体效率好（$h_{C^2R}=1$），是因为技术效率和规模效率都好（即 $h_{BC^2}=1$，SE＝1）.

(iii) 对 DMU－4，可以看出，规模效率是好的（SE＝1）；但整体效率不好（$h_{C^2R}<1$），它是由技术效率不好（$h_{BC^2}<1$）引起的. 可以作如下的解释：在 DEA 模型 BC^2 中，DMU－4 的投影为（见图 10—15）

$$\hat{X}_4=\theta^0 X_4=3, \hat{Y}_4=Y_4=6$$

可知，仅当技术效率得到改进后的（$\hat{X}_4$，$\hat{Y}_4$），在规模效率上是好的（见图 10—16）.

(iv) 对 DMU－5，可以看出，整体效率不好（$h_{C^2R}<1$），是由于技术效率不好（$h_{BC^2}<1$）和规模效率都不好（SE<1）引起的.

□ 习 题

1. 考虑具有一个输入和一个输出的 DEA 模型 C^2R，其输入、输出数据由图 10—18 给出（$m=1$，$s=1$，$n=4$）：

(1) 画出生产可能集 T_{C^2R}.

(2) 对每个决策单元求出效率指数 h_{C^2R}.

(3) 确定 DEA 有效的决策单元.

	1	2	3	4	
1→	2	5	10	7	
	3	6	6	3	→1

图 10—18

2. 考虑由图 10—19 给出的输入、输出数据（$m=1$，$s=1$，$n=5$）：

	1	2	3	4	5	
1→	2	2	5	10	7	
	1	3	5	6	3	→1

图 10—19

考虑 DEA 模型 BC^2，判断各决策单元的 DEA 有效（BC^2）性.

3. 考虑由图 10—20 给出的输入、输出数据（$m=1$，$s=1$，$n=4$）：

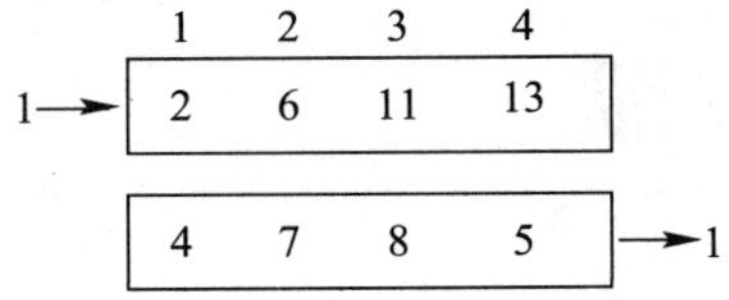

图 10—20

画出生产可能集 T_{C^2R}，T_{BC}，并确定 DEA 有效（C^2R）和 DEA 有效（BC^2）的决策单元.

4. 考虑由图 10—20 给出的输入、输出数据（$m=1$，$s=1$，$n=4$），计算各决策单元的“技术效率”、“规模效率”和“整体效率”.

参考文献

[1] 中国人民大学数学教研室．线性规划．北京：中国人民大学出版社，1982

[2] 中国人民大学数学教研室．线性规划学习指导．北京：中央广播电视大学出版社，1984

[3] 马仲蕃，魏权龄，赖炎连．数学规划讲义．北京：中国人民大学出版社，1981

[4] 魏权龄，王日爽，徐兵．数学规划引论．北京：北京航空航天大学出版社，1991

[5] 魏权龄，胡显佑，严颖．运筹学通论．北京：中国人民大学出版社，2001

[6] 王众托，张军．系统管理．沈阳：辽宁人民出版社，1985

[7] 中国人民大学管理系统工程教研室．管理系统工程．北京：国防工业出版社，1983

[8] 黄孟藩．管理决策概论．北京：中国人民大学出版社，1982

[9] 李维铮，郭耀煌等．运筹学．北京：清华大学出版社，1982

[10] 陈锡康，李秉全等．经济数学方法与模型．北京：中国财政经济出版社，1982

[11] 邵汉青，钟契夫．投入产出法（部门联系平衡法）概论．北京：中国人民大学出版社，1983

[12] 华罗庚．统筹方法平话及补充．北京：中国工业出版社，1965

[13] 魏权龄，刘起运，胡显佑．数量经济学．北京：中国人民大学出版社，1998

[14] M. H. 艾查，R. E. 泰勒，P. E 特迦逊．管理决策的定量分析．北京：机械工业出版社，1983

[15] 日本数学会．数学百科辞典．北京：科学出版社，1984

[16] J. J. Moder and S. E. Elmaghraby（ed），*Handbook of Operations Research*，Vol. 1，Vol. 2. 1978

[17] A. Charnes and W. W. Cooper，*Management Models and Industrial*

Applications of Linear Programming，Vol. Ⅰ，Vol. Ⅱ. Wiley，New York，1961

[18] 王日爽，徐兵，魏权龄. 应用动态规划. 北京：国防工业出版社，1987

[19] 魏权龄. 评价相对有效性的 DEA 方法——运筹学的新领域. 北京：中国人民大学出版社，1988

[20] 魏权龄，阎洪. 广义最优化理论与模型. 北京：科学出版社，2003

[21] 魏权龄. 数据包络分析. 北京：科学出版社，2004

[22] Luenberger，D. G.（鲁恩伯杰）. 线性与非线性规划引论. 北京：科学出版社，1980

[23] Avriel，M.（阿弗里耳）. 非线性规划（上、下册）. 上海：上海科学技术出版社，1979

[24] 华罗庚. 优选法. 北京：科学出版社，1981

[25] 林锉云，董加礼. 多目标最优化的方法和理论. 长春：吉林教育出版社，1992

[26] 胡毓达. 多目标规划有效性理论. 上海：上海科学技术出版社，1984

[27] 史树中. 数学与经济. 长沙：湖南教育出版社，1990

[28] 厉以宁，秦宛顺. 现代西方经济学概论. 北京：北京大学出版社，1993

[29] 高鸿业，吴易风. 研究生用西方经济学（微观部分）. 北京：经济科学出版社，1997

[30] 姚明霞. 福利经济学. 北京：经济日报出版社，2005

[31] 魏权龄. 经济与管理中数学规划. 北京：中国人民大学出版社，2010

[32] 魏权龄. 优化模型与经济. 北京：科学出版社，2011

[33] 魏权龄. 评价相对有效性的 DEA 模型——DEA 和网络 DEA. 北京：中国人民大学出版社，2012

教师教学服务说明

中国人民大学出版社管理分社以出版经典、高品质的工商管理、统计、市场营销、人力资源管理、运营管理、物流管理、旅游管理等领域的各层次教材为宗旨。

为了更好地为一线教师服务，近年来管理分社着力建设了一批数字化、立体化的网络教学资源。教师可以通过以下方式获得免费下载教学资源的权限：

在中国人民大学出版社网站 www. crup. com. cn 进行注册，注册后进入“会员中心”，在左侧点击“我的教师认证”，填写相关信息，提交后等待审核。我们将在一个工作日内为您开通相关资源的下载权限。

如您急需教学资源或需要其他帮助，请在工作时间与我们联络：

中国人民大学出版社　管理分社

联系电话：010－82501048，62515782，62515735

电子邮箱：glcbfs@crup. com. cn

通讯地址：北京市海淀区中关村大街甲 59 号文化大厦 1501 室（100872）